三峡库区人居环境的生态及产业发展研究

Study on Ecological and Industrial
Development of Human Settlements in the
Three Gorges Reservoir Area

刘 畅 著

中国建筑工业出版社

序

三峡工程建设是被淹没的 13 座城市 100 多万移民的生存环境经历的一次大搬迁和大建设，是三峡库区生态环境的一次根本性变革，这不仅是一项技术工程，而且是一项复杂的生态和社会工程，在建设过程中产生的问题和矛盾一直以来都是民众、政府和学术界关注和讨论的焦点话题。2010 年三峡工程顺利完成 175 米高程蓄水，标志三峡库区人居环境建设初步完成，三峡库区城乡社会经济和生态建设由此进入新的发展时期，所伴生形成的相应问题也逐步显露，如生态保护与经济发展冲突凸显等。因此，采用人居环境科学的理论和方法，以"生态系统服务"为切入点，从城市规划的专业角度，认真面对库区生态与经济协同发展问题，进行系统的调查、解读和发展思考，是一件重要的工作，对于促进三峡库区人居环境生态建设以及国家三峡后续工作主要任务的实现，均具有一定的积极作用和学术研究价值。

刘畅同志是地道的重庆人，长期生活和学习在巴渝地区，对巴山蜀水有着深厚感情和领悟。自 1999 年进入重庆大学学习以来，在不断的学习、科研和工程实践中，关注点由最初单一的空间形态，逐渐转向社会经济文化生态等更深次的问题探究；在研究生阶段，开始特别关注三峡工程建设，关注生态格局大变迁后库区凸显的生态问题；在随后多年的博士阶段学习中，三峡库区生态环境及其保护策略一直是他关注和研究的对象。这些学习和工程实践的经历为开展三峡库区人居环境的生态和经济协同发展研究打下了较为坚实的学术研究基础。

《三峡库区人居环境的生态及产业发展研究》是在刘畅同志的博士学位论文基础上修改完成的。他依据导师的意见，多次深入三峡库区实地调查，收集资料，逐渐深入到三峡库区生态建设的核心学术问题上，结合对当前学界关于生态系统服务的普适性研究和借鉴，按照理论、方法再到实证的研究逻辑，形成了本书"推动库区人居环境生态与经济协同发展的理论探索"、"三峡库区生态系统服务综合价值评估方法研究"、"三峡库区优先发展生态系统服务产业选择研究"以及"库区及典型城市生态系统服务产业化发展规划策略研究"四个部分，并展开讨论，尝试以"生态系统服务"构建出实现库区生态与经济协同发展的可行路径。

刘畅同志这种从实际出发，发现问题并针对实际问题提出的结论和建议，体现了他的学术思考及思辨结论，在理论和实践上都有自己的创见。虽然对一些问题的探讨和认识还未必全面和确切，但是为进一步研究提供了基础。本书的研究思路和学术态度，在送评和答辩的过程中，得到专家们的充分肯定和赞许。

重庆大学山地人居环境学术团队长期以来立足西南山地城镇化和城市规划的问题，开展了系列的理论研究和人才培养工作，也参与一定范围的关于山地人居环境研究的国家和地方课题，取得了一定的成果。刘畅博士的论文研究即我们团队所承担的国家自然科学基金重点课题和科技部支撑计划重点项目的子项目内容。刘畅是我们山地人居环境研究团队的一员，逐渐成长起来，学习和为人均谦虚真诚，勤勤恳恳，与大家一起专注于山地人居环境的研究工作，并在团队的发展中找到自己事业和生活的诸多乐趣。本书的出版，一方面是对他研究成果的肯定，也是对他不惧艰辛、勤奋学习的鼓励。

2010 年三峡工程建设顺利完成，2017 年党的十九大顺利召开，西部大开发和"一带一路"战略不断深化，西部城镇化快速发展，三峡库区人居环境建设面临着新的挑战和机遇，为山地人居环境的学术研究展开了新的领域。刘畅博士即将到重庆交通大学从事教学工作，愿我们共同努力，勤于思考和探索，学无止境，在教书育人的事业道路上，不断取得新的成绩。

谨此为记。

赵万民

2018 年 5 月 6 日于重庆大学

前　言

　　三峡工程作为当今世界最大的水利枢纽工程，自 2009 年完成建设任务，其伴生出现的世界最大水库淹没区——三峡库区，也进入到了"后三峡"这一新的发展阶段。根据《三峡后继工作规划（2010-2020）》，"生态环境建设与保护"成为三峡库区新阶段的重点工作之一，目前由于对"经济发展"给"生态保护"带来的负面影响缺乏足够的重视，也缺少相关研究的支撑和引导，三峡库区生态环境总体呈持续恶化趋势，生态问题凸显，生态约束正在持续收紧，严重制约了库区的持续发展。"绿水青山就是金山银山"，《全国主体功能区规划》（2011）指出三峡库区是我国重要的生态功能区之一，有着丰富的自然生态资源，探寻在实现库区生态改善目标前提下，如何引导地方和个人合理利用生态资源，通过市场机制，将生态红利转化为经济收益的途径，协调生态保护与经济发展矛盾，已成为保障当前库区持续发展亟待解决的一个现实问题。

　　生态系统服务，是当前应对生态保护与经济发展矛盾的热点研究领域之一，20 世纪初联合国组织的千年生态系统评估（MA）将其界定为"生态系统为人类生存提供有益的，对人们改善自身居住环境有价值的服务"，"有价值"是其核心特征。受其相关研究的启发，笔者以生态系统服务价值认知及实现为研究切入点，尝试基于生态系统服务视角，聚焦库区生态问题，探寻协调生态保护与经济发展的可行之策，以期为保障库区可持续发展提供研究支撑。

　　因此，本书聚焦后三峡库区人居环境面临的生态保护与经济发展之间的矛盾与问题，按照理论、方法再到策略的研究思路，以"生态系统服务"为切入点，研究了三峡库区生态服务综合价值评估方法、产业选择及产业化发展规划策略，尝试构建出实现库区生态与经济协同发展的可行路径。具体来说，主要从以下两方面进行了创新性的探索和发现：

　　（1）以生态系统服务为"耦合介质"，尝试构建了推动库区生态与经济协同发展的理论模型，优化构建了生态系统服务综合价值评估方法体系；

　　（2）尝试提出了库区"生态系统服务产业化发展战略"，并分别从"库区、典型城市"两个层面探讨了实现生态与经济协同发展的现实可能。

　　同时，本书在研究过程中，形成了以下几点主要结论：

　　（1）面对制约三峡库区可持续发展的生态保护与经济发展冲突，及其带来的生态破坏问题，需要从生态系统服务的视角，探讨更有利于保障库区可持续发展的应对之策；

（2）以生态系统服务为耦合介质可以构建生态系统与经济系统的高级耦合系统，能够保障生态保护行为主体与利益主体一致的实现，为推动人居环境生态建设持续发展提供内生动力；

（3）保障库区可持续发展需要推动生态系统服务产业化发展，以其为工作抓手，我们可以获取更为充分的生态保护和经济发展动力；

（4）三峡库区正处于推动生态系统服务产业化发展的"战略机会期"，库区不同功能区有不同侧重，需要结合各自实际，科学选取优先发展生态系统服务产业予以发展，加快供给侧和产业结构优化；

（5）受城市差异性影响，为有效推动生态系统服务产业化发展，需要在城市层面有针对性地拟定城乡规划应对策略，以规划指引建设。

总的来说，本书重在理清生态系统服务"价值→市场→产业"与"资源→资产→产业"支撑其产业化发展的两大逻辑主线，为优化构建三峡库区生态系统服务综合价值评估方法体系、凝练库区生态系统服务产业化发展策略提供思路与理论支撑，但囿于笔者的视野和水平，难免有所疏漏、不足之处，敬请读者谅解！

最后，感谢重庆大学赵万民教授对本书的指导，感谢其于百忙中为本书作序！感谢科技部农村中心星火与信息处于双民处长、王峻副处长在本书写作过程中给予的支持！感谢重庆大学段炼老师、周铁军老师、谭少华老师、李泽新老师、黄瓴老师、李和平老师，以及黄勇、李进、汪洋、魏晓芳、朱猛等学长学姐、学弟学妹对本书写作的帮助和对笔者的关怀！同时，本书在写作时参阅、引用了大量各领域专家的专著、论文、媒体文章，笔者虽然尽量将参考资料一一注明，但难保万全。在此，对这些专家的真知灼见致以衷心的感谢！

作者简介

刘畅

毕业于重庆大学建筑与城市规划学院，本科、硕士以及博士阶段所学专业均为城乡规划，师从赵万民教授与段炼副教授，扎根于山地人居环境科研团队，主要研究领域为三峡库区生态资源保护与利用，现为重庆交通大学建筑与城市规划学院专职教师。

参与了重庆交通大学"中国西南乡村振兴与可持续发展国际研究中心"的创建；参与出版了《山地人居环境七论》《中国乡村社区发展与战略研究报告》等4本书著和1本教材；发表了10余篇论文，其中SCI检索论文1篇、CSCD论文1篇、中文核心1篇；参与完成了省级行业导则编写1部；以课题骨干的身份完成和正在执行国家科技支撑计划科研课题2项、国家自然科学基金重点项目1项、国家自然科学基金青年科学基金项目1项、重庆市社会事业与民生保障科技创新专项重点研发项目1项；作为第9完成人获得了2013年度教育部科技进步一等奖；获得了全国优秀城乡规划设计二等奖1项、三等奖2项以及重庆市优秀城乡规划设计奖多项。

目　录

第1章 绪 论

"仅仅靠人类的善意和政府的规范并不足以拯救自然。"(格蕾琴·C·戴利)

"经济发展并不必然要以大气、水体和生态系统破坏为代价,事实上由于市场机制能够给人们带来经济激励,它或许其实是环境保护的最佳方式。"(杰弗里·希尔)

1.1 制约三峡库区人居环境可持续发展的关键问题思考

三峡工程的建设是"一时"的,三峡库区的发展则是"长远"的,三峡工程建设的结束标志着三峡库区这一特定地理区域将进入一个新的发展阶段——"后三峡时代"。三峡工程是中国人多年的梦想,它经历了漫长的"七十年梦想,五十年计划,四十年论证,三十年争论",在此期间,三峡地区特别是现在的三峡库区发展与建设受到严格控制,错失了许多发展良机,地区经济发展基本陷入停滞,截至1994年三峡工程正式启动前,三峡库区共有国家和省级贫困县17个,涉及1200万人,财政补贴县15个,是我国连片的贫困地区之一。"贫穷与落后"让三峡人对三峡工程充满了向往与期盼,"舍小家,为大家"三峡人用行动谱写出了可歌可泣的三峡精神,为三峡工程的顺利实施作出了巨大的贡献。2009年底三峡工程"初步设计建设任务如期完成"①,2010年10月试验性蓄水成功达到了正常蓄水位175米高程,防洪、发电、航运、水资源利用等综合效益开始全面发挥,有效地服务了国家经济社会发展,可以说在三峡工程论证和建设阶段,三峡工程严重制约了三峡库区的人居环境建设,三峡人作出了长期而巨大的牺牲。进入"后三峡时代",三峡工程建设不再是制约库区人居环境发展的主要因素,建设"和谐稳定的新库区",实现"移民安稳致富及促进库区经济社会发展"成为国家三峡后续工作的首要任务,并出台了一系列的扶持政策,库区经济社会迎来大发展的良机;但与此同时三峡库区作为我国"战略性淡水资源库",在我国生态安全战略格局中具有举足轻重的地位,因此在2011年国务院印发的《全国主体功能区规划》中,将三峡库区划定为国家四大主体功能区中的"限制开发区",对三峡库区的生态环境保护提出了更高的要求。面对经济发展良机和更高的生态保护要求,在库区"经济社会发展严重滞后,生态环境约束高"的现实背景下,一方面放大了经济发展面临的生态保护压力,"世间没有任何力量可阻挡人民向往富裕的决心",一位三峡库区的基层干部如是说。值此三峡库区大发展时期,面对突出的生态环境保护与经济发展压力,如果我们忽略三峡库区经济社会发展相对落后,人民急切盼望改善生活条件的事实,不难想见三峡库区或许将面临一场严重的"民生灾难";另一方面也放大了生态保护面临的经济发展冲击,如果我们忽视了三峡库区生态环境保护的重要性,不尊重库

① 2011年5月18日,国务院总理温家宝主持国务院常务会议,讨论通过《三峡后续工作规划》和《长江中下游流域水污染防治规划》。

1

区"生态环境敏感、生态功能重要"的现实特征，缺乏对库区经济建设与产业发展的科学引导与控制，库区或许将面临一场严重的"生态灾难"。可见，从库区实际出发，以区域环境改善目标为导向，探寻更有利于生态环境保护的方式去追逐经济利益的经济发展模式，已成为影响"后三峡时代"库区可持续发展人居环境建设的关键。[1-9]

同时，21 世纪也是人类社会由工业文明向生态文明转变的世纪。随着工业化与城镇化的不断推进，极端气候增多、全球气候变暖、生物多样性消失等不利环境现象的凸显，与人类息息相关的生态环境持续恶化，环境保护形势日趋严峻，探索如何实现"可持续发展"，协调生态保护与经济发展矛盾已成为全世界关注的焦点问题①。同时，自 1962 年卡森发表《寂静的春天》（Silent Spring）以来，世界环保事业获得了长足的发展，但全球环境仍呈整体恶化的趋势，人们越发深刻地认识到环境保护不是单纯的公益事业，仅仅靠立法的强制约束力和公众良知下的自发行为是不够的，寻找更具活力的环保行为动机，建立更加有效的环境保护促进机制，提高环境保护效率，实现环境保护与经济发展良性互动，成为生态文明建设研究新的热点领域。

因此，作者从"人居环境科学"视角，选取"三峡库区"作为研究的空间限定，以"生态系统服务"为切入，选取"生态与经济协同发展"作为研究的具体内容，开展了本次研究（图 1-1）。

1.2 研究的背景与意义

1.2.1 研究背景

沿长江 600 多公里长的三峡库区是 6211.3 公里长江的重要组成部分，区域范围横跨重庆市和湖北省两个省级行政单位，涉及 22 个区市（县），幅员面积 6.22 万平方公里，常住人口 2000 余万。三峡工程 1994 年 12 月 14 日开工，2009 年全面竣工，历时 17 载，共计动态移民 120 余万人，三峡人以"舍小家，为大家"的牺牲精神谱写出了一个个生动感人的故事，为国家利益作出了重大牺牲，社会经济长期处于停滞状态。三峡工程的全面竣工，标志着三峡库

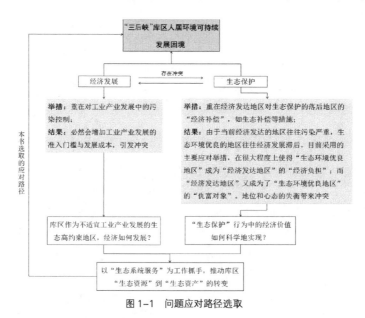

图 1-1　问题应对路径选取

---

① 21 世纪以来，斯德哥尔摩 +40 可持续发展伙伴论坛、巴西里约 +5 论坛、中国可持续发展论坛等一大批国际国内高端论坛组织了多次关于"可持续发展"的主题会议。

区进入"后三峡"时代，我们有理由相信在国家的大力扶持之下库区社会经济将很快发展起来，三峡库区社会经济将迎来高速发展期。但受制于三峡库区敏感脆弱的自然生态环境、长期积弱的经济发展基础，近年来传统的、粗放的经济增长方式，不但极大地破坏了库区脆弱的自然生态环境，经济发展也远未达预期，"经济发展"与"生态保护"之间在库区因"人为因素"被对立起来，甚至已成为制约当前库区人居环境持续发展的一对基本矛盾。因此，尽快找到兼顾"生态保护"和"经济发展"[①]诉求的可行路径就显得尤为重要。

1.2.2 研究意义

（1）理论意义

一方面有利于进一步丰富人居环境科学理论研究内涵。2001 年 10 月《人居环境科学导论》正式出版，标志着吴良镛先生创造性地建立了人居环境科学及其理论框架，开创了一门以人类聚居为研究对象，着重探讨人与环境之间相互关系的一个开放的学科体系，为我们更加科学地围绕城乡发展诸多问题开展相关研究，提供了一个重要的理论武器，以整体论的融贯综合思想，提出了面向复杂问题、建立科学共同体、形成共同纲领的技术路线，突破了原有专业分隔和局限，建立了一套以人居环境建设为核心的空间规划设计方法和实践模式。科学的建立不是一朝一夕的事，2001 年 10 月只是漫漫时间长河中的一个时间片段，对于人居环境科学的发展亦仅是一个开端，其发展还处于起步阶段，需要我们着眼于当今世界的、中国的、地区的人居环境问题与矛盾，选择典型地区，开展多学科集成研究，从分散的成果逐步整合为系统的人居环境科学，从而推动人居环境科学向前发展。

另一方面有利于进一步深化生态系统服务价值显化的理论探索。探索如何将生态系统服务引入市场机制，通过市场来实现生态系统的价值显化，利用市场"无形的手"引导人们在追求经济利益的过程中实现生态保护的目标，这正是当前生态文明建设理论研究的一大热点，为此，以科斯坦萨（Costanza）、格蕾琴·C·戴利（Gretchen C. Daily）、李文华、谢高地、高吉喜等为代表的诸多学者开展了大量相关研究，2005 年联合国更是在生态系统服务语境下，组织开展了全球性的千年生态系统评估。在现有研究基础上，本书将生态系统服务价值显化作为赋予人类开展利于生态保护行为动机的源泉，并从此角度，结合"后三峡"库区的实际，梳理人居环境生态与经济协同发展的路径，为深化生态系统服务价值显化的理论探索积累一些基础研究成果。

（2）现实意义

为了平息长江的咆哮，舍弃了三峡胜景，万顷良田，百万人背井离乡，才换来了高峡出平湖。三峡工程作为世界历史上移民人数最多的单一工程，其难度之大，复杂性之高，影响之深远，可谓"前无古人，后无来者"，由其带来的各种问题，不尽完结，还有许多未竟之问，需要我们不断去思考，去研究，去回答。进入后三峡时代，库区人居环境生态建设受到区域

[①] 三峡工程的建成运行，长江水位最高被抬高 100 多米，"高峡出平湖"，如此大规模的地表水体变化，给原本生态环境就较为敏感脆弱的三峡库区带来了严峻的考验；"145–175 米高程间，30 米高差的消落带"、"生态服务功能退化"、"长江库区沿线生态多样性的灾难性破坏"、"生态缓冲区的大面积缩减"、"大规模山体滑坡"、"长江水体自净能力弱化"等生态问题已不容回避；根据 2011 年 6 月颁布的《全国主体功能区规划》，三峡库区的云阳县、奉节县、巫山县、巴东县、兴山县、秭归县、宜昌市武宜区共计 2.78 万平方公里（约占库区总面积的 46.41%），约 520 万人（约占三峡库区总人口的 32.5%）被纳入了"限制开发区"中的"重点生态功能区"及"三峡库区水土保持生态功能区"；《全国主体功能区规划》评价"该区域具有重要的洪水调蓄功能，水环境质量对长江中下游生产生活有重大影响，目前森林植被破坏严重，水土保持功能减弱，土壤侵蚀量和入库泥沙量增大"，要求"巩固移民成果，植树造林，恢复植被，涵养水源，保护生物多样性"。

经济加速发展的冲击，由于缺乏有效的研究指导，未能很好地协调"生态保护"与"经济发展"的相关诉求，导致库区在取得一定经济发展成效的同时付出了难以承受的生态成本，脆弱的库区生态环境面临加速恶化的风险，亟需开展相关研究，指导现实发展，这也正是本研究的现实意义所在。

1.3 库区生态问题的现状表征

受三峡工程建设的影响，库区人居环境整体呈现"环境变化，生态隐患增加；发展冲击，灾变风险加大"的特征，面对三峡库区社会经济快速发展的迫切现实需求和国家赋予三峡库区更高的生态环境保护使命，生态保护与经济发展之间的激烈冲突已成为制约当前三峡库区可持续发展的一对基本矛盾（图1-2），"后三峡"库区面临着更加严峻的生态破坏问题。

1.3.1 三峡库区生态安全隐患增多

高峡出平湖，世界最大水利枢纽工程——三峡工程的修建极大地改变了三峡库区自然生态环境特征，三峡库区由世界第三大河、亚洲第一大河——长江的千里江段中最雄奇险峻、地形地貌最为复杂的一段，翻天覆地般地变为一座长达600公里，最宽处达2000米，面积达1084平方公里，是水面平静、风光旖旎的峡谷型水库。自然生态系统组成由原"10%河流生态系统、20%滩涂生态系统、10%峡谷生态系统以及60%中、低山地生态系统"[①]变为"40%水库生态系统、10%消落带生态系统以及50%低山、丘陵生态系统"，生态环境受到极大影响。

（1）水土保持生态功能减弱。三峡库区死库容仅172亿立方米，治理三峡库区水土流失是事关库区生态环境保护成败和三峡工程长久安全运行的大事。由于生态系统的变化，三峡库区大量土地被淹没，在"水进人退"的过程中人居空间受到压缩，人类活动向山地生态空间进一步蔓延，坡耕地增加迅猛，森林植被破坏现象加剧，土壤侵蚀量和入库泥沙量增大，库区生态系统的水土保持服务功能受到进一步削弱，带来的土壤侵蚀造成土地沙化、石化，致使库区泥沙大量淤积，河道变浅；导致植被退化，滑坡泥石流、崩塌等地质灾害增加，土

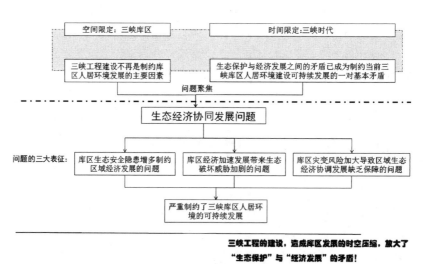

图1-2 "冲突"引发库区面临更加严峻的生态破坏问题

---

① 中山和低山分别指其主峰相对高度在350米至1000米、主峰相对高度在150米至350米的山体，如主峰相对高度低于150米，则为丘陵岗地。

地抗旱能力降低，加剧了自然灾害的发生、发展和危害[1]。根据 2007 年的遥感调查结果[2]，三峡库区水土流失面积 28042.10 平方公里，占土地总面积的 45%，其中轻度流失 6213.20 平方公里，占水土流失面积 22.2%；中度流失 10070.62 平方公里，占水土流失面积 35.9%；强度流失 8030.33 平方公里，占水土流失面积 28.60%；极强度流失 3037.43 平方公里，占水土流失 10.82%；剧烈流失 690.52 平方公里，占水土流失的 2.58%；中度以上水土流失面积占库区水土流失总面积的 64.57%。其中库区旱坡地中林地、灌丛、草地和农地分别占库区总侵蚀量的 6%、11%、23% 和 60% 左右，坡耕地是造成库区水土流失的主要源地。三峡库区年均土壤侵蚀总量达 1.68 亿吨，平均土壤侵蚀模数 2923 吨 / 平方公里·年。[3]

（2）气候调节生态功能下降。三峡库区位于北半球副热带内陆地区，北纬 28°31′~31°44′，东经 105°44′~111°30′ 之间，属亚热带湿润季风气候，其气候特征呈现 "春早气温不稳定，夏长酷热多伏旱，秋凉绵绵阴雨天，冬暖少雪云雾多" 的特点，空气湿度大，云雾多，静风频率高。三峡工程建成后，当其 175 米高程运行时将形成库容约 390 亿立方米的超大型峡谷型水库，水库生态系统的形成有 "一定的降温、增湿和净化空气细菌的效应"[4]。同时，由于三峡库区人居空间的压缩，区域人类生产生活活动造成大量自然森林生态系统的消失，森林生态系统作为一种特殊的下垫面和陆地生态系统中面积最多、最重要的自然生态系统，它对于维持大气中二氧化碳和氧含量平衡，固碳释氧；

对大气污染物（如氟化物、粉尘、二氧化硫、氮氧化物、重金属等）的吸收、过滤、阻隔和分解，以及降低噪声、提供负离子和萜烯类（如芬多精）物质等功能，有着重要的作用。其对周围湿度、降水、温度、风力都有着明显的调节作用，它对大气候及区域性小气候均有直接或间接的调节作用（包括对温度、径流和气流的影响等）[5]。三峡库区生态系统中水库生态系统的出现对于气候调节生态功能虽然有一定的改善，但其将引起库区周围一定范围内的相对湿度增加 2%~8%，对大气扩散条件造成一定的负面影响，将导致城镇内雾频频增加，大气污染有所加大。同时，由于森林生态系统的大量消失，造成三峡库区生态系统气候调节生态功能下降，干旱[6]、暴雨洪涝、连阴雨、高温、雾、雷暴等气象灾害发生频繁，极端气候事件增加。2006 年 7 月 1 日至 9 月 3 日期间三峡库区发生了百年不遇大旱，2007 年 7 月 16~20 日发生了百年一遇暴雨，2008 年 1 月中下旬发生了低温雨雪冰冻灾害，2008 年夏季发生长时间持续暴雨，2009 年 7 月到 8 月发生长时间持续暴雨，2009 年 7 月中下旬和 8 月中下旬出现高温伏旱，2009 年 9 月 1~13 日初秋出现反常高温热浪[7]。

（3）水体污染净化生态功能减弱。三峡成库后，河流生态系统转变为水库生态系统，水体流速放缓，水体内含氧量减少，有机物降解作用减小，水体自净能力下降，造成库区内污染带范围进一步扩大，大宁河、神女溪、梅溪河、香溪河、神农溪等多条主要支流水体富营养程度不断加重，在每年的 5~10 月都不同程度地发

① 张崇庆 . 三峡库区水土流失及其防治对策 [J]. 中国水土保持 . 2002（6）：9-10.

② 水利部 . 中国水土保持公报 [R]. 2007.

③ 郭宏忠，冯明汉，赵健，蒋光毅 . 三峡库区水土流失防治分区及防治对策 [J]. 西南农业大学学报（社会科学版）. 2010（6）：25-27.

④ 韩慧丽，靖元孝等 . 水库生态系统调节小气候及净化空气细菌的服务功能——以深圳梅林水库和西丽水库为例 [J]，生态学报，2008（8）：3553-3562.

⑤ 唐佳，方江平 . 森林生态系统服务功能价值评估指标体系研究 [J]. 西藏科技，2010（3）：71-75.

⑥ 干旱是三峡库区发生频次最高、范围最广、影响最大的气象灾害分析三峡地区平均年干旱发生率为 52.8%.

⑦ 蔡庆华，刘敏 等 . 长江三峡库区气候变化影响评估报告 [M]. 北京：气象出版社 . 2010，11：34-37.

生水华现象[①]，对当地群众的饮水安全和库区水生动植物生存构成威胁。其次，由于千百年来三峡库区居民习惯地将垃圾堆积到江边，通过洪水带走垃圾，但三峡工程修建后，一旦发生洪水导致库区涨水，沿江"垃圾山"就会在库区形成大规模的缓慢漂浮的"垃圾带"，严重威胁到库区水质安全，库区清漂已成为防治库区水质污染的重要工作内容之一。同时，三峡工程蓄水至175米高程后，将形成最大落差30米，总面积约300平方公里的水库消落带。消落带形成之前，生长在库区两岸的植被是一道天然的生态屏障，对来自库岸的污染特别是农业面源污染起到一定的拦截和过滤作用，地面径流携带的氮、磷等相当一部分被植被消化吸收，防止进入库区水体。而消落带形成后，这些功能将基本丧失，污染物将更容易进入水体，成为水体富营养化加重的一个重要原因。三峡库区大多数库岸坡度小、地势较为平坦、土质为泥土，消落带湿地系统保护的好坏[②]，将对三峡库区水体污染净化产生重大影响。为防治三峡库区水体污染，2010年12月环境保护部

等六部委发布了《三峡库区及其上游流域水污染防治"十二五"规划编制大纲》[③]；2012年5月16日环境保护部等4部委印发了涉及"三峡库区及其上游流域污染防治工作"的《重点流域水污染防治规划（2011-2015年）》（图1-3）。

（4）生物多样性保护生态功能不足。生物多样性是生物种类多样性的简称，保持和提高生物多样性可以有利于提高农作物的生产力，可以保障物种生存，可以扩展人类知识，可以提供生态服务[④]。三峡库区生物多样性价值极高，表现为物种多样性极为丰富，生物区系成分复杂，植物类群起源古老，特有植物丰富，珍稀濒危动植物丰富，植被种类多种多样，是一个天然的生物宝库。三峡库区成库后，人口与粮食的需求矛盾更加突出，毁林开荒现象屡禁不止，人工林虽在近几年有所增加，但天然林减少明显，次生林也是散点状小规模分散在边远山区。人类在生产生活过程中强烈地干预和破坏了生态系统，库区生境日益退化，生物种群落的物种组成与数量向着贫乏方向演变，生物多样性在逐渐减少或丧失（表1-1）。自

图1-3 2013年7月15日三峡库区秭归境内大量漂浮生活垃圾

---

① 据统计，2004年到2009年三峡库区发生水华84次。
② 国内多名相关知名专家指出，国家应在三峡库区建立消落带湿地系统保护试验区，探索生态保护建设的措施、建立库岸经济社会发展建设与水库及消落带生态保护和谐关系的途径。
③ 《三峡库区及其上游流域水污染防治"十二五"规划编制大纲》明确指出2010年库区支流回水区有机污染加重，水华频发且日趋严重，影响库区集镇人口饮水安全。
④ 杰弗里·希尔. 自然与市场：捕获生态服务链的价值 [M]. 北京：中信出版社. 2006：82-83.

然保护区作为加强生物多样性保护的最好的办法之一，由于认识和管理体制上的不足，要么只强调保护，忽略了适度开发，要么只强调开发而忽略了保护，在库区内其建设仍存在"批而不建、建而不管、管而不严"等现象，人为地弱化了自然保护区对区域生物多样性的保护作用[①]。

（5）休闲与生态旅游生态功能品质下降。休闲与生态旅游是生态系统重要的生态服务功能之一。旅游业已成为现如今世界上最大的产业之一[②]，生态旅游是旅游业中重要的一种经营形式，是人们出于对多姿多彩自然环境的向往而进行的旅游。在生态旅游的过程中，人们通过感受大自然的美丽与奥妙，获得陶冶情操、愉悦身心的享受，既有效地保护了自然环境，也促进了地方经济的发展。三峡库区范围内有国家级风景名胜区、国家级自然保护区、深厚的文化底蕴与丰富的历史文化遗迹，自然景观资源与人文景观资源均极为丰富，历来是我国乃至世界的一个重要旅游目的地。三峡库区成库后，由于长江水位上升 10~110 米，江水淹没了大量历史文化遗迹、历史文化街区、历史文化古镇和美丽的高峡自然景观等；同时，百万移民的搬迁和库区城镇大发展的诉求给三峡库区生态环境带来极大的压力，三峡库区生态旅游景观资源受到了前所未有的冲击，三峡库区休闲与生态旅游生态功能品质下降明显，三峡旅游对游客的吸引力逐渐下降（表 1-2）。

三峡库区濒危植物物种名录　　　　　　　　　　　　　　　　　　表 1-1

类别	数量	种类
渐危植物	22	狭叶瓶尔小草、荷叶铁线蕨、桫椤、篦子三尖杉、秦岭冷杉、麦吊云杉、黄杉、穗花杉、八角莲、华榛、七子花、胡桃、闽楠、楠木、野大豆、红豆树、白辛树、长瓣短柱茶、紫茎、延龄草、龙眼、荔枝
濒危植物	5	大果青杉、厚朴、巴东木莲、小勾儿茶、天麻

资料来源：《中国植物红皮书——稀有濒危植物》

三峡水库蓄水后旅游景点淹没情况　　　　　　　　　　　　　　　表 1-2

		一级景点	二级景点	三级景点	小计/个
全部淹没	自然景观	兵书宝剑峡、龙门峡、凤凰泉	牛肝马肺峡、倒吊和尚	水帘洞、七道门洞、巴堰峡、关刀峡	9
	人文景观	大溪文化、屈原庙、白鹤梁、张飞庙、丁房阙、无名阙	大昌古镇、奉节古城、孔明碑、粉壁墙、孟良梯、龙脊石	枇杷州、故陵楚墓、青石炮台、瞿塘峡古栈道	16
部分淹没	自然景观	巴雾峡、滴翠峡、巫峡、瞿塘峡	陆游洞	嵖岭峡	6
	人文景观	白帝城、石宝寨、丰都名山	隍华城、宁河古栈道	门峡悬棺、西沱古镇、忠州古城	8
合计/个		16	11	12	39

资料来源：王艳，张建新等．三峡库区旅游生态环境问题及可持续发展旅游对策 [J]．重庆师范大学学报（自然科学版）．2010（6）：29.

---

① 李旭光．长江三峡库区生物多样性现状及保护对策 [J]．中国发展．2004（4）：13-18.
② 据《2012 年度中国旅游业分析报告》显示，2012 年全球旅游业达到 4% 的增幅，全球旅游人数首次突破 10 亿，其中亚太地区增幅最大，达到 7%。我国全年国内旅游人数达到 30 亿人次，实现国内旅游收入 2.3 万亿元。

1.3.2 三峡库区生态破坏威胁加剧

由于三峡库区经济发展底子薄，基础差，经济发展模式单一、粗放，产业结构同质化严重，产业发展资金缺乏，产业空虚化现象突出[①]，目前在谋求区域经济发展时，普遍存在过于重视短期经济利益，忽视生态利益的现象，自然生态环境保护受经济发展的冲击大，生态破坏威胁加剧。

（1）区域农业产业化程度低，农业面源污染难以控制，毁林开荒现象频现。三峡库区具有典型的山地特征，是人口稠密的贫困山区，长久以来传统农业都是区域主要的经济来源，受地形地貌的影响和制约，耕地资源极为珍贵。随着三峡工程的建设，上涨的长江水淹没了大量低海拔地区的肥沃耕地，同时搬迁的百万移民需要占用大量耕地以及退耕还林还草工程的开展，库区内耕地资源更显稀缺[②]（图1-4），农业发展继续以家庭为单位开展小农式经营已不可行，农业产业化势在必行。目前三峡库区内农业发展产业化程度低，主要表现为主导产

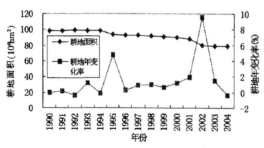

图1-4 三峡库区1990年至2004年间耕地面积变化与耕地年变化率

资料来源：曹银贵，王静等．三峡库区耕地变化研究 [J]．地理科学进展．2006（11）：117.

业的产业链较短且规模小，多数龙头企业缺乏核心竞争力且带动力有限，产业基地建设水平低，市场体系发展不平衡等问题[③]，导致单位耕地生产效率较低，产业经济规模较小，不能满足绝大多数库区农业人口的就业需求。库区内还有较大规模从事传统农业经营方式的农业人口，其缺乏约束的生产过程，造成毁林开荒现象屡禁不止，农药和化肥的大量无序使用，禽畜养殖废水的随意排放，农田生态系统稳定性不足等问题，给生态环境保护造成极大的负面影响。

（2）区域工业规模小，传统产业比重偏大，能耗高，污染重。三峡库区工业企业规模普遍偏小，核心竞争力不强，多集中在冶金、医药、化工、建材、食品、纺织、能源、稀有金属等传统产业。科技含量不高，高新技术产业比重小，对地区GDP贡献值小。工业发展还停留在依赖大量消耗自然资源的传统工业发展模式中，高能耗、污染重、效益低的传统产业比重大，还在走"先破坏后整治、先污染后治理"的老路，加大了资源消耗，粗放型经济发展模式特征明显，加大了环境压力。同时，库区内存在矿山开发活动不合理，甚至存在乱开乱采等现象，造成地表失稳，地表水资源枯竭，排放了大量废弃的尾矿、煤矸石及其他废弃物，资源浪费和生态破坏严重。

（3）旅游业发展缺乏限制，可持续性弱，对旅游生态环境破坏性大[④]。三峡库区是中国极其著名的旅游区之一，旅游业是库区的优势服务产业，具有良好的发展基础和潜力。三峡工程建成后，旅游资源构成与旅游生态环境发

---

① 据统计，整个三峡库区共搬迁企业1397户，其中关闭破产企业1100多家，占搬迁企业的近80%，有13万人下岗，生活艰难。

② 2009年全国人大代表、重庆市人民政府副市长谭栖伟在参加重庆代表团就三峡工程重庆库区建设的媒体见面会上表示，重庆三峡库区移民目前人均耕地只有0.58亩，人均耕地面积在0.5亩以下的人口达6.3万，人多地少的矛盾在重庆三峡库区突出。

③ 曾宇平．关于三峡库区农业产业化发展问题的思考 [J]．科技创业月刊．2008（2）：3-4.

④ 王艳，张建新等．三峡库区旅游生态环境问题及可持续旅游对策 [J]．重庆师范大学学报（自然科学版）．2010（11）：27-32.

生了重大改变，部分传统优势旅游资源不复存在，库区旅游业发展方向与模式需要随之调整，如观光游是传统三峡旅游最主要的形式，旅游活动对三峡库区生态环境影响较小。三峡工程建成后，三峡风光发生大变样，三峡自然风光资源的吸引力有所下降，三峡旅游转向更多地发展休闲度假游、商务游、生态探险游等人与自然更为直接接触的旅游形式[1]，人类旅游活动加大了对三峡库区生态环境的干扰。出现了诸如旅游规模超过景区环境容量，旅游资源的盲目开发与过度利用，旅游基础设施的过量建设，旅游污染急速增长等问题，导致旅游产品品质下降，也严重干扰了当地自然生态环境的平衡。面对国内乃至世界人们越来越旺盛的旅游需求，三峡库区需要做好科学发展旅游业的准备，促进旅游资源优势向经济优势转化，同时也要规避旅游带来的生态安全隐患，走可持续发展之路。

（4）"城—镇—村"聚居点多自发形成，布局体系不尽合理，不利于生态环境的整体保护。三峡库区自古以来就是人类生存繁衍的重要场所，到 2012 年底，在这 6 万多平方公里的库区上生活着大约 2000 多万人，人类的聚居性，使得三峡库区内形成了星罗棋布的"城—镇—村"聚居点体系，且呈现"城少乡众"的格局[2]，城镇化率大多在 30% 上下，人口多集中在广大的农村。由于"城—镇—村"聚居点多自发形成，布局体系同生态格局不尽协调，三峡工程移民搬迁也多以"就地后靠"为主要安置模式，

在生态环境脆弱区、敏感区以及保护区仍生活着过量的人口。恶劣、复杂的生存居住环境，导致人们在改造自然的过程中，在破坏了自然环境的同时，也对自己生产生活带来极大的负面影响，甚至威胁到自身安全，如由于库区适宜建房的用地有限，人们在开展建设活动时对坡地的施工，都有可能成为山体崩塌和滑坡等地质灾害的隐患[3]。按当地人的话说："不挖山没有地方住，挖了山就是住在定时炸弹上"，这是生存问题，特别难以抉择，是对库区人民艰辛生活生动的写照。著名生态学家、中科院院士侯学煜："三峡大坝修建后，淹没的 19 个区县 42 万亩耕地都是富饶坪坝地，而坪坝地只占 19 个县的 4%，其他都是山林丘陵"，三峡库区本就严峻的生存环境，在三峡库区修建后将面临更大的压力。库区人民的生产生活活动不可避免地会对本就脆弱、敏感的自然生态环境带来伤害，影响到区域生态系统服务功能的运行，也反过来制约了这部分群众生活条件的改善与安全[4]。

1.3.3　三峡库区地质灾变风险加大

三峡库区是我国地质灾害的多发区之一，其地质灾害发展从时间上可以划分为三个阶段：第一阶段为 1993 年三峡工程开工以前，主要以自然地质灾害为主，如云阳鸡扒子滑坡、秭归新滩滑坡和巴东后山泥石流[5] 等；第二阶段为 1993—2003 年，主要以工程引发的次生地质灾害为主，由于大规模移民迁建与新城镇建设

① 陈淑君.三峡库区旅游业发展分析 [J].江苏商论.2003（4）：12-13.
② 段炼.三峡区域新人居环境建设研究 [M].南京：东南大学出版社.2011（3）：74.
③ 2001 年 5 月 1 日重庆市武隆县发生严重的山体滑坡事故，崩滑体达到 1.5 万立方米，造成当地居民 79 人死亡。这是一起典型的受到自然地质灾害影响，但也混杂人为因素的事故。
④ 2007 年以来，针对库区人口压力，重庆市和湖北省为保护三峡地区生态环境，确保三峡水库水资源环境和水质安全而开展了"长江三峡工程库区生态移民"，按重庆市《渝东北地区经济社会发展规划》，计划迁移人口将近 230 万人。
⑤ 1982 年 7 月 17 日至 18 日，重庆市云阳县鸡扒子发生滑坡，形成了 600 米长的急流险滩。1985 年 6 月 12 日凌晨，湖北秭归县发生新滩滑坡，1300 万立方米滑坡体高速向下滑动，新滩古镇顷刻之间被推入长江，长江因此断航一周。1991 年 8 月 5 日深夜至 6 日，巴东县发生 10 多个小时的特大暴雨，引发县城信陵镇后山山洪暴发，全县 847 处 400 多万立方米泥石流塌方，造成直接经济损失高达 8900 多万元。

活动的开展，出现了大量的高陡坡和大量的人工弃渣，特别是为数不少的自然滑坡体被切脚或拦腰斩断，导致滑坡体进一步失稳，从而引发滑坡，如万县豆芽棚滑坡、巴东二道沟滑坡、巫山牛蹄窝滑坡等；第三阶段为2003—2009年间，主要以涉水部分引发地质灾害为主，三峡库区库岸多由第四系松散体堆积构成，库区大规模蓄水后，由于长江水位由135米上升到175米高程，库区库岸地质构造受明显影响，以流动破坏的形式，形成了大量崩塌、滑坡和塌岸等地质灾害；第四阶段为2009年以后，三峡工程全面完工，水岩环境逐渐趋于新的平衡，三峡库区由蓄水直接引发的地质灾害趋于减少[1]。三峡库区地震强度小、频度低，属典型弱震环境，多为 VI 度和小于 VI 度区[2]。但三峡工程建成后，高达393亿立方米的水库蓄水，带来了巨大水压和重量，对库区岩层和地壳内原有的地应力平衡状态产生了影响，库区发生水库诱发地震存在一定可能，区域地震风险加大。同时，三峡工程不断的蓄水和放水带来的水位变化，对库区周边的地质影响将更为复杂，库区潜在的地质灾害隐患增多，本就脆弱的生态环境更为敏感，地质灾害灾变风险加大[3]。

（1）崩塌和滑坡灾害的威胁。崩塌是坡地上的岩（土）体，在重力作用下突然坠落的现象。滑坡是斜坡上的岩（土）体，在重力作用下，沿着一定的滑动面作整体缓慢下滑的现象[4]。崩塌和滑坡是三峡库区分布最多、危害最大的地质灾害类型。三峡工程建设后受蓄水和人居空间压缩的影响，库区内崩塌和滑坡呈逐年增多的趋势，2001年库区两岸已查出的崩滑体为2490余处[5]，2003年全年三峡库区的崩塌和滑坡是4688处，到2010年全国两会时期，重庆市副市长向外界表示说，仅在重庆库区地质隐患点就达到了10792处[6]，其主要危害表现为"砸、撞"——崩滑块体脱离母岩在重力作用下落于地面，在此过程中将人、车、建（构）筑物、动植物等砸伤、撞坏；"埋"——大型崩塌、滑坡几十万立方米到数百万立方米，在重力作用下，将斜坡上、坡脚下崩滑体堆积范围内的人、车、农田、建（构）筑物、动植物等造成掩埋伤害（图1-5）。

（2）泥石流灾害的威胁。泥石流是山地区域中一种突发性自然灾害，常在顷刻之间给山区城镇造成毁灭性灾难，具有来势猛，历时短，破坏力大的特点。其破坏力不仅在于其流动过程中，随着两侧堆积物的崩塌和掺和使其流量迅速增加，同时还在于泥石流中所含的石块在流动过程中带来的冲击力。泥石流的形成主要受地形、地质、流域面积上的植被情况、地表风化物质的情况和降水影响。三峡库区地质构造形迹以褶皱为主，地貌类型以丘陵低山为主，约占到了三峡库区总面积的70%左右，中、高山占到25%左右，平坝仅占4%左右，地貌组合结构为"三分山，六分丘，三厘坝"[7]，是典型的山地地区。三峡库区西部（重庆至奉节段）

① 据长江水利委员会长江工程监理咨询有限公司统计，三峡工程自2008年至2011年底，库区累计发生崩塌、滑坡及岸坡变形共427处，其中2008年发生263处、2009年发生153处、2010年降至7处，2011年则仅发生4处；累计发生库岸崩塌（塌岸）374处，也由2008年发生264处降至2011年发生29处。

② 国家环境保护总局 编著.全国生态现状调查与评价[M].北京：中国环境科学出版社.2006（5）：562.

③ 国家对于三峡库区地质灾害的防治非常重视，据中国长江三峡集团公司原总经理李永安介绍，国家在蓄水135米高程蓄水的时候，国家投入40个亿进行三峡库区的地质灾害防治。从135米蓄到165米，国家又投入了80亿元。

④ 黄光宇.山地城市学原理[M].北京：中国建筑工业出版社.2006（9）：153-155.

⑤ 国土资源部.三峡库区地质灾害防治总体规划[Z].2001，10.

⑥ 数据根据凤凰卫视的"又问三峡：（四）山河之问"纪录片报道整理。

⑦ 重庆市地方志编纂委员会总编辑室.长江三峡库区要览：开发·投资·旅游·地情资料汇编[M].成都：成都科技大学出版社.1993，3：16.

图 1-5 巫山和秭归境内滑坡体
资料来源：笔者自拍

图 1-6 2008 年 4 月兴山县泥石流冲毁移民迁建城镇高阳镇的部分民房和校舍
资料来源：武汉晨报

广泛分布着中新生代碎屑和泥岩，三峡库区东部（奉节至宜昌段）广泛分布震旦—三叠系碳酸盐岩和砂岩、页岩[1]。同时库区内降雨充沛，森林覆盖率低，土地垦殖系数高，工程弃渣规模大等因素均为泥石流的形成和发育提供了良好的地质环境条件。据 2002 年国务院批复的《三峡库区地质灾害防治总体规划》明确的库区大小泥石流沟 90 余条，潜在泥石流沟 500 余条，多位于库区移民迁建工程区。有历史记录的泥石流不下 40 余次（图 1-6）。

（3）洪水与山洪灾害的威胁。著名水利工程学专家黄万里教授曾预测："三峡大坝修建后，遇到长江发大水，长江上游地区有很多地方会

被淹掉"。三峡工程修建后，由于泄洪流量控制[2]，江水下行受阻，高涨，导致三峡库区洪水暴发次数、危害和影响范围较三峡成库前明显增多增大，黄万里教授的预言不幸言中。2010 年长江流域大洪水造成三峡库区重庆 82.5 万人受灾，4916 间房屋倒塌，7959 间房屋损坏，农作物受灾 37.8 千公顷，直接经济损失 4.3 亿元，其最高流量峰值达到 62800 立方米 / 秒。2011 年长江一级支流嘉陵江发生 30 年一遇大洪水，川东和重庆境内 12 个县近 300 万人受灾，造成直接经济损失 60 亿元。2012 年三峡库区发生大洪水，重庆受 31 年以来最大洪水袭击，洪水造成 16 万余人不同程度受灾，农作物受灾面积 3.6

---

① 文海家．张永兴等．三峡库区地质灾害及其危害 [J]．重庆建筑大学学报．2004（2）：1-4.
② 考虑到下游荆江段行洪能力，三峡大坝泄流量会控制在 40000 立方米 / 秒以下。

千余公顷，直接经济损失 7.1 亿元。三峡工程在发挥对下游防洪功能的同时，似乎每年汛期三峡库区暴发洪水已成常态。同时，受地形地貌和区域气候影响，山洪历来是三峡库区常见的自然灾害[①]。山洪具有作用时间短、暴涨暴跌、流速大的特点[②]，其对山地自然生态系统和城镇的破坏力极大，且极易引发滑坡、塌陷、泥石流等地质灾害。

（4）地震灾害的威胁。历史上三峡库区地震强度小、频度小，属典型弱震环境。三峡工程蓄水后，新增加的 2、3 百亿立方米水体会对地面产生一个巨大的压荷，压荷会导致地质构造受力的变化，引发地壳变动，从而可能引发地震。根据世界上其他大型水库建设的经验[③]和近几年的监测来看，三峡水库诱发地震已成

为一个不容回避的事实。据凤凰卫视的"又问三峡：（四）山河之间"纪录片报道，建县 1000多年的巴东县，三峡工程蓄水前据文字记载的被当地居民直接感知的地震仅一次，而三峡蓄水后的七年中，发生三级以下地震 1400 多次，二级以上地震近 70 次。湖北秭归仅在三峡库区蓄水完成后的 2003 年 6 月里就记录到地震 11次。同时由于有"黔江—恩施—巴东强震发生带"和"仙女山—香溪—兴山强震发生带"两条强震发生带通过库区和沿长江存在着的一条东西向活动的"巴东亩田湾断裂带"（图 1-7），且库区以古生代至中生代早期的灰岩沉积为主，具备水库诱发地震的岩性条件。三峡水库蓄水后，引发小震是必然的，也存在诱发 5.5 级左右破坏性地震的危险[④]。

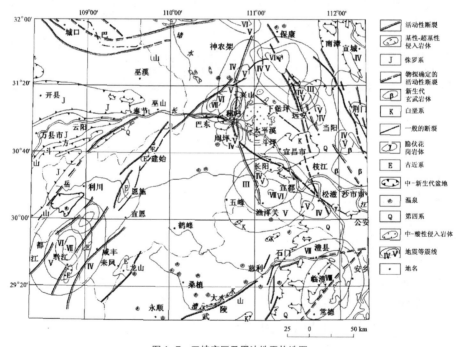

图 1-7　三峡库区及周边地震构造图

资料来源：李坪等 . 长江三峡库区水库诱发地震的研究 [J]. 中国工程科学 . 2005（6）：15

---

① 2007 年 5 月 31 日湖北兴山县遭受暴雨袭击，导致山洪暴发，直接经济损失 8550 万元，伤亡 3 人；2010 年 7 月 23 日湖北宜昌市夷陵区、秭归县等地因特大暴雨袭击导致山洪暴发，2.5 万人受灾，造成直接经济损失 1.41 亿元。

② 黄光宇 . 山地城市学原理 [M]. 北京：中国建筑工业出版社 . 2006（9）：147.

③ 杨清源，胡毓良 等 . 国内外水库诱发地震目录 [J]. 地震地质 . 1996（4）：453–461.

④ 李坪，李愿军，杨美娥 . 长江三峡库区水库诱发地震的研究 [J]. 中国工程科学 . 2005（6）：14–20.

1.4 国内外类似地区发展实践分析

1.4.1 国外类似地区发展实践分析

（1）美国田纳西河流域[①]生态保护实践分析

①田纳西河流域当时面临的主要问题

由于区域"产业的空虚"、"生态环境的恶化"、"自然生态灾害的加剧"，到20世纪30年代罗斯福推行"新政"前，田纳西河流域已由"河流两岸到处是茂密的原始森林，田纳西河的水量也较平稳，野生动植物的种类也较丰富"[②]变成"贫困、土地被修建侵蚀和人们被隔离的地区"。自1809年以来，美国联邦政府就开始拨专款开展河道治理等措施，以发展航运，促进地方发展，但效果并不理想，地区发展亟待综合开发与治理。

一是产业空虚导致区域社会经济发展滞后。20世纪30年代初，田纳西河流域300万人口中有56.4%的农业人口，长期以来，农业一直是地区的绝对主导产业，曾盛产棉花、水果、马铃薯等多种农作物。但由于早期移民的过度开垦和对森林的滥砍滥伐，造成区内水土流失严重，导致土地肥力下降，贫瘠化明显，造成农产品产量快速下跌，以农业为绝对支柱的地方经济陷入困境，地区农业产值仅占当时美国全国农业总产值的19%。1933年，区内年人均收入仅168美元，约为当时美国全国年人均收入（1835美元）的9.15%，局部地区甚至有高达近90%的家庭依赖救济生活，而区域人口出生率高出全国平均水平近1/3，且地区人口中大部分

是非技术劳动力，识字率极低。全地区只有4.2%农场通电，3%的农场有自来水。地区工业相当薄弱，发展速度缓慢，当时仅有纺织、木材和化工三类[③]。截至田纳西河流域治理工程启动前，该流域已成为美国最贫穷落后的地区之一，区内农民生活困苦[④]，大部分人营养不良，局部地区患疟疾的人数占总人口的30%。地区经济社会发展的滞后带来大量人口外迁，背井离乡，在1920年至1930年间，有大约125万人被迫去外乡谋生。

二是区内生态环境的恶化。田纳西河流域是美国的传统农业区，早期大规模农业生产过程中大量的化肥、农药使用，土地在超负荷的农业种植强度下，土壤肥力下降明显，土地退化带来大量土地的荒芜。同时，流域居民早期为了更好地求求生计，扩大耕地面积和获取木炭，大片森林在短期内被破坏性砍伐，无序的矿山开采对地貌和地表植被造成了大量破坏。土地的贫瘠和植被的破坏加剧了区域的水土流失。流域内有丰富的煤炭、铜、锌等矿产资源，炼铜企业等金属冶炼及压延加工企业在生产过程中大量排放高浓度二氧化碳，造成地区酸雨增多，污染土壤和水体，破坏生态环境。

三是自然生态灾害的加剧。由于田纳西河流域降水集中程度高、短期来水量大，上游河道狭窄地势比降大，地表植被覆盖率底，流域汇水快，而下游地势低平，河水排泄不畅，导致极易发生洪水。频发的洪涝灾害给流域居民

[①] 田纳西河位于美国东南部，发源于弗吉尼亚州，是世界第四长河密西西比河的二级支流，美国第八大河。长约1050公里，大部流经阿巴拉契亚高原区，上中游河谷狭窄，比降较大，多急流，下游河谷较开阔。流域范围包括北卡罗来纳、弗吉尼亚、佐治亚、密西西比、亚拉巴马、田纳西和肯塔基七个州，面积约10.6万平方公里，是阿巴拉契亚山区（Applachia Mountains）的主要部分，区内多山，地形起伏较大，陆路交通不便，河流航运作用十分突出。流域大部分位于33°N—36°N，属亚热带地区，区内降水丰沛，气候温和，年降水量在1100~1800毫米之间，多年平均降雨量约为1320毫米，河口平均流量1800m³/秒。水位季节变化较大，冬末春初（12月至次年4月）多暴雨，是河流的主汛期，易发生洪水灾害；夏季水位较低。区内植被多为亚热带常绿阔叶林。

[②] 张之婧. 美国田纳西流域的开发管理及对我国长江流域科学治理的启示 [J]. 水利建设与管理. 2008（8）：49–51.

[③] 朱传一. 美国田纳西流域经济与社会协调发展实验考察（上）[J]. 中国人口·资源与环境. 1992（3）：79–82.

[④] Hary Curits. TVA and the Tennessee Valley–what of the Future[J]. Land Economics，November，Vol.28，1952.

生产生活安全，特别是给下游密西西比平原上相对发达城市的建设和经济发展带来了极大的威胁。

②综合开发与治理的主要措施

一是设置统一管理与开发的专门机构。美国田纳西流域管理局（Tennessee Valley Authority，以下简称TVA）是20世纪30年代时任美国总统罗斯福为摆脱经济大萧条而推行的新政的一个重要举措[1]。1933年，罗斯福总统对田纳西河流域视察后，向国会首次提出对该地区进行"综合开发和治理"的设想。在罗斯福总统推动下同年5月18日《田纳西流域管理局法案》签署，明确提出"出于国防利益、农业发展以及工业发展的需要，为提高流域的整体航运和防洪能力，为经营和维护马瑟肖尔斯及附近地区的国有财产，特成立一个名为田纳西流域管理局（TVA）的公司"[2]。试图通过TVA[3]的设立"推动整个流域进行大规模规划，……涉及各类民生事业和上百万人未来的幸福生活"[4]，通过建立一种新的更具效率的流域管理模式，对流域内的自然资源进行综合开发，以期达到实现区域振兴和发展的目的。

二是制定配套法规，依法治区。根据《田纳西流域管理法》（Tennessee Valley Authority Act，以下简称TVAA），TVA被授权对田纳西河流域自然资源进行统一开发和管理，而这正是TVA模式成功的重要因素[5]。

---

① 沈大军，王浩，蒋云钟. 流域管理机构：国际比较分析及对我国的建议 [J]. 自然资源学报. 2004（1）: 86-95.

② Tennessee Valley Authority Act[Z/OL]. http://www.tva.gov/abouttva/pdf/TVA_Act.pdf.

③ 田纳西流域管理局（TVA）其主要特点包括：一是"依法治局"，TVA管理上最大的特色是"依法治局"，《田纳西流域管理局法案》是TVA成立和运行的基石，它明确授权TVA可以进行"土地买卖、输送与分销电力、生产与销售化肥、植树造林等任务"，赋予TVA独立的自主经营权，根据该法TVA在管理和营运中的相关事务可跨过地方直接向总统和国会汇报，最大限度地保证了其自主经营权的有效性和非政治化机构属性的实现，即"一个拥有政府权力与私营公司灵活性和创造力的机构"，同时，作为一个国有企业，国家对其的控制主要表现为总统对TVA三人理事会的任免权和国会对其一年一度经费拨付的管控权。二是决策的多元化，根据《田纳西流域管理局法案》，TVA决策机构是由总统提名、国会通过后任命的三人董事会，由主席、总经理和总顾问组成，其任职者多为相关方面的专家，如第一任理事会主席阿瑟·E·摩根是水利建筑师等，三人董事会行使TVA的一切权力，同时配合其决策成立了"地区资源管理理事会"，为董事会提供政策咨询服务和促进地方参与流域管理，理事会成员约20名，由流域内七个沿岸州的代表共同组成，其"决策-咨询"的整体化组织构建和相关机构人员组成的特点，实际是国家利益与地方利益，技术专家与政策方向的综合考量，从而决定了TVA决策的多元化特点。三是协调整合相关资源的创新机制，TVA管理的范围涉及美国七个州，约10.6万平方公里，面对的问题众多，综合治理的任务繁重，仅靠TVA一己之力是难以取得很好的效果的，也不是TVA设立的初衷，1936年10月哈考特·摩根在任TVA董事时对此阐述道："田纳西河流域的未来将交托到TVA手中，其工作必须与流域范围内数量众多的相关组织和部门结合起来，共同构筑成一种伟大的民主力量，最终的胜利将建立在各种机构共同奋斗的基础上"，被视为TVA开始与田纳西河流域各级政府以及相关机构共同合作的宣言，"TVA非常依赖于流域范围内的各类机构，避免直接执行，而是尽量采用间接的方式完成使命；推动相关机构发挥作用，而不是幻想着取代他们，只是在必要时做出补充"。"行动发起者、协调者以及补充者"成为TVA的角色定位。四是相对灵活高效的人事制度，《田纳西流域管理局法案》规定，TVA的人事任命"不得进行政治上的考察或考虑其政治资格，所有的任命和提升都必须取决于工作绩效和个人的能力"，且TVA可以不受公务员法的限制，建立其自己的人事制度，TVA据此吸引了大量的优秀人才和技术人员、管理人员，有效地保证了TVA的高效运行。五是任务导向的机构设置调整机制，《田纳西流域管理局法案》明确要求TVA机构设置应遵循"权责明确、提倡效率"的原则，同时，TVA设立的多目标性决定了其机构设置应具有快速应变能力，才能保证其取得更佳的运行效率，TVA自组建成立以来，其职能部门的名称和重要性均有很大的差异，1937年后的十余年间，修坝治水是TVA的首要任务，共设有水力利用、河上治水、陆上治水三个职能部门，到1951年治水已降为次要任务，原三个相关职能部门合并为一个，到20世纪70年代，治水部门更是降到次要的职能部门地位。

④ David Lilienthal. TVA : Democracy on the March[M]. New York : Harper.1944, P3.

⑤ 张之婧. 美国田纳西流域的开发管理及对我国长江流域科学治理的启示 [J]. 水利建设与管理. 2008（8）: 49-51.

TVAA[①]共计三十一条，由美国国会参、众两院通过并得以实施，其制定的宗旨是"改善田纳西河道通航和防洪；田纳西河流域的植树造林和流域内贫瘠土地的合理利用；发展该流域的工、农业；通过建立在亚拉巴马州的马斯尔肖尔斯及其邻近的政府财产管理机构达到加强国防以及其他的目的"[②]。TVAA 明确提出"能最大限度地防洪；能最大限度地开发田纳西河，以便于航运；生产出最多的电力，同时兼顾防洪和航运效益；合理利用低产地；在田纳西河流域所有土地上有效地植树造林，该流域适宜于人工造林；保证该流域内人民生活幸福，社会经济繁荣"[③]，正是 TVA 设立和运行的最终任务目标。

三是制定"国家—地方"战略需求平衡发展策略。TVA 明确了兼顾"防洪[④]、航运[⑤]、

---

① 《田纳西流域管理法》(TVAA)主要赋予了田纳西流域管理局(TVA)以下一些主要权力：①在 TVAA 容许的情况下，可以签订合同。②可以正式通过、修改和撤销地方法。③在处理其业务时，如认为有必要或合适，可购置或租用和保有某种不动产和私有财产，并处理它所保有的上述任何私有财产。④应具有以美国名义履行产业征用权及购买任何不动产或通过征用程序获得不动产的权力。这样的不动产的产权应冠以美国国名，然后将其委托给作为美国的代理机构的本管理局，以达到 TVAA 的意图。⑤应具有为在沿田纳西河的任何地点或其任何一条支流上建设大坝、水库、输电线路、发电厂和其他建筑物，以及通航工程等获取不动产的权力。万一上述不动产的业主或业主们没有能够或拒绝按董事会认为公平合理的价格卖给管理局，则 TVA 即可行使征用权，并对认为实施本法规的宗旨所必须的所有财产进行判决。⑥TVA 有权在田纳西河及其支流建设大坝、水库，在田纳西河及其诸支流获得或兴建电站、动力设施、输电线、通航工程以及附属设施，并通过输电线将各种发电设备联网统一成为一个或若干个电力系统。

② 田纳西流域管理法 [Z]. 水利水电快报 . 2005（1）：4-10.

③ 田纳西流域管理法 [Z]. 水利水电快报 . 2005（1）：4-10.

④ 治水防洪是 TVA 早期的首要任务。由于田纳西河降水丰富和集中，地理环境复杂，田纳西河流域常年受洪水的威胁，TVA 面临的防洪任务极为艰巨。1927 年出现的百年一遇大洪水，给该地区社会经济和居民生命财产带来极大损失的同时，再次突显了田纳西河流域原有防洪能力的不足，给整个流域带来了极大的安全隐患。鉴于此，在调查流域居民的意愿后，TVA 提出了在流域内建设集"防洪、发电等功能于一体"的多功能水坝的设想，但当时不少工程师认为"大坝对防洪与发电无法兼顾，既要在发电时保证有足够的水量，又要在防洪时保证足够的库容，这是一件不可能完成的任务"，伴随着各种质疑和猜忌，于 1933 年始，TVA 组织和协调流域内地方政府、各类机构、社会力量和资深人士，开始了长期而艰巨的修坝防洪工作。首先通过航拍、实地勘查以及专业人士研讨等各种渠道详尽地了解田纳西河流域的水文、洪水特征、洪水频率、洪水分布等情况，发现"绝大多数年份，田纳西河流域的洪水总是发生于每年的十月到来年的四月。六月之后，流域从未发生过洪水现象。因此，在大坝建设中采用了冬季清库蓄洪；夏季控制性放水，平衡水量的治水策略。结合田纳西河流域洪水"峰高量大"的特点，确立了"蓄泄并重"的方针。在对比高、低坝建设方案的优劣后，最终选取了建设多功能高坝体系的建设方案，沿田纳西河河道成阶梯地拦河筑坝，形成水库，集中落差，调节流量，至 20 世纪 50 年代末，基本完成了诺维斯大坝、皮克威克兰大坝等 28 个主要堤坝的建设，完全控制了本地历史上经历的水灾灾害，到 1952 年底，田纳西河流域上总共建成了 34 座水坝，其中 20 座由 TVA 亲自承建，很好地达到了 TVA 防洪的预期目标。截至目前，田纳西河流域共建成 60 多座兼具防洪、发电、航运多功能，彼此相互联系的水坝体系。

⑤ 田纳西河及其支流延伸覆盖了美国南部七州，早在 19 世纪 20 年代 TVA 成立之前，美国国会就曾经拨专款以疏通田纳西河道，以求建设一条服务七州的内河航道。但由于田纳西河水深不均，不同时段内水深变化大，河床坡度陡缓差异大，且部分河段多险滩，以上因素极大地制约了田纳西河航运的发展，如"田纳西河流域查塔诺加地区的航道只有约 91 厘米深，旱季时部分航段甚至仅有约 30 厘米深"，田纳西河的航运能力亟待得到质的提升。TVAA 法案中明确要求 TVA "在田纳西河中形成一条九英尺深的航道"。沿河大坝体系建设的不断完善为改善田纳西河航运能力提供了有力的保障，TVA 结合沿河梯级开发形式下的大坝建设，保证了建成的大型船闸和大坝、水库相连，确保了上一级水库的尾水位与下一级的正常蓄水位相衔接，构成了一条约 2.7 米深，约 1046 千米长的水道，为美国的内河航运增加了一条通途。与此同时，TVA 还长期关注沿河码头建设，一是加强航运"燃料少、成本低、建设投资省"优势对承运商的宣传；二是为承运商们提供建设港口码头的技术服务；三是 TVA 主导公共港口码头建设，在保证给公众提供廉价的航运服务和提供日常维护的前提下，租给私人运行。优质航道、低廉便捷的港口码头服务、耗电产业部门的落户以及造船技术的进步，均极大地鼓励了承运商采用航运方式进行运输。据统计，"1952 年田纳西河的航运量达到了 585 万吨，比 1933 年多出了 8 倍"，且货运种类也有了明显的增加，田纳西河航运业发展取得了长足的发展。

发电①"和"推动地区社会经济发展，促进生态环境保护"使命的"国家—地方"战略需求平衡发展策略。在国家战略需求方面，美国政府通过 TVAA 将"防洪、航运、发电"确定为 TVA 的核心职能，并相应地开展了大量的工作；而在地方战略需求方面，地方政府、民间组织则通过机构设置与决策机制的创新，为"推动地区社会经济发展，促进生态环境保护"创造了条件（图 1-8）。

为"推动地区社会经济发展"，TVA 通过一系列的措施与举措，建立了适合流域特点的产业结构和空间布局。1933 年流域内劳动力就业以农业为主，约占总就业人数的 62%，商业和服务业就业的比例是 17%，制造业 12%，其他为 9%；到 1984 年，就业结构明显优化，农业从业人数大幅降低到 5%，商业和服务业大幅增加到 45%，制造业上升到 27%，其他为 23%②。在工业方面，在 20 世纪 30、40 年代，随着流域大规模水能的开发，带动了流域电力生产的快速发展，提供了大量廉价的电力，同时航道的开通为工业产业发展提供了便捷的交通条件，田纳西河也为工业发展提供了充沛的水资源，吸引了化学工业、原子能工业、电解铝工业等大量高耗能工业的入驻，为地区工业起步奠定

了基础。其后，在工业产业发展关联性影响下，流域内运输设备、金属加工、机械、电子、橡胶等工业产业也获得了快速增长，形成了成规模的沿田纳西河的工业走廊。在农业方面，随着新型化肥的研发与大量应用，农业机械化水平的提高，水利灌溉条件的改善，单位土地的生产效率大大增加，释放了大量富余劳动力，为其他产业发展提供了大量的人力资源。在商业和服务业方面，TVA 积极利用田纳西河流域奇峰、清溪、绿林、大河、湿地等优美别致的自然风光和温和宜人的气候，大力发展旅游业，到 20 世纪 80 年代初，田纳西河流域内建成了 110 个公园，24 个野生动物管理区，310 个风景区，110 个宿营地和俱乐部，年接待游客量达 6500 多万人，通过旅游业的繁荣带动商业和服务业的整体发展，第三产业的相关经济活动日趋活跃，旅游业发展成为区域经济中仅次于制造业的第二大产业。TVA 通过相关措施与举措激发了地区经济发展活力，人均国民收入由 1933 年的 163 美元，增加到 1977 年的 5630 美元，增长超过 34 倍，远超同期美国全国的 19 倍增长速度③。经济的大发展也促进了社会的大发展，流域内生产生活环境持续改善，市政基础设施不断完善，公共服务设施持续改善，失业率持

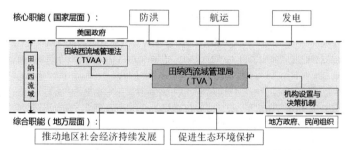

图 1-8　兼顾"国家—地方"战略需求的 TVA 平衡发展策略

① 田纳西河上中游河谷狭窄，比降较大，多急流，且雨量充沛，年降水量在 1100~1800 毫米之间，多年平均降雨量约为 1320 毫米，河口平均流量 1800 立方米 / 秒，可供开发的水电资源潜力巨大。据专家测算，"水电的开发蕴藏量达到 414 万千瓦"。截至 20 世纪 40 年代末，水电站总装机容量达到 609.3 万千瓦，奠定了 TVA 早期水力发电为主的电力生产格局。

② 周青青 . TVA 的早期发展与美国田纳西流域的开发（1933-1953）[D]. 厦门大学 .2007：90.

③ 刘锐 . 美国田纳西流域开发简介 [J]. 农业工程 .1983（5）：36-37.

续降低，自 20 世纪 70 年代以来，区域人口流动由"外迁"为主转变为"迁入"为主，田纳西河流域成为对人们更具吸引力的居住地。

为"促进生态环境保护"[①]，1933 年 TVA 成立后，首先就是开展"复苏土壤，整治土地侵蚀（罗斯福，1933）"[②]的相关工作。农业生产方面，TVA 重点是依据土壤测试进行新型化肥的研制和生产，以改善土壤肥力的保持和降低水土流失程度，利用马瑟肖尔斯地区的二号工厂大力生产磷肥为主的新型化肥，并在农户中推广应用。TVA 在 1933 年到 1942 年间共生产了 775011 吨磷肥[③]，明显改善了区域农民使用化肥的质量，新型化肥的大范围应用促进了磷、石灰、氮等矿物质在土地中的渗透，在迅速恢复土壤肥力和控制耕地面积方面均发挥了积极作用。森林保护与利用方面，TVA 法案明确要求"合理使用林业资源，并在适合植林的地区有效提高森林覆盖率"[④]，TVA 本着"合作"的态度重点开展了"防火、重新植林和农场管理"三方面的工作，强化补充了森林防护人员、防火设备以及相关资金的缺口，完善森林防火体系；根据水土保持和森林修复的需求，通过农业顾问（county agent）确立重新植林的区域，通过免费或廉价提供树种，鼓励农户自愿参加重新植林，并派技术人员提供技术指导；TVA 就适当采伐量、肥料类型、树种改良等问题，同各相关知名大学、各州的森林服务实验站、农业实验站等建立了合作关系，搭建了高效的林业信息交换平台，同时通过流域林业资源研究团队的构建，为探索农场创新管理方法发挥了积极作用。在矿山开采和高污染企业方面，TVA 在一定程度上加强了监管，加强了污染源

和生态破坏行为的控制，调整了区域产业结构，淘汰部分落后产能，经过几十年的发展越加重视区域生态系统的恢复和优化。

总体来说，TVA 的相关举措虽然对于生态环境保护起到了一定的促进作用，但由于其在田纳西河流域综合开发进程中，更为重视经济发展，对生态环境保护的重视相对较弱，还是走了传统的"先发展后治理"道路，给区域生态环境保护留下了不少的困难和隐患，如水质污染、渔业、野生动物等资源减少等[⑤]。

③案例借鉴与启示

通过上文分析，发现该案例重点在"谁来主导？法制依据是什么？行动路线？可持续发展保障？"等方面有着重要的借鉴和启示意义。

一是库区可借鉴 TVA 的机构设置与运作，设立综合统筹的专门机构对库区生态资源作统一管理与开发，挖掘生态资源价值，促进生态建设。可以说，TVA 的成立是美国政府进行田纳西河流域综合治理的核心举措，它是国家政府与流域相关利益方的联系桥梁和平衡器，是流域资源的直接管理机构和相关决策的拟订者，对于全面、高效地开展流域资源开发与保护起到了至关重要的作用。三峡库区地跨重庆直辖市和湖北省两个省级行政区，涉及 22 个区（县）行政单元，生态保护和经济发展之间的冲突激烈，利益关系错综复杂，"分权管理，各自为政，利益失衡"等问题亟为突出，亟需一个高层面的专门机构对 6.22 万平方公里的库区生态资源作统一管理、开发和保护，可借鉴田纳西河流域 TVA 的设置与运行，通过创新管理机构设置，为保护和利用好库区生态环境资源，促进生态建设，提供更为有力的管理平台支撑。

① 田纳西河流域是美国重要的生态区，但 20 世纪受高强度农业生产、森林滥砍滥伐、无序的矿山开采以及高污染企业增多等因素的影响，流域生态环境恶化和破坏现象加剧。

② David E.Lilienthal. TVA ：Democracy on the March[M]. Harper collins pub.1944：40.

③ 周青青 .TVA 的早期发展与美国田纳西流域的开发（1933–1953）[D]. 厦门大学 .2007：29.

④ Tennessee Valley Authority[EB/OL].http：//www.tva.gov.

⑤ 陈湘满 . 美国田纳西流域开发及其对我国流域经济发展的启示 [J]. 世界地理研究 . 2000（9）：87–92.

二是可借鉴 TVA 法，加快相关配套法规体系的建设，将库区生态资源管理置于法制基础之上。田纳西流域管理法（TVA 法）是田纳西流域管理局（TVA）设置的运作的基础和保障，其保证了 TVA 对田纳西河流域的持续管理和发展方针的一致性。三峡库区生态资源保护与利用关联的利益方和问题极为复杂，需要长期、稳定的政策环境予以保障，需要将区域生态资源管理置于法制基础之上，通过借鉴 TVAA 的制定与实施，加快库区相关配套法规体系的建设，可以为库区生态资源管理提供依据和法律保障。

三是可借鉴 TVA 推行的延续性发展策略，重视前瞻性的规划编制及其对区域发展建设的控制引导作用。田纳西河流域开发中，极为重视规划对建设的引领，在各个发展阶段，面对不同发展挑战，均有覆盖全流域，并具有延续性的统一规划，对整合资源，集中力量完成各阶段主要任务，提高流域综合治理成效发挥了重要作用。

四是应以田纳西河流域"先发展后治理"的经验教训为鉴，坚持生态利益优先，引导人们以不损害或少损害生态利益的方式去实现自己合理的经济利益诉求。田纳西河流域综合开发中，过分强调了经济，对生态环境资源的牺牲较大，虽然前期起步较快，但后期发展"后继乏力"，我们应从中吸取其经验教训。

（2）亚马孙河流域生态保护实践分析与启示

亚马孙河（Amazon River）是世界上长度最长和流量最大的河流[1]，有世界上最大的热带雨林，近 50 年经历了一个长期的现代化和集中开发过程，期间面对生态保护与经济发展冲突，相关各方在生态资源保护和合理利用方面，以"可持续发展"为目标，开展了大量可资借鉴的管理、建设实践。

①亚马孙河流域丰富的生态资源

亚马孙河流域生态资源极为丰富，区内有着世界上最大的热带雨林，面积约 210 万平方英里（2012 年），占地球热带雨林总面积的 50%，森林面积的 20%，在地球上存在了至少5500 万年，有着极为繁茂的植物资源，通过旺盛的物质转移和能量交换，对全球的氧气和二氧化碳循环的平衡产生了重要影响，[2]"集中了全球 14% 的植物碳和产生了 1/3 的氧气，……若把流域内的森林全部改为牧场，将向大气中排放 5×10^{10} 吨碳"（夏国正，1990），因此亚马孙热带雨林也被称为"世界之肺"和"碳的储藏库"。

广大的热带雨林地区，孕育了丰富的动植物资源，有着 5.5 万种不同的植物，生物种类约有 1000 万种生物，占到了全球生物种类总数的 1/3，仅鱼类就有 3000 余种[3]，因此其也被认为

① 亚马孙河位于南美洲北部，源于秘鲁的瓦格罗峰脚，其总长度 7025 公里；其流域面积为 704.5 万平方公里，约占南美大陆总面积的 39%，涉及秘鲁、巴西、厄瓜多尔、哥伦比亚、委内瑞拉、玻利维亚、圭亚那、法属圭亚那、苏里南 9 个南美国家，其中 75% 以上在巴西境内，生活着约 2500 万人口；年平均降水量约为 2460 毫米，年平均流量大约 20.9 万立方米 / 秒，径流模数为 34.2 升 /（秒·立方米），约占世界河流年均总流量（117.3 万立方米 / 秒）的 1/5。流域地形地貌特征呈西高南低之势，西部以山地地貌为主，海拔超过 4000 米的安第斯山是流域的制高点；北部和南部以冲积高原地貌为主，北部较高平均海拔达 1200 米，南部仅为 300 米左右；东部以海拔在 150 米以下的平原为主，有着世界面积最大的平原——亚马孙平原（近 560 万平方公里），区内河流蜿蜒曲折，湖泽密布，汛期洪涝灾害严重。亚马孙河流域轮廓宛如马蹄形，开口朝向大西洋，在东西向信风和位于地球赤道的地理位置的综合影响下，流域气候以热带雨林气候为主，多雨、潮湿和持续高温成为其主要气候特征。在降水方面，亚马孙河流域的降水量不平衡，总体呈现西、北多，东、南少的趋势，最小年降水量为 1600 毫米，最大年降水量达到 6000 毫米；在温度方面，由于受太阳辐射时间长且平均和水汽充沛的影响，亚马孙河流域温度平均在 25℃ 左右，且变化小，年最高气温和最低气温相差一般在 3℃ 左右。
② 毛德华 . 亚马孙河流域生态系统灾变和对策 [J]. 湖南师范大学自然科学学报 .1993（9）：277–281.
③ 莫鸿钧 . 巴西亚马孙河流域生物多样性和生态环境的保护对策 [J]. 中国农业资源与区划 .2004（6）：58–62.

是全球最大的基因宝库，"生物多样性及其潜在价值也被认为是该流域最大的价值所在"（B·布拉格等，1997），其中仅流域内森林的经济价值就约有 17 万亿美元左右（莫鸿钧，2004）。同时，亚马孙河流域地下也蕴藏了丰富的铌、锡、铁、铝矾土、锰、银、铜、锑、金天然气、石油等矿藏资源，其中铌蕴藏量占到了全球总量的 88%、锡占 32%、铁占 15%、铝矾土占 8%、锰占 9%、天然气占 6.5%[①]。"根据科学估算，仅巴西境内的亚马孙地区地下资源的总值就相当于 30 万亿美元。这相当于巴西两年国内生产总值的 90~100 倍"（萨乌洛·拉莫斯，1989）[②]。

②亚马孙河流域面临大范围贫困压力

贫困人口众多、地区经济发展落后是亚马孙河流域的一个重要特征，贫困导致了人们对亚马孙河流域环境和资源的掠夺性、破坏性使用和开发，是亚马孙河流域生态环境快速恶化的直接原因。1992 年在巴西召开的联合国环境与发展大会上，与会各方普遍认为，环境保护的首要问题是"贫困和经济发展问题"，只有战胜了贫困，才有望保护环境[③]。亚马孙平原 60% 的面积位于巴西北部境内，几乎占到了巴西国土面积的 40%[④]，巴西国内呈"北贫南富"的经济格局，巴西亚马孙地区是巴西最贫困的地区，1997 年区内人均产值只有 2267 美元，仅相当于当时巴西全国平均水平的 52.5%[⑤]，该地区贫困率一直居高不下，1970 年贫困率为 83%，1980 年为 57%，1991 年为 62%[⑥]。同时，巴西

等亚马孙河流域国家，面对贫困和饥荒，自 20 世纪 70 年代开始实施了"移民垦殖"计划，鼓励贫困移民进入亚马孙地区，亚马孙河流域面临的贫困压力被放大。2000 年至 2010 年，亚马孙地区的总人口增加了 23%，而同期巴西总人口只增加了 12%[⑦]。

③亚马孙河流域面临的主要问题

受经济发展与生态保护冲突极为激烈的影响，导致亚马孙河流域不得不面临严峻的生态破坏问题，正是制约"后三峡"库区人居环境生态建设的主要问题。具体来说，其主要表现为：

其一，热带雨林的快速消失。亚马孙热带雨林由于氧气释放、碳固定、降温增湿等作用，对于维持地球生态平衡，地区乃至全球气候稳定等方面均有着不可替代的重要作用，"如果亚马孙地区森林全部消失，将导致该地区降水量减少 7%，水分蒸发总量减少 19%，地表温度上升 2.3℃"（宁艾阿，1996）。但受到现代文明的冲击，亚马孙河流域正面临着热带雨林被大规模砍伐的现实，20 世纪 80 年代平均每年毁林达 4.2 万平方公里，而造林却不到毁林面积的 9%[⑧]；据巴西亚马孙热带雨林研究所的研究报告指出，2003 年 8 月到 2010 年 8 月，仅巴西的亚马孙热带雨林就减少了约 20 万平方公里。当前亚马孙雨林以每分钟 6 个足球场的速度消失，与 400 年前相比，亚马孙热带雨林的面积已经整整减少了一半[⑨]。而造成亚马孙热带雨林大规模消失的主要原因包括森林砍伐（图 1-9）、选择性

① 莫鸿钧. 巴西亚马孙河流域生物多样性和生态环境的保护对策 [J]. 中国农业资源与区划. 2004（6）：58-62.
② 夏国政. 关于亚马孙地区及其开发的几个问题 [J]. 拉丁美洲研究.1990（2）：58-62.
③ 程晶. 巴西亚马孙地区环境保护与可持续发展的限制性因素 [J]. 拉丁美洲研究.2005（2）：67-72.
④ Mohammed H.I.Dore, Jorge M.Nogueira. 从政治经济学观点看亚马孙雨林、持续发展和生物多样性公约 [J]. AMBIO-人类环境杂志.1994（12）：491-496.
⑤ 周世秀. 巴西历史与现代化研究 [M]. 石家庄：河北人民出版社.2001：272.
⑥ Lykke E.Andersen. The Dynamics of Deforestation and Economic Growth in the Brazilian Amazon[M]. Cambridge University Press. 2002, P28.
⑦ 佚名. 环境与生活 [J]. 2013（1）：10.
⑧ 世界资源研究所等编，王之佳等译. 世界资源报告（1988~1989）[M]. 北京：中国环境科学出版社.1990，P32.
⑨ 姜晨怡. 谁能帮亚马孙走出危机？ [N]. 中国矿业报.2012，3，8，第 B05 版.

图1-9 被砍伐的亚马孙热带雨林
资料来源：祀优.亚马孙热带雨林的破坏和保护[J].
生态经济.2008（12）：8-10.

采伐、农业垦殖、公路修建、电站建设、矿山开采以及移民安置等。热带雨林的大量消失直接带来了每年约5亿吨二氧化碳进入大气层（格雷戈里·阿斯纳，2008），加速了全球气候变暖。同时，随着现代化进程的加速，地区交通越便利，居民点越多，经济生活相对越发达的地区，森林砍伐和焚烧现象越严重。

其二，生物多样性的快速减少。亚马孙热带雨林是世界上生物多样性最丰富的地区之一，有着丰富的生物种群，且特有种繁多，目前被人类认识的还仅是其中一小部分，因此也被称为全球生物多样性最大的"黑匣子"，其潜在价值难以估量。据统计，亚马孙热带雨林有着约 3×10^6 种植物、动物和微生物，其中仅1/6定了名、分了类[1]。据美国国家科学院1982年的一份报告显示：在一块典型的约10.36平方公里的热带雨林中，就包含了750个树种，400种鸟类，

125种哺乳动物，60种两栖类动物和100种爬行动物，平均每种树上都生活着400多种昆虫[2]。整个北美洲有100000种昆虫，而0.8公顷的热带雨林中所采集到的样本就有42000种[3]。但受到亚马孙热带雨林快速消失和生物走私等因素的影响，造成亚马孙河流域生物多样性快速减少，有生物专家认为，亚马孙河流域每天有1个物种消失，且有可能更多，到上世纪末，流域内仅确认的就有204种鸟类消失，450种植物资源完结[4]。由于目前我们对生物资源的了解和利用还极为有限，物种的消失，意味着未来人类应对灾难和疾病潜在资源的减少，人类生存能力将被削弱。

其三，生态环境更为脆弱，极易造成难以逆转的生态灾难。亚马孙河流域生态环境极为脆弱，绝大部分土地贫瘠多沙，土壤层薄，土地肥力容易耗竭，近90%的土壤呈酸性且极为潮湿，有利于病虫害的传播[5]。由于土地贫瘠多沙，肥力主要储藏在土壤表层的植被中，一旦植被受到破坏，土壤极易沙化。1970年，为解决饥荒问题，巴西政府在亚马孙河流域启动了大规模移民计划，大片森林被开垦为农田或牧场，但由于肥力快速耗竭、水土流失和土壤沙化严重，仅2年后便成为了不毛之地[6]。在亚马孙河流域病虫害极易传播，经济林的传统种植方式极不适用，当地原生的植物群落相当复杂，相同树种为避免病虫害传播，之间距离均较远，如三叶胶树为躲避天敌"叶锈病菌"，其株距就达到了45米，上世纪，美国福特公司曾在流域内购置了60万公顷土地，用于种植橡胶，但由于未重视病虫害传播的影响，采

① 江爱良.热带生态系统的危机和对策[J].自然资源.1988（3）：90-96.
② Asit K.Biswas等编著，刘正兵等译.拉丁美洲流域管理[M].郑州：黄河水利出版社.2006，12，P3.
③ 曲格平等.世界环境问题的发展[M].北京：中国环境科学出版社.1987，P116-122.
④ 郝名玮.外国资本与拉丁美洲国家的发展[M].北京：东方出版社.1998，P172.
⑤ Robert R. Schneider. Sustainable Amazon：Limitations and Opportunities for Rural Development[M]. World Bank – Imazon. 2000，P5.
⑥ 王永嘉.亚马孙流域开发止痛[N].西部时报.2006，4，21，004版.

用了高密度的种植方式，结果导致整片橡胶林全部被叶锈病菌毁于一旦。同时，由于降雨量时空分布差异极大，亚马孙河流域大部分地区长期面临干旱的考验，且随着森林的快速消失，在缺少了热带雨林对水资源的调节后，亚马孙河流域面临的干旱问题有着愈演愈烈之势[①]，甚至有科学家称 2005 年亚马孙河流域出现的干旱是地球上"有史以来最严峻、范围最大的干旱"[②]。

纵观亚马孙河流域的发展历程，虽然面临的问题极为复杂和艰巨，但要求停止开发亚马孙地区是不现实的，而让亚马孙地区的生态进一步遭到破坏也是不可接受的。这要求亚马孙河流域相关各方在尊重人类共同的生态利益的基础上，提出切实可行的行动计划，在"合理开发"上做文章（夏国政，1990）。

④可持续发展实践的主要措施

一是签订《亚马孙合作条约》，为加强流域跨行政边界（国界、州界）合作奠定基础。亚马孙河流域面积广阔，国际化是流域的典型特征。亚马孙河流域要实现可持续发展需要相关各主权国在共同的目标下，履行各自的职责和义务，采取统一行动，做出共同努力，需要建立一个国际化的管理机制。基于此，1978 年 7 月 3 日，秘鲁、巴西、厄瓜多尔、哥伦比亚、委内瑞拉、玻利维亚、圭亚那、苏里南政府在巴西利亚签订了《亚马孙合作条约》（Tratado de Cooperacion Amazonica，以下简称 TCA），以共同保护和开发亚马孙地区。TCA 条约[③]明确指出发展地区经济很重要，但保护自然环境也同样重要，实现亚马孙地区人民生活质量的持续改善是最终目标。由于亚马孙地区问题的复杂性和艰巨性，条约拟定的各项目标将采用一种循序渐进的方式实施，并明确了与之配套的管理机构组织架构的相关规定，为亚马孙合作条约组织的形成和运作奠定了基础。

二是成立亚马孙合作条约组织，为加强流域跨行政边界（国界、州界）合作搭建协作平台。亚马孙合作条约组织是根据 TCA 成立的服务于流域各行政单元的协作平台，以发展成为"一个合作和可持续发展机构"为其宗旨，其组织架构主要包括各成员国外交部部长会议、亚马孙合作委员会、特别委员会、临时专职秘书处四大部分（图 1-10）。

亚马孙合作条约组织是亚马孙河流域地区各国为保护自然资源，共同开发亚马孙地区，

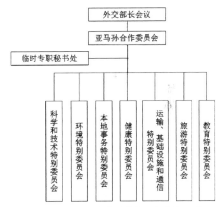

图 1-10　亚马孙合作条约组织机构设置图
资料来源：根据《亚马孙合作条约》相关内容绘制

---

① B·布拉格 E·萨拉第等，1997：森林面积的减少将意味着大气中可用水汽的减少，从而导致降雨量的减少，尤其是在干旱季节。……伴随土壤中水分的缺乏和温度的大幅度变化，导致长时间干旱季节的出现。

② 姜晨怡. 谁能帮亚马孙走出危机？[N]. 中国矿业报.2012，3，8，第 B05 版.

③ TCA 的总原则是"促使亚马孙地区获得和谐的发展，将各国的亚马孙地区纳入各自的国民经济计划，保持经济发展与环境保护之间的平衡；重申各国对亚马孙地区的主权，反对将亚马孙问题国际化"。各签约国之间的协调与合作是条约的重要内容，主要有"保证该地区商业通航自由；合理利用水力资源；在保持生态平衡、保护动植物资源以及在该地区经济、社会发展方面进行科技合作；促进卫生保健事业；协调修建交通、通信设施；发展边境贸易、旅游"。同时，要求签约各国遵循下述原则，"采取任何行动前必须达成一致意见；只要与条约不相抵触，签约各方可以达成各种双边和多边协议；认识到对不发达国家的首创行动给予特别关注的必要性；国际组织参与该地区项目的可能性；条约的持久性和各方的平等权利"。

加强经济互助合作，努力实现地区经济一体化发展的重要举措。条约组织依据 TCA 这一框架性合约，根据亚马孙河流域可持续发展的实际需求，不断组织和协调各种双边、多边行动，促进了一系列联合行动纲领的形成和实施，各成员国越来越多的组织和机构参与到条约组织行动中，为亚马孙地区各国应对亚马孙河流域可持续发展挑战、整合建设力量和明确共同目标提供了有力的组织机构保障①。

三是推行以"生态—经济"区划（ZEE）为核心的土地管理政策。巴西率先在亚马孙河流域创新地实施了"生态—经济区域划分计划"，通过划分"生态区"和"经济区"作为土地使用动态调节的定性依据②，以此作为亚马孙地

区最重要的一项土地管理政策。从土地的角度，对亚马孙河流域生态保护划定了边界，便于对土地上的相关建设活动进行分类管理，引导不同生态经济特征的土地选择不同的开发方式和生态环境改善策略，对于促进生态保护与经济发展的协调发挥了积极的作用。

四是遵循"睦邻友好"原则③，各方联合，积极推动流域整体发展规划编制与实施。在"睦邻友好"原则指导下，亚马孙河流域各国制定和实施了一系列以流域为单元的整体发展规划，通过规划以达成共识，以便形成统一的行动纲领，利于加强合作，减少对抗。实践证明以两方或多方联合规划的方法处理共同问题，比止于行政边界的传统规划要更有效。如圣米盖尔

---

① "外交部长会议"，是 TCA 规定的亚马孙合作条约组织的最高主体，负责建立基本的共同政策指导方针，考虑并评估亚马孙合作的整体进程，为实现既定目标制定政策。马孙合作条约组织最近已在 2012 年 3 月 21 日在秘鲁首都利马召开了组织环境部长会议，并发表了《利马声明》，强调各成员国要进一步加强合作，确保亚马孙河流域的良好生态环境。"亚马孙合作委员会"，按照 TCA 条约第 21 条规定，各成员国高级别外交代表将每年举行一次会议，可分为一般会议和特别会议。其主要职责是"监督条约各目标和外交部长会议决议的遵循情况；审议各成员国提交的议案和项目，对将由各常设特别委员会执行的双边、多边研究和项目的运作做出相关决定；根据实际情况，有向各成员国建议举行外交部长会议的权力，并负责准备各项议程"。"亚马孙地区常设特别委员会"，是对具体问题和对象进行研究的执行机构。根据 TCA 条约第 24 条规定，截至目前，共设立了包括"科学和技术特别委员会（CECTA），环境特别委员会（CEMAA），本地事务特别委员会（CEAIA），健康特别委员会（CESAM），运输、基础设施和通信特别委员会（CETICAM），旅游特别委员会（CETURA），教育特别委员会（CEEDA）"等 7 个特别委员会。其中环境特别委员会框架内目前在建项目主要包括：亚马孙生态区划分和地理监控；在可持续使用亚马孙生物多样性方面的培训；亚马孙地区自然资源管理等。"临时专职秘书处"，由外交部长会议决定，由各成员国基于轮流的原则履行其职责。它负责促进亚马孙合作条约组织各项工作的开展、经验交流、科学或技术信息的传播，鼓励地区项目的规划编制和实施。具体包括收集、整理各种建议；组织和召集专门议题的研讨会；起草、编辑并保存条约组织的官方往来信函；协调特别委员会的各项活动；每半年提交例行工作报告，任期结束时提交详细报告等。

② ZEE 计划通过对亚马孙河流域土地资源及其生态、经济特征开展现状调研，并建立详尽的电子计算机数据库，以此为依据，将亚马孙地区的土地划分为三个典型分区：一是经济发展区域或可开拓区。该区域以人类生产生活为优先，同时兼顾生态保护，尽可能减少污染排放和环境破坏，重点是通过技术改进，优化完善自然资源的利用方式，确保人们有更好的生活质量。"根据巴西森林法的规定，确定了亚马孙地区可用于开拓或农牧业用地的森林为 40 万平方公里"。二是生态保护区或临界区。该区域以生态环境保护为优先，生态环境较敏感脆弱，需严格控制人类建设活动，减少生态干扰，是需要特别小心管理的区域。对区域内的基础设施建设也予以了严格控制，建立区内严格的基础设施建设审批制度和监督机制。三是两种特殊的区域。一种是因特色地域文化、生态恢复等原因需要保护的区域，如与当地原住民印第安人相关的区域、采掘保护区和其他特别保护区（不含生态保护区）；另一种是适宜发展生态旅游的历史文化经典区域和战略区域（如国家边境等）。同时，针对以上两种特殊区域的实际情况，对生态保护和建设活动提出了明确的、差异化的引导原则、目标、发展方向和建设控制、生态环境改善的要求。

③ "睦邻友好"原则是《亚马孙合作条约》确立的重要原则，是各成员国在保护和合理利用亚马孙河流域自然资源时，处理双边或多边关系的基本原则。

河—普图马约河规划（PSP）[①]、哥伦比亚—秘鲁亚马孙河流域整体发展规划[②]、哥伦比亚—巴西亚马孙河流域整体开发计划[③]。

五是实施建设"马瑙斯自由贸易区"为核心的发展极战略。为应对贫困，加快区域经济发展，自 20 世纪 60 年代起巴西推动实施了"发展极"反贫困战略，其核心在于通过加大在贫困地区的投资，以形成区域新的发展极（或称增长点），在扩散效应影响下，带动不发达地区的整体发展。1967 年巴西在亚马孙河流域马瑙斯地区设置了"马瑙斯自由贸易区"[④]，以带动周边地区乃至整个亚马孙地区的经济发展。经过几十年的发展，马瑙斯自由贸易区[⑤]已成为带动地区经济发展的一颗明珠，年产值达数百

[①] 该规划是哥伦比亚和厄瓜多尔两国共同围绕亚马孙河流域开发和生态环境保护，在"睦邻友好"原则指导下制定的流域整体发展规划。该规划的范围包括亚马孙河的"圣米盖尔河—普图马约河"小流域，共 47307 平方公里，其规划总目标是以可持续发展的态度，考虑区域自然生态资源潜力和有限性限制，在亚马孙地区开发过程中，突出开发方式与生态环境保护的结合，最终实现从根本上提高区域居民的生活水平。规划的具体措施包括：通过引导和布局适宜于生态系统的生产项目，优化对自然资源的合理运用和综合管理；建立国家森林公园和生态保护区；保护并复兴本土文化和传统；加强生物多样性保护；改良农业生产技术，优化农业生产布局，控制农业污染；加强居民生态环境意识培养等。整合为"环境"、"可持续发展组织"、"对本土社团和群体的关注"、"健康及环保卫生设施"、"社区组织及训练"等 5 个方面的项目设置。并希望最终通过规划的执行寻求，一是引导亚马孙流域大量自行定居活动走向有序、合理，减少其对自然环境带来的冲击；二是减少因人类定居地的不合理利用而带来的环境和自然资源破坏影响。PSP 实施的总成本预计是 20087 万美元，在规划实施中采用了多元的融资形式，其中 39.6% 由国家政府投资（其中仅 15% 来自政府直接投资，更多为外来资金）、60.4% 由受益人投资。

[②] 该规划是哥伦比亚和秘鲁两国联合制定和实施的一项双边规划，该规划涉及两国交界地区的部分亚马孙流域，包括亚马孙河、纳波河、普图马约河、卡克塔河，覆盖土地面积为 16.05 万平方公里，该地区由于远离两国的中央政府，有大量热衷冒险，希望快速致富的移民进入，随意的定居和大肆的砍伐、开采等行为给当地自然资源和环境造成了巨大的破坏。规划希望通过将该地区统一组织起来，对移民、不适宜的生产方式、地域文化保护和外来文化体系、居住环境改善等问题提出解决的措施，并从"自然资源和生态系统"、"生产活动和管理"、"贸易和运输"、"社会发展和基础设施"、"公共机构和组织" 5 个方面，规划组织实施国家森林公园、自然保护区、环境教育、统一渔业、野生生物管理、土著居民社区一体化服务、基本医疗卫生等 12 个工程项目。规划的实施有利于两国和不同行政区对该地区所共同面临问题的理解和实现联合管理，有利于实现对该区域内从事非法生产和贸易活动的有效控制。

[③] 该规划是巴西和哥伦比亚两国在亚马孙合作条约的基础上，本着"睦邻友好"原则制定的双边规划。该规划覆盖了以阿帕珀利斯—塔巴廷加为轴心的两国边界上的部分亚马孙地区，指导政府控制自然资源的过度开采是该规划制定的主要目的，规划的实施围绕"生产活动、生态保护、社会发展、标准化社区服务、基础设施"五个方面组织开展相关项目的实施。

[④] 马瑙斯自由贸易区位于亚马孙热带雨林之中的马瑙斯市，扼亚马孙河与内格罗河交汇口，拥有亚马孙河重要的内陆港口，离出海口约 1700 公里，可通航 3 万吨的货轮。1968 年马瑙斯自贸区政策适用范围扩大至整个西亚马孙地区，面积达到 220 万平方公里。

[⑤] 马瑙斯自由贸易区主要特点包括：一是宽松、优惠的政策。具体包括免除进出口商品税、减免区内外资企业各种税费、外资企业的营业利润可自由汇回本国、简化行政管理手续等。二是建立国产化发展机制，强化同国内市场的一体化。为避免自由贸易区的"飞地"发展，对本国市场起到更大的带动作用，马瑙斯自贸区建立了国产化发展机制，明确要求"每进口 1 美元的零部件，在国内市场上需要有价值 3 美元的制成品"，这一机制保证了区内工业发展与国内相关产业发展的一体化，对国产化程度越高的企业获得进口设备的税收减免力度越大，反之则越小。迫使企业注重国产化，有效带动民族经济发展。三是设立专门的管理机构。在马瑙斯自贸区设立了专门的管理机构，即马瑙斯自贸区管理局，它负责管理和协调整个自贸区的综合发展事务。管理局兼具政府集权和商业机构灵活、高效的特点，简化行政手续，加强吸引外资。四是在自贸区设立免税商品，为经自贸区直接离境的外国游客提供免税商品服务，对巴西本国或外国游客可在自贸区一次性购买价值 300 美元的免税商品带入巴西其他地区。五是建立生态保护及经济发展的关联机制。如严格限制环境污染和破坏生态平衡的建设项目进入自贸区；对区内新建立的企业，明确要求必须按 1：1 的比例来配套土地，用来保护热带森林的原貌。

亿美元，地区人口由 1970 年的不足 100 万增加到 2000 年的 300 多万[①]。受其"扩散"作用的影响，西亚马孙地区逐渐形成了带动整个地区经济发展的"发展极网络"，对缓解流域贫困发挥了巨大的积极作用。

六是推动实施了 REDD 森林保护补偿计划。为应对生态破坏的问题，巴西等国家率先提出建立一种"减少因砍伐森林和森林退化导致温室气体排放"（REDD）的新机制，以便"将环境成本纳入到经济发展规划中"，以求实现"森林保护有利可图"，让人们能确实感受到保护森林的市场价值所在[②]，认识到"砍掉森林不如保全它"[③]，并积极推动了探索性地实施一批 REDD 项目[④]，对于激励落后地区减少森林砍伐，实现区域乃至全球森林资源的整体保护，协调经济发展红利的再分配发挥了明显的作用[⑤]。实践证明，REDD 计划的实施一方面有利于激励更多居民主动参与到生态环境的保护行动中；另一方面有利于提高全球经济发展中各国或各地区的公平性，增加不发达和发展中国家参与到全球环境保护行动中的积极性，切实实现森林资源的有效保护。

⑤案例借鉴与启示

通过上文分析，发现该案例重点在"跨行政区合作、土地分类管理、联合行动纲领、区域经济发展增效、生态保护主动性提升"等方面有着重要的借鉴和启示意义。

一是可借鉴亚马孙河流域合作机制建设，搭建三峡库区各区县合作平台，统一目标和建设行动，避免"上游污染、下游治理"现象的发生。《亚马孙合作条约》（TCA）的签订和亚马孙合作条约组织机构的建立，是亚马孙河流域合作机制的核心内涵，对于协调流域面积达 704.5 万平方公里，涉及 9 国的各行政单元的建设活动，加强区域间合作，发挥了重要的作用。

二是可借鉴"生态—经济区域划分计划"（ZEE），加强库区土地利用的分类指导。巴西通过划分"生态区"和"经济区"作为土地使用动态调节的定性依据，对土地上的相关建设活动进行了分类管理，引导不同生态、经济禀赋的土地选择不同的开发方式和生态环境改善策略，为协调区域生态保护与经济发展发挥了积极的作用。依据《全国主体功能区规划》的相关指导思想，库区可借鉴 ZEE，进一步加强区域的土地利用分类控制与管理。

三是可借鉴"亚马孙流域整体发展规划"的制定实施，通过相应规划的编制，确定共同原则，明确流域联合行动纲领。亚马孙地区以流域为单元，制定实施整体发展规划，实践证明其明显优于止于行政边界的传统规划，便于形成统一的行动纲领，提高了规划的有效性。

---

① 尚玥佟 . 巴西贫困与反贫困政策研究 [J]. 拉丁美洲研究 . 2001（3）：47-51.

② "试想一下，人们为什么砍伐呢？为了钱。假如你能给当地人同样的机会挣同样的钱，却不必砍掉那些树，那么答案就出来了"（Frances Seymour，2008）

③ 程宇航 . 巴西雨林的保护措施——REDD[J]. 老区建设 .2011（11）：58-60.

④ 如 2007 年巴西朱马（JUMA）可持续发展自然保护区实施的森林保护补助计划，该计划是亚马孙地区第一个正式实施的 REDD 项目，由巴西的亚马孙可持续基金会（FAS）负责执行，该计划每年的总投资为 810 万美元，用于支持 6000 个家庭实现对森林的零破坏，覆盖了近 60 万公顷土地，预计该计划在 2016 年至少减少 360 万吨 CO_2 的排放。家庭和社区是该 REDD 计划主要的对象，满足计划实施要求的家庭，每月能得到 28 美元的"环境服务费"；社区则能得到当地所有家庭"环境服务费"的 10% 用于社区开支，还有 2000 美元用作社区创收基金。

⑤ 2010 年 Busch 博士等人编写报告对世界上 85 个执行 REDD 计划国家 2005—2010 年的森林砍伐率进行了模型分析，认为 REDD 计划对降低森林砍伐比率有着明显作用，在"资金充足"（每年 280~310 亿美元）通过 REDD 计划能降低森林砍伐比率 68%~72%，"部分"资金支持（140~150 亿美元 / 年）降低 50%~54%，"有限"资金条件下（50~60 亿美元 / 年）降低 27%~29%。

三峡库区地域广阔，可借鉴其经验，如制定实施覆盖整个库区的"库区整体发展规划"和以"生态—经济功能单元"为对象的覆盖部分库区的"分区发展规划"，以规划为依据，促进相关各方形成共同原则，进一步统筹协调相关建设行为。

四是可借鉴"发展极"战略和马瑙斯自由贸易区建设，集中力量，加快库区经济增长极建设，提高区域经济发展效率。巴西在其亚马孙地区实践的"发展极"战略和马瑙斯自贸区建设，对于缓解"贫困"难题，取得了不错的成效，通过借鉴其成功经验，加快库区经济增长极建设，可以进一步提高库区经济发展效率。

五是可借鉴 REDD 森林保护补偿计划，进一步加快覆盖库区的长江流域生态补偿机制建设，提升库区相关行为主体参与生态保护的积极性。亚马孙河流域实施的 REDD 森林保护补偿机制，正视了地区居民获得平等经济收入的需求，对从源头上减少森林破坏创造了可能。三峡库区是我国重要的生态功能地区，也是连片特困地区，脱贫致富和生态保护是三峡库区发展面临的两大任务，借鉴 REDD 森林保护补偿机制，加快覆盖库区的长江流域生态补偿机制建设，有利于提高我国经济发展成果分配的公平性，提高库区相关行为主体参与到生态保护行动中的积极性，避免因"经济的不公"而引发"生态的破坏"。

（3）日本琵琶湖生态保护实践分析与启示

① 日本琵琶湖[①] 当时面临的主要问题

20 世纪 60、70 年代以来，日本经济进入高速发展时期，生产生活方式发生了巨大改变以及传统工业化的大发展，给琵琶湖生态环境带来了严重的破坏，与"后三峡"库区面临的生态破坏困境极为相似。究其原因，主要来自两个方面的影响：

一是流域内人口快速增加和建设活动日趋频繁，带来生态压力骤增。琵琶湖紧邻"京都—大阪—神户"大都市圈，是日本近年来经济发展最快的地区之一，也成为日本人口增长最快的地区之一，到 2010 年滋贺县人口已达 140 万人，工业在三次产业中的比重为 32%。同时由于得天独厚的自然风景与文化资源，促进了当地旅游业的快速发展，据统计 1997 年游客达到 4260 万人次[②]。流域内人口快速的增加和建设活动的日趋频繁，如住宅区的大量修建，环湖娱乐场所的超量增加等，均给流域生态环境保护带来了巨大的压力，导致在 20 世纪七八十年代以芦苇荡为代表的滨湖生态系统和以森林为代表的陆生生态系统受到了极大的破坏，据 1992 年日本国内科学调查显示，琵琶湖芦苇荡面积由 1992 年的 260 公顷，减少到 130 公顷左右[③]。

二是 20 世纪五六十年代琵琶湖流域经济发展相对滞后，片面追求经济利益，引发生态环境的急剧恶化。二战后日本经济腾飞时期，琵琶湖流域经济发展相对滞后，片面强调经济的

---

① 日本琵琶湖位于生活着近 2000 万人口的京都、大阪和神户大都市圈附近，其大约形成于 400 万年前，隶属于滋贺县，是日本最大的淡水湖泊，古时又称"近江"、"淡海"。水面面积 674 平方公里，湖面海拔 85 米，平均水深 41 米，最深处达 103 米，湖岸长 241 公里，南北长约 63.5 公里，最大宽度 22.8 公里，蓄水量 275×10^8 立方米，琵琶湖四面环山，有约 460 条大小河流汇入，流域面积 3174 平方公里（全在滋贺县行政区内），是日本中部京都、神户和大阪区域最重要的淡水资源，为约 1400 万人提供了生产、生活用水，被誉为日本的"母亲湖"。同时，琵琶湖畔风景秀丽，有着著名的"近江八景"，湖里动植物资源丰富，有 1000 多种水生生物，其中甲壳类动物 40 种，鱼类 60 种，还包括了 58 种地方性特有物种。滋贺县城镇建设用地控制极为严格，土地利用大部分为森林和湖泊，约占到 66%，耕地和住房约占 34%。曾是典型的贫营养湖，湖水透明度曾有超过 10 米的记录，1997 年琵琶湖被世界自然组织列入全球 200 个最重要生态区域之一。

② 贺锋，吴振斌. 琵琶湖环境调查 [J]. 环境与开发 .2001（2）：36-38.

③ 周生贤 主编 . 生态文明建设与可持续发展 [M]. 北京：人民出版社 .2011，7，P336.

快速发展，忽视了经济发展同生态环境保护的协调，在工业获得了高度发展的同时，环境也快速的在恶化[1]，已严重威胁到人们的生存。

②开发与保护的主要措施

突然爆发的环境事件给人们敲响了警钟，自20世纪80年代开始，日本从国家、地方政府和流域居民为此付出了三十多年的艰辛努力。

一是水体治理方面，建立了"控—治"结合的综合治理体系，重点在于减少污水量和加强污水治理。从"控制"的角度，琵琶湖推动了严格立法[2]与加强环境教育[3]，通过划定排污红线，提高"公众参与"保护的意识和平台建设水平，加强了对相关行为主体参与保护的强制引导，提升了广大民众参与"减排"的主动性，从而有效地控制了污水源，减少了污水排放，污水流入负荷的减少为提升污水治理能力奠定了基础；从"治理"的角度，琵琶湖建设了完善的污水处理设施体系[4]和水质监测系

---

[1] 富营养化带来"赤潮"和"绿潮"等"水华"现象频发。琵琶湖湖水水体滞留度高，污染物易沉淀，受琵琶湖周边大量生活区和工厂出现，带来大量未经处理的生产和生活污水的影响，COD和氮、磷污染快速增加，同时受苇草等具有水质净化功能的植物大量减少的影响，湖水在极短的时间内由贫营养化转变为富营养化，由此带来"赤潮"、"绿潮"和"水华"现象的频发，水质急剧恶化。1977年琵琶湖第一次爆发"淡水赤潮"，自此以后到1992年间（除1986年外），每年都有爆发；1983年爆发了第一次绿潮，自此每年8~9月均有爆发。导致水生生物大量减少，湖水恶臭弥漫。

[2] 以1970年《水质污染防治法》和《水质标准》的制定和实施为起点，日本政府和滋贺县政府相继出台了《环境污染控制基本法细则》（1972）、《琵琶湖富营养化防治条例》（1979）、《琵琶湖环境保全对策策定》（1980）、《湖泊水质保护特别法》（1984）、《琵琶湖水质标准》（1984）、《芦苇群落保全条例》（1992）、《琵琶湖富营养化预防法规（修订）》（1996）、《促进家庭污水处理的法规》（1996）等，且地方法规较国家法规更为严格。地方政府坚持依法治湖，对不执行相关法规的企业和个人进行严厉处罚。

[3] 结合依法治湖，滋贺县政府还大力加强了生态保护教育和保护行动中的公众参与，发挥各干系方的保护主动性，培育公众环保意识，以实现全民参与，公众监督，提高保护效率。在加强生态保护教育方面，主要采取了创新中小学环境教育，将琵琶湖环境问题列入教程；提供专门的大型船舶，作为水上学习之船，供学生到湖上学习观测和体验；不定期发起"琵琶湖ABC运动"等以营造美好环境为主题的，促进学生体验学习的教育运动；建设以"湖泊与人类"为主题的琵琶湖博物馆，启发人们对琵琶湖生态保护的思考和交流等措施。在加强公众参与的方面，由于受"淡水赤潮"等环境污染事件的影响，琵琶湖流域居民深刻地认识到环境保护与自身生活的息息相关，同时在滋贺县政府引导下，为了组织公众参与，以小流域为单元，设立了7个环境保护研究会，负责开展与环保相关的活动与计划，组织居民、生产企业的代表参与环保计划的实施；加强了公共媒体的环保宣传，鼓励社会团体开展环保技能培训和相关主题讲座，组织志愿者深入工厂企业参观学习，创立了"琵琶湖水环境保护市民论坛"等。并将每年的7月1日和12月1日定为环境保护日，组织居民开展各种环保活动，鼓励居民从身边做起，将保护琵琶湖的意识融入到日常生活中。

[4] 琵琶湖实行了数倍严于日本全国的污染物排放标准，与健康有关的指标加严了10倍，为实现这些目标，滋贺县政府大力推动了琵琶湖流域污水处理设施体系的建设，每年有一半的琵琶湖综合治理财政支出用于下水道管网、污水处理厂建设和运营，截至2013年底，滋贺县已建成高度发达的污水管网系统，城市公共下水道管网普及率达到87.3%，尚未普及的城区则安装国家统一标准的合并净化槽，收集到的污水送往已建成的9座污水处理厂（4个大型污水处理厂，5个市政处理厂）进行处理，污水处理率达到98.4%，在日本47个省级行政单位中排名第二。在人口分散的农村地区设置了10所粪尿处理厂和222所农村集落污水处理设施。污水处理工艺采用先进的 A^2O 生物净化和深度处理工艺和控制体系，污水处理效果极好，排放水质已堪与我国国内自来水相比。且污水处理厂采取封闭运行并实施除臭处理，尽量减少对周边居民生产生活的干扰。对于未纳入污水处理系统的家庭，当地政府要求他们通过社区污水处理厂或在家中安装单独设备进行处理，特别是居住在琵琶湖附近的居民，更是必须对污水进行有机物和氮磷处理，才能排放。在家庭污水处理方面，基本做到了不漏掉一家一户。在工业废水治理方面，滋贺县政府要求所有工业企业均必须达标排放，在执行中，经常采取突击性环境监察和监测，对治理无望的企业实行严格的关闭淘汰；对能治理却缺乏资金的企业提供资金援助；对能接入城市污水管网的企业，其排放的废水可纳入城市污水管网进行集中处置。在农业面源污染控制方面，严格限制污染物排放较大的养殖业发展；优先发展粮食蔬菜种植和天然水产养殖，大力推广精准施肥、利用堆肥等新技术，降低化学肥料使用量；在湖盆农业区推行少用或不用化肥农药可获补贴的政策；滋贺县409个村落均已建成灌溉排水污水处理设施，实现了农业灌溉排水的循环利用，极大地减少了农田废水排出。

统①，鼓励生物生态技术研发与应用②。通过"控—治"结合的水体综合治理，入湖污染物大幅降低，琵琶湖水质明显好转，透明度重新达到了 6 米以上，"污染容易，治理难"，为此付出的代价也同样不小，仅从治理费用来说，截至 21 世纪初，直接经济成本就达到 180 亿人民币以上③。

二是以"人湖共生"为发展理念，注重"综合发展计划"的制定和实施，科学控制和引导区域开发与保护，突出"开发—保护"的并重。受环境事件的刺激，人们在有了切身体会后，对琵琶湖生态环境的认识经历了一个"由轻视到重视，再由重视到优先考虑"的过程。早期（1972—1997 年）在"重视"理念的指导下，制定并实施了重在经济发展，兼顾生态保护的"琵琶湖综合开发计划"④；其后（1999—2020 年），总结经验，在"优先考虑"理念的指导下，制定并实施了优先生态环境改善，调整经济发展模式的"琵琶湖综合整备环境规划"⑤。

"琵琶湖水质清澈丰沛、掬水可饮。春天，鲫鱼等固有种群在柳树桩上、芦苇丛中以及涨水的内湖和水道里产卵，周围群山可见淡绿淡黄的柔软的嫩叶，树木葱绿，鲜花盛开。夏天，从浓绿的山上吹来的风凉爽地拂过湖面，在湖边公园，人们玩水嬉戏，脚下松软的沙地带来温柔的感触。秋天，琵琶湖鳟鱼染红了身体，沿着河川水路向山里深处游去，在丰沃养育起

---

① 早于 1979 年就在琵琶湖上建立了观测站，目前在琵琶湖共设立了 16 个断面 49 个监测点和自动监测站，实现了对全湖域水质的实时监测，所有数据信息通过网络实现了无条件、无偿的共享，保证了公众第一时间了解琵琶湖湖水水质，为科研机构和研究者提供了丰富的基础数据。

② 为治理琵琶湖水环境，滋贺县政府于 1984 年成立了琵琶湖研究所这一专门的研究机构（2007 年更名为琵琶湖环境科学研究中心），集中了一批资深的湖泊研究专家，配备了一批技术先进的专门设备，并以此为依托，联合了国内各大学院校和科研院所，以琵琶湖为研究对象，从水文、地质、物理、化学、生物、信息系统等方面开展了系统研究，积累了宝贵的数据资源，为琵琶湖生态环境保护与治理决策、管理提供了科技支撑。琵琶湖水污染治理过程中非常重视采用生物生态技术的应用。如在琵琶湖畔结合芦苇丛的恢复，建设具有水质净化功能的人工湿地和生态浮岛，通过芦苇对污染物的吸附、沉淀及吸收作用，去除水中的氮、磷及浮游生物，达到对水体的自然净化目的；考虑到混凝土湖堤河岸和农田排水渠对湖滨河岸生态功能的破坏，影响水体自净能力，滋贺县政府推动了拆除混凝土湖堤、恢复自然生态的工程，力求优化琵琶湖水生生态系统对水体的自净能力；废水处理中积极采用生物处理法，避免添加氯等化学物品，减少再污染的可能。

③ 余辉. 日本琵琶湖的治理历程、效果与经验 [J]. 环境科学研究. 2013（9）：956-965.

④ "琵琶湖综合开发计划"实施的 26 年间，机械制造、纺织、制药、化工等传统工业产业首先发展起来，其后电子工业和生物工程等现代高科技产业也随之发展起来，到上世纪末，滋贺县已成为日本屈指可数的工业县。同时，"计划"启动实施了 22 项琵琶湖水资源开发项目，共计投资 19050 亿日元，以满足京都府、大阪府等地的用水需求；推动了自来水厂、下水道管网、污水处理设施等基础设施的建设；为加强洪水控制，推动实施了湖堤湖滨的水泥加固工程等。在此期间，琵琶湖流域人口快速增加，经济取得了长足的发展，虽然也采取了一定的生态环境保护措施，但由于前期低估了工业产业高速发展带来的环境负荷，对环境问题及问题解决均缺乏足够的认识，导致琵琶湖流域生态环境经历了一个加速恶化，再到缓慢改善的曲折过程。

⑤ 为进一步恢复和改善琵琶湖生态环境，优化区域产业发展结构，日本制定实施了强调"琵琶湖与人的共生"，以"共感—共存—共有"为基本方针的"琵琶湖综合保护整备规划"（也称"母亲湖 21 世纪计划"）。"规划"实施期限从 1999 年到 2020 年，远景展望到 2050 年，使琵琶湖水质恢复到 20 世纪 50 年代的水平是其核心目标。计划执行中，通过实施农村水污染处理系统、河流水质的提高、市政污水处理、流域环境的改善、郊区雨水的净化、泥沙污染治理、减少点源性的污染、控制入流河流水质、减少可降解有机污染物浓度、保护湖中的芦苇丛和原生鱼类、植树造林与森林修复、鼓励和促进琵琶湖环保志愿者行动等措施，推动工业升级减排，大力发展高技术产业和旅游业，优化产业结构，三次产业结构由 20 世纪 60 年代的 51%、21% 和 28%，转变为 2011 年底的 6%、32% 和 62%，琵琶湖水质和生态环境到 2011 年已明显改善，测量数据显示南湖表层水 TN 约 0.30 毫克 / 升、TP 约 0.014 毫克 / 升，北湖表层水 TN 约 0.26 毫克 / 升、TP 约 0.009 毫克 / 升。生态环境的改善为区域发展带来了新的机遇，目前滋贺县每年游客接待量达到了 4000 万人次以上，以旅游业为主的第三产业已逐渐发展成为滋贺县的主导产业之一。

来的水量丰沛的溪流中产卵。冬天，野鸭以大脖子鱼为背景成群游戏，湖边，在耕地的农夫身旁，鹭鸶在悠闲觅食"[1]已成为根植于琵琶湖周边居民乃至日本国民意识中的生态追求。

③案例借鉴

通过上文分析，发现该案例重点在"水体污染治理、区域发展模式"等方面对于库区有着重要的借鉴意义。

一是可借鉴琵琶湖水体污染综合治理体系，进一步优化三峡库区污水负荷控制与水体污染治理。三峡工程建设后，库区长江水流速度明显减缓，水体自净能力明显减弱，同时，随着库区经济发展的加速，存在着水体污水负荷明显增加的趋势，因此，进一步加强库区污水负荷控制，综合提升库区水体污染净化能力就显得极为重要。

二是可借鉴琵琶湖"综合发展计划"的制定和实施经验，科学拟定三峡库区发展规划，为推动库区人居环境建设提供必要的规划技术支撑。在琵琶湖三十多年的生态环境治理历程中，对于生态保护由"轻视"到"重视"再到"优先考虑"，并在"琵琶湖综合开发计划"、"琵琶湖综合整备环境规划"中得到了体现，为琵琶湖逐渐变成一个生态环境优美，经济发达的现代人居典范地区提供了规划技术保障。三峡库区面对生态保护与经济发展冲突，也理应坚持"人库共生"的发展方针，兼顾生态利益与经济利益，通过相应规划的制定与研究，在区域发展模式层面探寻生态保护与经济发展的平衡点，以规划引导库区人居环境建设的持续发展。

1.4.2　国内类似地区发展实践分析

（1）贵州草海的生态冲突与发展转型实践

草海位于贵州省威宁县，区内有地球同纬度地区为数不多的高原淡水湖泊，具有完整喀斯特高原湿地生态系统特征，是国际重要的鸟类越冬地和世界十大高原湿地观鸟区。为保护国家一级保护动物黑颈鹤等珍稀鸟类和高原湿地生态系统，1992年建立草海国家级自然保护区[2]，1994年制定的《中国生物多样性保护行动计划》将其列为"一级重要湿地"。保护区面积9600公顷，其中水域面积2600公顷，平均水深2米[3]，区内生活着35000余居民，汉、彝、苗、回等各民族村寨10个，是我国人口压力最大的自然保护区之一。

①生态冲突："为谋生而破坏环境，为保护又损害民生"

"为谋生而破坏环境"。草海保护区内生活着35000余居民，汉、彝、苗、回等各民族村寨10个，人口密度超过203人/平方公里，远高于比邻的威宁县城146人/平方公里平均人口密度，人均耕地不足0.5亩[4]，1997年人均占有粮食仅171公斤/年。长期以来开垦湖区耕地和捕捞草海水产一直是当地居民维持生计的主要方式。为解决粮食不足问题，20世纪50年代到70年代在当地政府组织下兴起了一场向草海要耕地、要粮食的"排水造田"运动，期间1972年大规模排水造田工程造成草海消失了10年之久，由于草海底部泥炭层厚，常年积水不干，仅开垦土地667公顷[5]。非但没有增加多少耕

---

① 吴雅玲. 太湖和琵琶湖流域水环境保护规划比较 [J]. 环境与可持续发展. 2009（6）：17-21.

② 草海是鸟类的天堂，有统计的鸟类共计179种，其中黑颈鹤等国家Ⅰ级保护鸟类7种，灰鹤等国家Ⅱ级保护鸟类20种，各种水禽多达10万只以上，每年全球七分之一左右的世界濒危物种黑颈鹤均在草海越冬。

③ 张槐安，雷吉华. 贵州草海湿地保护措施研究 [C]. 2013中国环境科学学会学术年会论文集（第六卷）.P5669-5673.

④ 全国干部培训教材编审指导委员会组织编写. 生态文明建设与可持续发展 [M]. 北京：人民出版社，党建读物出版社. 2011，7，P281

⑤ 李娟. 自然保护区生态经济社会协调发展的SD模型研究——以贵州草海自然保护区为例 [J]. 贵州师范大学学报（自然科学版）.1999（4）：46-51.

地，反而极大地破坏了草海地区生态环境，带来草海地区灾害性天气增多，降水量减少，地下水位降低，水质矿化度增高等生态灾害。不但影响到保护区居民饮水，也导致鸟类几乎绝迹。来自大自然的惩罚，让人们深刻认识到恢复草海水面，恢复草海湿地生态系统的必要性。

"为保护又损害民生"。1980 年贵州省人民政府决定恢复草海蓄水，1981 年草海开始实施蓄水工程，1982 年草海水面恢复到 1980 公顷。在实施草海蓄水工程的同时，当地政府发展思路大转变，为保护生态环境，实施了禁猎、禁渔、限垦等一系列强制性保护措施。在 20 世纪 80 年代，由于当地居民长期受贫困所困，谋生渠道有限，这些强制性措施过快、过猛地施行，给当地居民的生产生活带来了极大的影响，同时配套政策也未能跟上，当地民生受到损害，导致当地居民对政府推行的"断崖式"的生态保护措施产生了极大的对立情绪。为了谋生，偷猎、偷渔、滥砍滥伐现象频繁发生。鸟类增多，大量鸟类到农地觅食，导致粮食减产，农民纷纷到自然保护区管理处要求赔偿。由于对当地居民的民生需求欠缺考虑，到 1991 年，甚至爆发了"人鸟大战"和农民围堵保护区工作人员的群体事件，鸟类数量不增反降，群众对政府也满是怨言。"说黑颈鹤重要，需要保护，我们人呢，谁来保护"，当地群众的呼声震撼着当地政府和社会。

②发展转型：从"唯经济发展阶段"、"唯生态保护阶段"走向"兼顾生态保护与经济发展的草海模式"

针对草海突出的生态保护与经济发展冲突，为破解"脆弱—贫困—脆弱"的困境，20 世纪 90 年代初草海保护区开始尝试打破要么单一强调经济发展，要么片面强调生态保护的传统发展模式，向兼顾生态保护与经济发展的可持续发展转型。贵州省环保局、草海自然保护区管理局联合国际鹤类基金会（ICF）、国际渐进组织（TUP）等国际扶贫和环保组织，为帮助草海农民脱贫致富，减少对草海自然资源的过度依赖，自 1993 年开始实施了"村寨发展计划"，其核心内容包括以下几个方面：

一是启动了"渐进项目"，是一种自下而上的扶贫项目。其核心内容是为服务基层，给贫困家庭提供小额赠款，帮助穷人筹划和运行小生意，增强他们的生活技巧和信心，最终依靠自己能力实现脱贫。草海实施的"渐进项目"由国际渐进组织出资，以 3~5 人最贫困农民组成的"渐进小组"为基本单位，每个小组按 100 美元的标准进行赠款支助，赠款分两期提供，首批提供 50 美元作为发展项目（不得是有害环境的生产项目）的启动资金，3 个月后，如发展项目获得盈利，并把至少 20% 的盈利储蓄起来或用于扩大再生产，将获得第二笔 50 美元的赠款，其中 25 美元用于建立村寨发展信用基金。据统计，1993—2003 年，保护区内共启动了 572 个渐进小组，有近 600 户村民参与[①]。引导贫困农户积极发展适当的转产项目，不再局限于捕鱼捞虾等传统农业上，既改善了生活，又减少了对生态环境的破坏。

二是建立了"村寨发展信用基金"。基金来源主要有 3 个渠道，即每个取得初步利润的渐进小组提供 25 美元，国际鹤类基金会（ICF）配套 100 美元，中国政府配套 33 美元。每成功一个渐进小组，就将产生 158 美元的村寨发展信用基金。基金筹措由保护区管理局负责，设不同规模的基金小组，由村民自由组建基金小组，管理由村民自行负责，自主制定管理制度、确定还款时限和贷款利率。通过"渐进项目"和"信用基金"的紧密挂钩，村民的积极性被调动起来，是一种实现农民利益与环境保护结合的很好的创新实践。

三是引导农民参与到环境保护事业中，分

① 李凤山，宋涛．草海渐进项目十年回顾 [C/OL]．道客巴巴．http：//www.doc88.com/p-217753745890.html

享生态红利，推动社区共管。在"渐进项目"和"村寨发展信用基金"的基础上，草海保护区积极引导农民直接参与草海的保护与管理，首先是加强生态宣传、教育和农民的生态培训，提高保护草海生态的意识，增强保护家园的责任感、使命感；其次是促进"农民禁渔协会"、"草海农民保护和发展协会"等民间环保团体的建立；再次是促进生态保护相关措施，纳入到当地的村规民俗。1997年和1999年的调查结果显示，参与"村寨保护发展计划"的农民人均纯收入是未参加农民的1.7倍，单位面积耕地的粮食产量等方面也优于未参与的农户。实际的成效，"促使农户在摆脱贫困的过程中，认识到保护草海就是保护自己的家园，使农户真正行动起来，成为生态保护的主体"[①]。在21世纪，面对草海越趋复杂的生态经济协调问题，需要加强"恢复河口湿地、扩大湖泊与沼泽湿地面积、建设完善的污染物处理系统、加快恢复面山植被、恢复湿地生态景观"[②]。

③实践探索的经验总结

通过上文分析，发现贵州草海在面对"生态保护与经济发展冲突"这一问题时，其经历的不同阶段、采取的不同措施、取得的不同效果，对于"后三峡"库区应对生态保护与经济发展冲突，避免生态破坏，走可持续发展道路，有着重要的借鉴意义。具体来说：

一是借鉴草海"唯经济发展阶段"引发生态灾害的前车之鉴，库区人居环境建设不应唯经济论，经济的发展应在生态约束允许的范围内寻求突破。草海的经验很生动地告诉我们，经济的发展不能以破坏自然生态环境为代价，需要遵循"环境友好"[③]原则，采取利于环境保护的生产方式、生活方式、消费方式，建立人与环境良性互动的关系。将生产和消费活动规制纳入在生态承载力、环境容量限度之内，通过生态环境要素的质态变化形成对生产和消费活动进入有效调控的关键性反馈机制，特别是通过分析代谢废物流的产生和排放机理与途径，对生产和消费全过程进行有效监控，并采取多种措施降低污染产生量、实现污染无害化，最终减少经济发展给生态环境系统带来的不利影响，并将其限定在可控范围之内。

二是借鉴草海"唯生态发展阶段"引发生态冲突的前车之鉴，库区人居环境的生态建设需要以民生保障为基础。在生态约束允许的范围内，实现经济的快速发展，满足库区居民"安稳致富"的合理诉求，保障民生，才能引导更多的群众理解和支持生态保护，避免因"对立"引发不必要的生态冲突，甚至激化社会矛盾，带来更大的危害。

三是借鉴"兼顾生态保护与经济发展的草海模式"经验，库区可持续发展人居环境的建设需要兼顾生态利益与经济利益，创新发展模式，积极探寻符合库区实际的生态与经济协调发展途径。草海为实现生态利益与经济利益的有机结合和统一，重点通过国际合作的方式实施了"村寨发展计划"，将自然保护与社区扶贫相结合，以人为本，把农民放在地区经济发展和自然保护的中心位置，以"渐进项目"结合"村寨发展信用基金"，引导当地农民（也是当地主要的居民）参与到环境保护事业中，分享生态红利，推动社区共管，从而有效地缓解了保护区生态保护与经济发展的冲突，并取得了可喜的生态保护成效。

（2）云南大理洱海的污染综合防治实践

著名的高原湖泊洱海位于云南省大理白族

---

① 周得全，张殿发."草海模式"的生态经济学透视 [J].生态经济.2005（7）：34-37.

② 齐建文，李矿明等.贵州草海湿地现状与生态恢复对策 [J].中南林业调查规划.2012（5）：39-56.

③ 2006年十六届五中全会首次明确提出建设环境友好型社会。环境友好（Environmentally Friendly）概念最早由联合国里约环境发展大会在其通过的《21世纪议程》中提出。

自治州境内，湖容量约30亿立方米，是云南第二大淡水湖，是"苍山洱海国家级自然保护区"的核心，流域面积2565平方公里，2012年流域人口约82万，人口密度约350人/平方公里。近几十年来，随着流域人口快速增加，农业、工业生产活动日趋频繁，污染负荷不断增加，原始的自然生态环境不断被人为破坏，洱海水质由1971年以来呈明显恶化趋势[1]，1995年以后恶化趋势加剧，1996年和2003年洱海大规模爆发蓝藻，给人民生活带来了极大的负面影响，惨痛的教训，引起了人们对水体污染的警觉。《洱海水资源保护对策研究报告》显示，洱海的主要超标污染物是总磷和汞，农业和农村生活源对洱海污染总磷的贡献率达52%，是其主要的污染源。量大面广的农业生产和农村生活污染防治困难，地区经济发展滞后，污染治理资金有限等问题成为洱海污染防治面临的主要难题。

①主要措施

面对生态难题，大理州主要采取了以下几个方面的具体应对措施：

一是加强对农民生产生活的引导示范。因农业和农村生活源是洱海主要的污染源，控制农业生产和农村生活污染源就成为洱海污染防治工作的重点。云南大理以开展农民工作为突破口，"引导示范"为工作途径，转变农民观念，协调农业生产、农民增收和环保保护发展。如针对大蒜种植污染大的问题，当地政府为引导农民改种化肥施用少、污染小的农作物，对改种蚕豆的农户每亩补贴100元；加大"控氮减磷优化平衡施肥技术"等农业生产新型技术和"中温沼气站"等循环利用技术的攻关、推广和

建设；政府出资引导生态修复，采用"以租代占"的方式建设生态湿地等生态功能公共空间，"退耕还湿地"、"退塘还湖"等既保障了群众的基本土地收益，又改善了洱海的生态环境，建立了覆盖1970.0~1975.0米（海拔高程）范围的洱海滨湖带保护区[2]。

二是强调防治措施的经济适用性。在有限资金下，加大垃圾收集和处理力度，形成了"农户缴费、政府补助、袋装收集、定时清运"的农村垃圾管理模式。针对区内农户居住分散的现状，当地采取了以"户"为单位的生活污水处理措施，每套污水处理系统平均造价在1500~2000元左右，建设费用由政府承担。多种宣传手段结合，加大宣传力度，提升群众环境保护意识，加强《洱海保护管理条例》等洱海污染防治条例规定的制定和实施。

三是大胆创新，拓宽污染治理资金渠道。目前我国污染防治的最大难题在资金短缺，这一问题在云南洱海流域等欠发达地区更为突显。为破解"穷地方办大事"的难题，当地政府在积极争取各级政府资金支持之外，大胆创新资金筹措方式，如结合水资源使用费征收，设立生态保护与防治专项经费；结合市场机制，采用BOT[3]等模式吸引社会资金，加强融资力度；通过政府信用合作方式向银行贷款，作为治污专项经费，专款专用等。

②成效与不足

自2004年洱海启动大规模污染综合防治工作以来，洱海水质持续得到改善并长期总体保持在Ⅲ类，每年部分月份更是达到Ⅱ类水质，仅有少数污染指标处于超标状态。据

① 郑国强，于兴修等．洱海水质的演变过程及趋势[J]．东北林业大学学报．2004（1）：99–101.
② 颜昌宙，金相灿等．云南洱海的生态保护及可持续利用对策[J]．环境科学．2005（5）：38–42.
③ BOT 即 Build–Operate–Transfer（建设—经营—转让）模式，是基础设施投资、建设和经营的一种方式，是指政府在不直接投资的情况下，为实现某一基础设施的建设，通过契约授予私人企业一定期限的特许专营权，许可其通过向用户收取费用或出售产品以回收投资并赚取利润的方式，在市场规律作用下，引导私人企业完成该基础设施的建设。在特许权期满时，该基础设施无偿移交给政府。

大理白族自治州政府通报显示，2014 年前 8 个月洱海水质有 5 个月为 Ⅱ 类，有 3 个月为 Ⅲ 类，与 2013 年同期相比，Ⅱ 类水增加 1 个月，Ⅲ 类水减少 1 个月，洱海水平均透明度为 2.24 米。洱海自然环境的改善吸引了候鸟的回归，带动了旅游业等现代服务业的发展，改善了地区人居环境，增加了当地居民的认同感和自豪感。

虽然洱海流域人民和地方政府面对困难采取了相应的办法，取得了很好的效果。但还存在这一些不足。一是农业生产和农村生活污染源治理难度较大，控制与治理是一个长期的过程，需要持续的关注和采取相应的措施予以引导，需要行政领导一任接一任地抓下去，干部群众一批接一批地干下去；二是目前洱海流域污染综合防治以政府投资为主，在发挥社会力量方面还有待提高，资金缺口依然存在，如每年的每户垃圾清运费仅 20~60 元的标准是否偏低，但同时也要避免环境保护费用对当地居民造成过大的负担；三是污染治理仍多"重建设，轻运营，轻维护"，对于保障污染治理设施长期稳定运行方面还有待提高；四是随着地区社会经济的发展，目前政府主导的污染治理模式亟待转变，应通过发挥社会、农民、企业等污染主体的治污积极性，制定完善的污染奖惩规定和制度，从而建立流域污染治理的长效机制。

1.5 研究方法与技术路线

1.5.1 研究目标

为推动三峡库区"生态资源"向"生态资产"转变，引导库区居民更多地开展有利于生态保护的经济行为，本书将以生态系统服务为"耦合介质"，尝试构建推动库区生态与经济协同发展的理论模型，优化构建生态系统服务综合价值评估方法体系，明确库区的"生态系统服务产业化发展战略"。

1.5.2 研究方法

本书结合研究开展的四个阶段，即选题阶段、调研阶段、理论与方法研究阶段、实证研究阶段，分别选取采用以下研究方法。

①选题阶段

"以问题为导向"的研究方法："就研究工作而言，问题所在往往也是能对科学加以突破的希望所在"[①]。

②调研阶段

本书调研阶段主要采用了田野调查法、问卷调查法、文献法。即通过实地走访，调研拍照，问卷调查及收集相关文献资料与数据统计资料，为开展理论和实证研究积累必要的基础资料。

③理论与方法研究阶段

本书理论研究阶段主要采用了人居环境科学倡导的"融贯的综合研究方法"，即抓住问题要害，通过"庖丁解牛"和"牵牛鼻子"将人居环境生态经济协调发展面临的诸多方面和复杂内容、过程简化为若干可以操作的方面（即确定"有限目标"）。并在此基础上从宏观、中观、微观的不同层次和人居环境科学、生态经济学、城乡规划学等多学科角度将问题研究展开（图 1-11）。

④实证研究阶段

本书实证研究阶段主要应用定性分析与定量分析相结合的方法，历史回顾、现状分析与未来展望相结合的方法，区域整体分析与分类差异分析相结合的方法，宏观决策分析与具体案例分析相集合的方法，以及 SWOT 分析法等。

1.5.3 技术路线

对于区域发展来说，生态是基础，它决定了"上层建筑"的高度。虽然三峡工程建设带

---

① 吴良镛．人居环境科学导论 [M]．北京：中国建筑工业出版社．2001，10，P110．

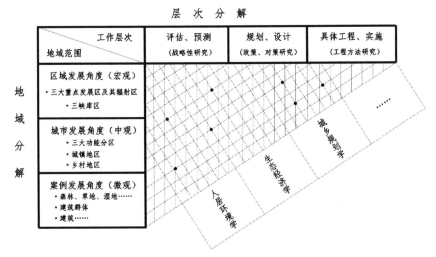

图 1-11 研究方法示意

来了一系列的效益[1]，但进入"后三峡"时代，在传统的经济发展模式下，带来了开发的过度和失序，极大地破坏了区域生态环境[2]。在工业化、城镇化背景下，"如何实现经济与生态的协调发展"历来是困扰我国乃至全世界的一个难题，这个难题由于三峡库区的特殊性而被放大。究其本质，"利益"博弈是关键，当经济利益考量优先时，生态利益往往容易受到损害，当生态利益考量优先时，经济利益似乎又难以得到保障。面对此种困局，研究发现"大保护"不等同于"只保护"，"不搞大开发"不等同于"不搞开发"，这要求我们以"生态建设为纲，精挑致富路"。

基于此，为引导人们以不损害或少损害生态利益的方式去实现自己合理的经济利益诉求，本书选取"生态系统服务"为研究切入点，借

---

[1] 三峡工程效益主要包括六个方面：一是生态效益，通过三峡工程每年所获得的巨大清洁能源，相对燃煤发电，相当于每年少排放 1.1 亿吨二氧化碳、1.1 万吨一氧化碳、220 万吨二氧化硫、42 万吨氮氧化合物，节约燃煤 5700 万吨；二是补水效益，三峡库区蓄水后，在枯水期增加了下游流量，为中下游补水，增加生产、生活供水，可以改善长江中下游及河口枯水期水质，减轻长江口咸潮入侵；三是旅游效益，三峡大坝和三峡水库所形成的高峡平湖壮观景色吸引了全世界游客的目光，三峡大坝景区自 1997 年以来已累计接待中外游客 1000 余万人次（截至 2011 年底），为国家首批 AAAAA 级旅游景区，全国工业旅游示范点；四是防洪效益，三峡工程首要目标是防洪，三峡库区防洪库容为 221.5 亿立方米，可使荆江河段防洪标准从"十年一遇"提高到"百年一遇"，遇"千年一遇"特大洪水，配合运用荆江分洪工程，可防止荆江河段发生毁灭性灾害，使江汉平原 1500 万人口和 150 万公顷耕地免受洪水威胁；五是发电效益，三峡工程共安装 32 台单机容量为 70 万千瓦的水轮发电机组，加上电源电站安装的 2 台年单机容量 5 万千瓦的机组，总装机容量为 2250 万千瓦，年最大发电能力约 1000 亿千瓦时，是目前世界上最大的水电站；六是航运效益，三峡大坝蓄水 175 米高程后，极大改善了重庆至宜昌 660 公里川江通航条件，降低运输成本约 1/3，川江航道单向年通过能力从 1000 万吨提高至 5000 万吨，万吨级船队可由上海直达重庆。

[2] 2016 年 1 月 5 日，习近平总书记在重庆召开的推动长江经济带发展座谈会上明确指出，"当前和今后相当长一个时期，要把修复长江生态环境摆在压倒性位置，共抓大保护，不搞大开发"。据九三学社中央的调研，随着众多工程投入运行和多方面因素影响，长江流域整体生态环境已出现不容忽视的负面趋势性变化，主要表现在水量减少、形态转变、环境容量降低、水生生物种群和数量减少等方面。原环境保护部部长陈吉宁总结了三方面的问题，一是流域的整体性保护不足，破碎化、生态系统退化趋势在加剧；二是污染物的排放量大，风险隐患大，饮用水安全保障的压力大；三是重点区域的发展和保护的矛盾十分突出，重点湖泊富营养化，一些城市群的大气污染形势严峻。

鉴国外先进发展理念和国内创新实践经验，从生态系统服务价值认知及实现这一研究方向出发，聚焦库区生态保护与经济发展冲突引发的生态破坏具体问题，以开放的研究态度，重点应用人居环境学（包括山地人居环境学）、生态经济学、城乡规划学的最新观点和研究成果开展"以问题为导向"的交叉研究（图1-12）。

研究问题聚焦：三峡库区人居环境的生态问题；

研究指导思想：生态建设为纲，精挑致富路；

研究目标：为打破库区可持续发展困局指明方向；

研究体系特征：开放性、发展性；

学科交叉研究：人居环境学、生态经济学、城乡规划学；

研究切入选择：生态系统服务价值认知及实现；

多层次实证研究："宏观大区域—三峡库区—三大功能区"。

1.5.4 研究基本框架

本书的基本框架如图1-13所示。

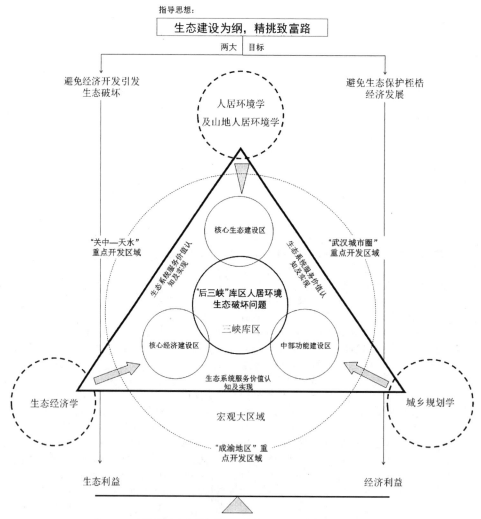

图1-12 以问题研究为导向的"三角向心"融贯综合研究技术路线图

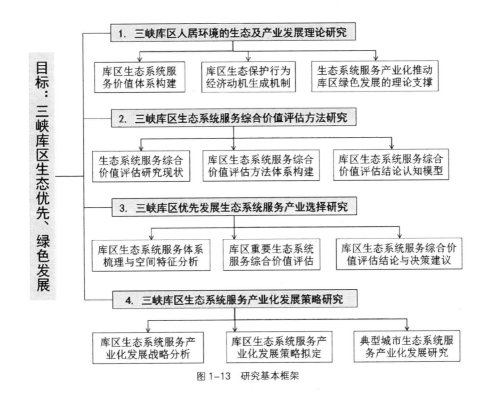

图 1-13　研究基本框架

第2章 三峡库区人居环境的生态及产业发展理论探索

2.1 人居环境、生态系统服务、三峡库区及后三峡时代释义

2.1.1 人居环境（Human Settlement）

人居环境这个概念由吴良镛院士首次提出，其专著《人居环境科学导论》中将人居环境定义为"是人类聚居生活的地方，是与人类生存活动密切相关的地表空间，它是人类在大自然中赖以生存的基地，是人类利用自然，改造自然的主要场所"。人居环境具有典型的系统特征，它以人和自然生态的协调为中心，由若干相互作用和相互依赖的组成部分结合而成，是具有支撑人类生存与发展的功能的有机整体。自然生态环境本身没有优劣与好坏，当其与人类产生联系的时候才具有是否宜人的差别。人类影

响和改造自然生态环境，同时人类自身也会因其行为而受到自然生态环境的反馈，这种反馈有正相关的，如植树造林有助于减少水土流失、减少温室气体、净化空气等；但更多的是一系列负相关的反馈，如工业的粗放发展带来空气污染、水体污染，城镇建设用地的快速扩张带来地质灾害隐患增多、城市人居环境的恶化，大面积的毁林开荒带来水土流失的加剧、荒漠化的扩大等。通过规范和引导人类自身的行为方式，避免或减少自然生态对人类的负面反馈，对于实现和促进人居环境的可持续发展具有关键作用（图2-1）。

聚居是人类居住过程的典型特征，人类聚居发生、发展的客观规律及其对自然生态环境的相互作用，是影响人居环境[①]品质的决定因

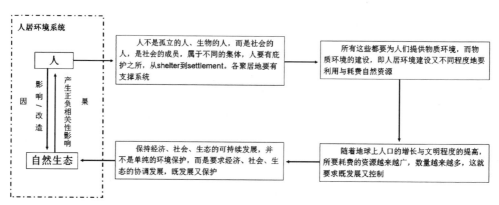

图2-1 以人与自然的协调为中心的人居环境系统示意图

---

① 吴良镛院士提出人居环境由"人类、自然、社会、居住以及支撑"系统等五个子系统组成。人类系统主要指作为个体的和自然人的聚居者，侧重于对物质的需求与人的生理行为等有关的机制及原理、理论的分析。社会系统主要指由人群组织成的社会团体相互交往的体系，包括由不同的地方性、阶层、社会关系等的人群组成的系统。人类系统与社会系统构成了人类聚居的客观行为导向，主要体现了人类的客观自然属性。居住系统与支撑系统则是以人类聚居为目标的主动行为营造，主要体现了人类的主观能动性。

素，探讨人与环境之间的相互关系是人居环境科学的研究重点（图 2-2）。

2.1.2 生态系统服务（Ecosystem service）

千百年来，人类自由地、免费地享受着自然提供的各种服务，但随着现代人自以为是地进行着改造世界的"上帝工程"，盲目地追求经济增长，缺乏对自身行为的约束与反思，给自然生态系统施加了越来越多的负面影响，健康的生态系统服务功能正在失效，人类不得不面对诸如雾霾、沙尘暴、水体污染、土壤污染等灾难性的后果。20 世纪末，在失去原本自由享受的清洁空气、安全食品、与自然亲密接触的机会等生态服务之后，人们越来越认识到自然生态系统的重要。在此背景下，在回归"人本思想"的基础上，科斯坦萨（Costanza）、格蕾琴·C·戴利（Gretchen C. Daily）等先驱者最早提出了"生态系统服务"的概念，认为"生态系统服务是自然生态系统及其物种维持和满足人类生存，维持生物多样性的生产生态系统产品（如药材、粮食等）的条件和过程"[1]，将生态系统对人类生存所带来的影响作为研究对象，希望通过改变人类生产生活方式，引导和提升生态系统对人类生存产生的正效应，改善生态系统服务功能，提高生态环境保护效能。

2005 年，联合国组织的千年生态系统评估（MA）更为全面和准确地提出生态系统服务是指生态系统为人类生存提供的有益的，对于人们改善自身居住环境有价值的服务。并将众多的生态系统服务总结归纳为支持服务、供给服务、调节服务和文化服务四大类[2]（图 2-3、表 2-1）。同时基于生态系统差异性，尝试分析明确了不同类型生态系统为人类提供的部分不尽相同的服务。提出生态系统服务能力的形式、强弱、优劣等取决于生物、物理和化学方面复杂的相互作用，以及人类活动对其产生的影响。

可见，目前学术界对生态系统服务的认识均从"人"的生物学属性入手，以维持人类基本生存需求来确认生态系统服务，基本厘清了生态系统服务的类型和具体内容。本书作者认为对于生态系统服务的认识应重点抓住其同人类的关系是"有益、维持、满足、有价值"这几个关键，简而言之，生态系统服务就是"在人类聚居过程中，生态系统在人类行为影响下或自然形成过程中，为优化人类聚居品质，改善人居环境提供的有益的、有价值的服务"。

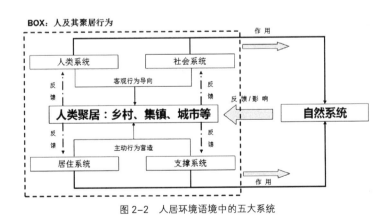

图 2-2 人居环境语境中的五大系统

---

① 李文华等. 生态系统服务功能价值评估的理论、方法和应用 [M]. 北京：中国人民大学出版社，2008，10.

② "支持服务"包括养分循环、土壤形成、初级生产；"供给服务"包括安全的食物、清洁的淡水、木材和纤维、燃料等；"调节服务"包括气候调节、调节洪水、调控疾病、净化水质等；"文化服务"包括美学价值、精神价值、教育功能、消遣功能等。

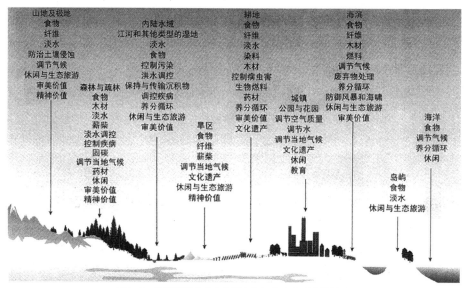

图 2-3　不同类型生态系统服务与不同生态系统的关系

资料来源：千年生态系统评估报告集 [R]. 中国环境科学出版社 .2007.

生态系统服务分类表

表 2-1

生态系统服务类别		子类别	状态	备注
供给	粮食	庄稼	大幅度增长	自然生态系统原生生产能力下降，人工替代生产能力发展快速
		牲畜	大幅度增长	
		捕捞渔业	下降归于过量丰收	
		水产业	大幅度增长	
		野生食物	下降归于过量丰收	
	纤维	木材	地区性变化，全球范围稳定	
		棉、麻、丝	地区性变化，全球范围稳定	
		木燃料	下降归于过量丰收	
	遗传资源		部分因灭绝遗失	受生物多样性下降影响
	生化和药品		部分因灭绝遗失	
	淡水		无节制使用导致过度提取，且污染严重	受工业文明影响
调节	大气质量		全球性下降	超出自然自净能力，人类主动应对能力差
	气候	全球的	能量增长归于大气层碳元素增长	全球气候变暖
		区域的	下降归于多方面影响	极端气候增多
	水流		地区性变化，大多与土地使用改变相关	
	侵蚀		下降	因人类干扰加剧
	水处理		下降	因改变的水文情况

续表

生态系统服务类别		子类别	状态	备注
调节	疾病		下降	因化学杀虫剂的使用和生态系统的改变
	害虫		下降	因杀虫剂的使用
	授粉		下降	因化学杀虫剂的使用和生态系统的改变
	自然灾害		下降	因自然缓冲带的损失，特别是海岸、河岸区域
支持	土地构造	这些服务不是直接被人类利用	减少	因侵蚀和盐碱化
	光合作用		基本稳定	
	初级生产力		增长，特别是森林和耕种系统	在人类有意识的主动干扰下
	养分循环		增长归因于生物圈氮、磷、钾和其他养分的增长	因农业生产中大量化肥的使用
	水循环		总量基本稳定，但时空差异呈加大趋势	
文化	精神价值和宗教价值		快速下降	因圣地被侵犯
	美学价值		非人类主宰景观在数量上和质量上下降	
	娱乐和生态旅游		区域性变化，过量人类行为干扰加剧自然空间生态退化	
	教育		下降	受人类干扰，生物多样性等下降明显

资料来源：Marty D. Matlock，Robert A. Morgan 著，吴巍 译. 生态工程设计：恢复和保护生态系统服务 [M]. 北京：电子工业出版社 .2013，5，P25–26 .

2.1.3　三峡库区（the Yangtze River Reservoir Area）

三峡库区地处四川盆地与长江中下游平原的结合部，它伴随着三峡工程的开工建设而出现，是一个特指的地理区域概念，代表着世界上最大的水库淹没区[1]、世界上水利工程史上最大规模的 130 万移民工程、连片特困地区[2]、国家重点生态功能区[3]、文化资源富集区等多重含义[4]。

[1] 据中国水利学会网站数据显示，三峡工程建成后，形成的水库回水将淹没陆地面积 632 平方公里。
[2] 《中国农村扶贫开发纲要（2011–2020 年）》根据地方发展实际，在全国范围内明确划定了秦巴山区、六盘山区、吕梁山区、燕山 – 太行山等 11 个连片特困地区，三峡库区是秦巴山区连片特困地区的主要组成部分。
[3] 由于三峡库区丰富的自然生态资源以及重要的生态安全价值，在 2010 年国务院颁布的《全国主体功能区规划》中将三峡库区范围内的"巴东县、兴山县、秭归县、夷陵区、长阳土家族自治县、五峰土家族自治县、巫山县、奉节县、云阳县"确定为"三峡库区水土保持生态功能区"，"巫溪县、城口县等"确定为"秦巴生物多样性生态功能区"。
[4] 当前关于三峡库区的研究多将三峡库区界定为直接受三峡工程回水淹没的地区，包括重庆市的巫山县、巫溪县、奉节县、云阳县、开县、万州区、忠县、石柱县、丰都县、武隆县、涪陵区、长寿区、江津区、渝北区、巴南区和重庆市主城区（包括渝中区、沙坪坝区、南岸区、九龙坡区、大渡口区、江北区和高新区），湖北省宜昌市夷陵区、兴山县、秭归县、恩施州巴东县，共计 20 个区（县），总面积约 5.67 万平方公里。

早在 2001 年，重庆市政府通过的《重庆市国民经济和社会发展第十个五年计划构建三大经济区重点专题规划》(以下简称《三大经济区专题规划》)就将传统三峡库区同与之紧邻的具有很强相似性的武陵山区、大巴山区共 19 个区(县)[①]，划定为三峡库区生态经济区，并完成了相应的重点专题规划。2004 年，包括时任全国人大环资委主任委员的毛如柏等国内知名专家明确提出"把三峡库区建设成'国家级生态经济特区'，无论对于三峡工程及三峡库区本身，还是对于全国社会经济的可持续发展，都具有极为重要的紧迫性和必要性"。此后，也多有学者以"三峡库区生态经济区"为研究范围开展了相关的研究，如余颖(2003)、陈炜(2003)[②]、董景荣(2008)、王亚飞(2008)[③]、李孝坤(2013)、李忠峰(2013)[④] 等。到 2010 年，国务院颁布的《全国主体功能区规划》将重庆市西部以主城区为中心的部分地区"重点开发区"中的"十一、成渝地区"，将"巴东县、兴山县、秭归县、夷陵区、长阳土家族自治县、五峰土家族自治县、巫山县、奉节县、云阳县"划为了"限制开发区"中的"三峡库区水土保持生态功能区"，将"巫溪县、城口县等"划为了"限制开发区"中的"秦巴生物多样性生态功能区"[⑤]，进一步从国家宏观战略规划层面对三峡库区及其周边区域的土地利用方式作出了限定与引导。2011 年 5 月 19 日，国务院颁布了《三峡后继工作规划》，将实现"移民安稳致富及促进库区经济社会发展"和"库区生态环境建设与保护"明确为三峡后继工作六大任务中最为重要的两项任务。

结合对"后三峡"库区面临的主要任务与挑战的认识，本书以《全国主体功能区规划》和《三峡后继工作规划》为依据，将本书研究的"三峡库区"概念进行了如下限定：

一是，《全国主体功能区规划》中明确提出"三峡库区水土保持生态功能区"，并划定了明确的范围，涵盖了湖北省的长阳土家族自治县、五峰土家族自治县，因此本书应将其纳入三峡库区的范围[⑥]。

二是，遵循主体功能思想，本书将根据区域社会经济生态特征，基于《全国主体功能区规划》，将库区划分为以经济建设为主体功能的"核心经济建设区"、以生态建设为主体功能的"核心生态建设区"、以功能协调为主体功能的"中部功能建设区"。在此基础上，借鉴大卫·李嘉图[⑦]的比较优势原则思想，根据三大功能区各自特征和实际，更有针对性地拟定具体的发展策略。

---

① 19 个区县分别为：万州区、涪陵区、黔江区、长寿区、梁平县、城口县、丰都县、垫江县、武隆县、忠县、开县、云阳县、奉节县、巫山县、巫溪县、石柱县、秀山县、西阳县、彭水县，区域总面积 58102 平方公里，占重庆市总面积的 70.5%。

② 余颖、陈炜，移民、迁建与"三农"问题——重庆三峡库区生态经济区城镇化调研报告 [J]. 规划师，2003(19).

③ 董景荣、王亚飞，重庆市三峡库区生态经济区产业空心化问题及对策 [J]. 农业现代化研究，2008(3).

④ 李孝坤、李忠峰、翁才银、王述维，县域乡村发展类型划分与乡村性评价——以重庆三峡库区生态经济区为例 [J]. 重庆师范大学学报(自然科学版)，2013(1).

⑤ "秦巴生物多样性生态功能区"包括湖北省的竹溪县、竹山县、房县、丹江口市、神农架林区、郧西县、郧县、保康县、南漳县；重庆市的巫溪县、城口县；四川省的旺苍县、青川县、通江县、南江县、万源市；陕西省的凤县、太白县、洋县、勉县、宁强县、略阳县、镇巴县、留坝县、佛坪县、宁陕县、紫阳县、岚皋县、镇坪县、镇安县、柞水县、旬阳县、平利县、白河县、周至县、南郑县、西乡县、石泉县、汉阴县；甘肃省的康县、两当县、迭部县、舟曲县、武都区、宕昌县、文县。区域面积 140004.5 平方公里。

⑥ 本书的三峡库区指重庆市的巫山县、巫溪县、奉节县、云阳县、开县、万州区、忠县、石柱县、丰都县、武隆县、涪陵区、长寿区、江津区、渝北区、巴南区和重庆市主城区(包括渝中区、沙坪坝区、南岸区、九龙坡区、大渡口区、江北区和北碚区)，湖北省宜昌市夷陵区、兴山县、秭归县、恩施州巴东县、长阳土家族自治县、五峰土家族自治县，共计 22 个区(县)，面积 6.22 万平方公里，常住人口 2000 余万。

⑦ 大卫·李嘉图是英国资产阶级古典政治经济学的主要代表之一，也是英国资产阶级古典政治经济学的完成者。

三是,本书将以"成渝地区"、"武汉城市圈"、"关中—天水地区"三大"国家层面的重点开发区域"为库区经济发展研究的基础,同时以"三峡库区水土保持生态功能区"和"秦巴生物多样性生态功能区"两大国家层面的重点生态功能区为生态建设研究的基础(图 2-4)。

2.1.4　后三峡时代 (Post era of Three Gorges)

"后三峡"即"后三峡时代"或"后三峡工程时代",指三峡工程建成后的时间维度,本书将其具体限定为 2010 年以后 (包括 2010 年)。2009 年三峡工程如期完成了初步设计建设任务,2010 年 10 月实验性蓄水成功达到了正常蓄水位 175 米高程,开始全面发挥发电、防洪、水资源利用、航运等综合效益,标志着三峡库区之前面临的首要任务三峡工程建设和移民搬迁取得了阶段性胜利。以 2010 年为节点,未来三峡库区的发展重心将逐渐转向实现"移民安稳致富及促进库区经济社会发展"和"库区生态环境建设与保护"等《三峡后继工作规划 (2010—2020)》明确的六大任务。

2.2　国内外相关研究综述

2.2.1　生态系统服务相关研究综述

（1）国外相关研究

回溯历史,国外关于生态系统服务价值认知及实现的研究大致经历了以下三个阶段 (图 2-5):

第一阶段,基础阶段,生态学的建立与生态系统概念的提出。生态系统同人类生产生活活动有着千丝万缕的联系,古人在长期的生产生活实践中就积累了朴素的生态学知识,如在古希腊时期,柏拉图 (约公元前 427—前 347 年) 就认识到雅典人对森林的破坏最终会导致水井的干涸;亚里士多德的学生赛奥夫拉斯图斯在其植物地理学著作中已提出类似今日植物群落的概念。进入 18 世纪以后,随着工业革命的兴起,大规模工厂化生产给自然生态带来了前所未有的冲击,生态污染及其给人类自身生存和发展带来的负面影响急剧增加,人们开始更多地关注我们赖以生存的自然环境。19 世纪初叶,现代生态学的轮廓开始形成,至 1866 年,德国

图 2-4　三峡库区区域发展大格局

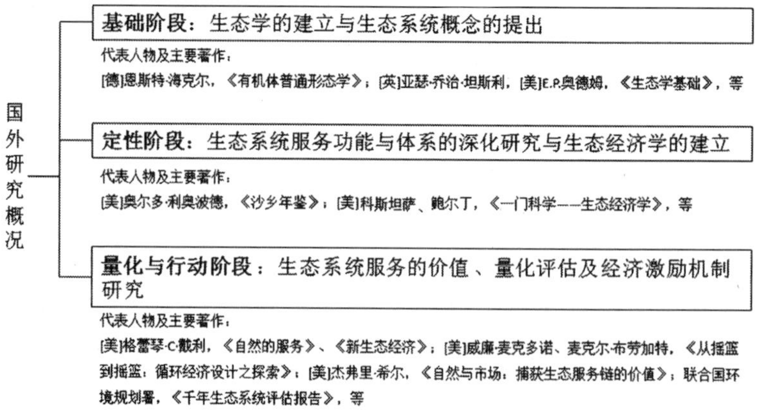

图 2-5　国外生态系统服务相关研究的三个阶段

生物学家恩斯特·海克尔（Haeckel）在《有机体普通形态学》一书中，首次对生态学（Ecology）进行了定义："研究生物有机体与无机环境之间相互关系的科学"，正式揭开了现代生态学发展的序幕。随着生态学的发展，生态学家们越来越意识到生物与环境是不可分割的整体。1935年，英国生态学家亚瑟·乔治·坦斯利（Tansley）受丹麦植物学家尤金纽斯·瓦尔明（Eugenius Warming）的影响，首次提出了"生态系统"的概念，认为："生态系统是一个的'系统的'整体。这个系统不仅包括有机复合体，而且包括形成环境的整个物理因子复合体……这种系统是地球表面上自然界的基本单位，它们有各种大小和种类"。美国生态学家 E.P. 奥德姆（1913—2002 年）进一步发展了生态系统的概念，并最早认识到生态系统中的能量流动特性，其 1953 年编写的《生态学基础》中涉及的"生态系统分析、能量与物质循环、种群动态、竞争、生物多样性等"内容对现代生态学发展产生了深远影响。时至今日，生态系统逐渐发展成为生态学领域的一个主要结构和功能单位，成为生态学研究的最高层次。

第二阶段，定性阶段，生态系统服务功能与体系的深化研究和生态经济学的建立。基于生态系统的研究，人们发现生态系统为人类生存与发展提供了所有的资源供给，并将人类从生态系统获得的所有惠益统称为生态系统服务。生态系统服务在维系生命、支持系统和环境的动态平衡方面起着不可替代的重要作用。那么自然生态系统为现代人类社会经济发展到底提供了哪些生态系统服务？我们又如何优化和保护自然生态系统提供这些服务的能力？带着这样的疑问，人们开展了许多相应的研究。美国著名生态学家和环境保护主义先驱奥尔多·利奥波德（1887—1948 年）于 1949 年出版的《沙乡年鉴》中提出了"土地伦理观"与"大地共同体思想"，通过对一个荒弃农场的细心观察，在当时人们充满信心地征服和利用自然的背景下，冷静与深刻地提出了一系列土地环境的保护问题，指出人类本身及其附属产物不能替代自然生态系统的服务功能，为生态系统服务功能（Ecosystem service）概念的形成打下了基础。20 世纪 60 年代，King（1966）和 Helliwell（1969）首次正式提出了"生态系统服务功能"的概念[①]。SCEP（Study of Critical Environmental，1970）在《人类对全球环境的影响报告》中罗列出"昆虫授粉、害虫控制、气候调节、土壤形成和物质循环等"自然生态系统的"环境服务功能"。Holdren 和 Ehrlich（1974）则将其拓展为"全球环境服务功能"，并在环境服务功能清单上增加了生态系

---

① 李文华，等著.生态系统服务功能价值评估的理论、方法与应用 [M]. 北京：中国人民大学出版社，2008.

统对土壤肥力与基因库的维持功能。随后 1977 年 Ehrlich 和 Westman 又分别深化提出了 "全球生态系统公共服务功能" 和 "自然服务功能"，直到 20 世纪 80 年代，在著名生态学家 Ehrlich 对 "生态系统服务" 的概念进一步界定后，"生态系统服务功能" 这一术语在学界才获得普遍共识和广泛使用。1997 年科斯坦萨（Costanza）等在《Nature》上发表的 "The value of the world's ecosystem services and natural capital" 一文，通过总结本领域前人大量分散的研究成果，最终将生态系统的服务功能归纳为 17 种类型，并分别按 10 种不同生物群区用货币形式进行了测算，以生物群区的面积推算出其服务价值，首次得出全球生态系统每年的服务价值为 $16 \times 10^{12} \sim 54 \times 10^{12}$ 美元，平均为 33×10^{12} 美元，引起了学界广泛的争论，扩大了生态系统服务功能研究在全球范围的影响，推动了生态系统服务功能的研究向价值量化深入。同时，20 世纪 60 年代，美国经济学家鲍尔丁发表了一篇题为《一门科学——生态经济学》的文章，首次提出了 "生态经济学" 这一概念和 "太空船经济理论" 等。美国另一经济学家列昂捷夫则是第一个对环境保护与经济发展的关系进行定量分析研究的科学家，他使用投入—产出分析法，将处理工业污染物单独列为一个生产部门，除了原材料和劳动力的消耗外，把处理污染物的费用也包括在产品成本之中。他在污染对工业生产的影响方面进行了详尽的分析。生态经济学的建立与发展以生态系统和经济系统的复合系统结构、功能及其运动规律为研究对象，以生态学和经济学相结合的研究方法，更为科学地开展生态保护研究奠定了基础。

第三阶段，量化与行动阶段，生态系统服务的价值、量化评估及经济激励机制研究。进入 20 世纪 90 年代，生态系统服务功能的相关研究的热点逐渐转向生态系统服务功能的价值、量化评估及经济激励机制，以生态经济学的观点，通过开展经济学与生态学为代表的多学科交叉研究，形成了一批极富启发性和影响力的研究成果。格蕾琴·C·戴利（Gretchen C. Daily）在《自然的服务》（Nature's Services，1997）中探讨了生态系统服务功能的定义及其价值特性，以及生态系统服务功能与生物多样性之间的联系，并在《新生态经济》（The New Economy of Nature，2002）中从经济利益的角度思考协调环境保护与经济发展的策略，介绍了美国、加拿大等国地方政府、企业和民间团体利用自然资源生态服务产生直接经济效益的一系列富有启发性、操作性的环境保护实例。保罗·霍肯（Paul Hawken）、艾默里·拉维思（Amory Lovins）、亨特·拉维思（L. Hunter Lovins）在《自然资本论：关于下一次工业革命》（Natural Capitalism，2000）中通过汲取合理的经济学逻辑、智能技术和最好的当代设计，提供了一种既可获利而对环境保护更为有利的产业策略。威廉·麦克多诺（William McDonough）、麦可尔·布劳加特（Michael Braungart）在《从摇篮到摇篮：循环经济设计之探索》（Cardle to Cardle，2002）通过樱桃生长模式的描述，提出将传统发展的从生长到消亡的线性发展模式，转变为一种 "从摇篮到摇篮" 的循环发展模式，为在发展中实现生态保护提供了极富启发性的思路。2006 年杰弗里·希尔在《自然与市场：捕获生态服务链的价值》（Nature and the Marketplace）通过分析流域保护、生态旅游和森林碳汇功能等自然生态系统服务于人类社会的具体机理，以生物多样性为重点，提出了运用市场机制保护自然生态系统的一系列经济政策和制度。

2000 年世界银行将自然资产纳入经济发展核算。2001 年到 2005 年间联合国环境规划署组织了来自 95 个国家的 1360 名科学家，耗资 2400 万美元开展了联合国千年生态系统评估计划（The Millennium Ecosystem Assess-ment，以下简称 MA 计划），更加全面地探讨了生态系统服务功能的内涵、生态系统服务功能与支撑生命系统之间的关系、变化的驱动因子、评价尺度与方法、响应生态系统的政策措施选择等，在全世界范围内开展了广泛的案例研究。2003年《生态系统评估框架报告》(Ecosystem and human well-being : A framework for assessment) 公布，成为各国开展生态系统评估的指导性文件。并于 2005 年最终形成了《千年生态系统评估报告》，指出自然提供给人类的各类服务中，大约三分之二呈下降趋势，只有粮食、畜牧和水产养殖有所增长[①]。人们需要改变生态观念，不再简单地把生态系统当作可以不受限制加以利用的资源，并把生态系统的价值考虑进去。要实现更好地保护自然财产，需要政府、商界、国际机构等的共同参与。生态系统的生产力取决于在投资、贸易、补贴、税收、法规等方面的政策。

与此同时，在全球气候控制方面，为"将

大气中的温室气体含量稳定在一个适当的水平，进而防止剧烈的气候改变对人类造成伤害"，1997 年在日本东京召开《气候框架公约》第三次缔约方大会上通过了《联合国气候变化框架公约的京都议定书》(UNFCCC，以下简称《京都议定书》)，明确提出在 2008 年至 2012 年间，全球主要工业国家的工业二氧化碳排放比 1990 年的排放量平均要低 5.2%。2005 年《京都议定书》正式生效，温室气体排放交易体系——清洁发展机制(CDM 机制)正式运行。2009 年 12 月，192 个国家的环境部长和其他官员在哥本哈根召开联合国气候会议，根据《巴厘路线图》，商讨《京都议定书》一期承诺到期后的后继方案。2011年 12 月，在南非东部港口城市德班召开的世界气候大会决定，实施《京都议定书》第二承诺期并启动"绿色气候基金"（图 2-6）。

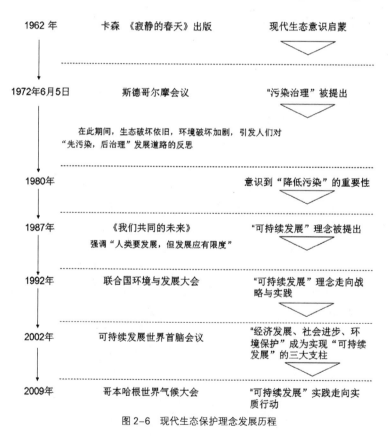

图 2-6　现代生态保护理念发展历程

---

① 祀人.联合国《千年生态系统评估报告》指出地球生态堪忧 [J]. 生态经济,2005（7）:8-11.

（2）国内相关研究

生态文明是由于工业文明发展到一定阶段带来的生态灾难[①]所引发的反思而兴起。我国改革开放以来，工业化和城镇化逐渐走上快车道，自然资源的大量消耗，污染物的大量排放，我国各类生态环境问题日益严重，为满足现实的科技需求，我国关于生态保护的研究开始不断涌现（图 2-7）。

第一阶段，从 1980 年到 1995 年，这一阶段的相关研究主要集中在对工业文明的反思和开始从各个角度探讨生态保护的问题，生态因素和经济因素结合起来考虑生态保护问题的相关研究开始出现。经济学家许涤新在 1980 年的一次学术讨论会上，率先提出了应当注意把经济平衡、经济效益同生态平衡、生态效益相结合，他认为人类与自然之间的物质交换，是人类生存的永恒条件，如果以破坏生态平衡来片面地追求经济效益，势必会造成再生产的失衡和中断。提出了研究生态经济问题的重要性，生态经济学的概念被引入国内，我国的生态经济学研究开始起步。1985 年他的重要著作《生态经济学探索》出版，对生态经济学科的研究对象、性质、任务、基本原理和实际应用等许多问题作了初步论述。他组织和推动一批著名的自然科学家和经济学家、一批理论工作者和实际工作者共同协作，来开展生态经济学的研究。在他的倡导下，1984 年中国生态经济学会成立，许涤新任第一任理事长；1984 年他受国务院环境保护委员会的委托，担任我国第一部保护自然资源和自然环境的宏观指导性文件《中国自然保护纲要》的主编；并于 1987 年引领中国生态经济学会与云南省生态经济学会创办《生态经济》杂志和组织编写出版了《生态经济学》一书，从而奠定了我国生态经济学发展的基础，为我国生态文明的相关研究作出了重要贡献。

生态学家马世骏提出"动态的"生态学研究观点，并将经济学和社会学观点应用到生态系统研究中，于 1983 年和 1984 在《生态学报》分别发表了《生态工程——生态系统原理的应用》和《社会—经济—自然复合生态系统》两

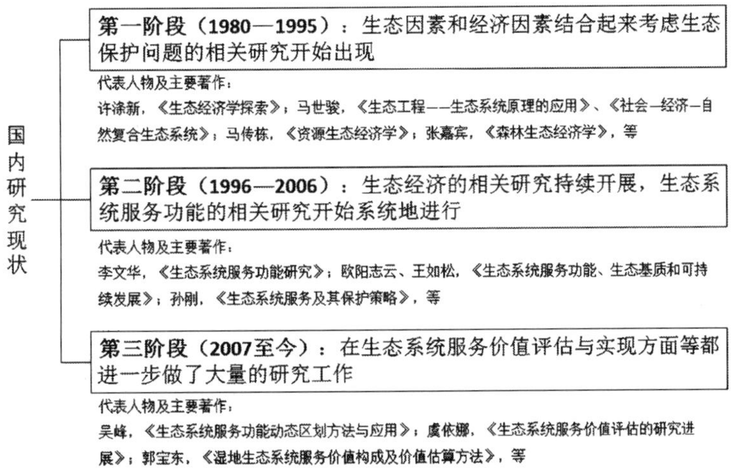

	第一阶段（1980—1995）：生态因素和经济因素结合起来考虑生态保护问题的相关研究开始出现
国内研究现状	代表人物及主要著作： 许涤新，《生态经济学探索》；马世骏，《生态工程——生态系统原理的应用》、《社会—经济—自然复合生态系统》；马传栋，《资源生态经济学》；张嘉宾，《森林生态经济学》，等
	第二阶段（1996—2006）：生态经济的相关研究持续开展，生态系统服务功能的相关研究开始系统地进行
	代表人物及主要著作： 李文华，《生态系统服务功能研究》；欧阳志云、王如松，《生态系统服务功能、生态甚质和可持续发展》；孙刚，《生态系统服务及其保护策略》，等
	第三阶段（2007至今）：在生态系统服务价值评估与实现方面等都进一步做了大量的研究工作
	代表人物及主要著作： 吴峰，《生态系统服务功能动态区划方法与应用》；虞依娜，《生态系统服务价值评估的研究进展》；郭宝东，《湿地生态系统服务价值构成及价值估算方法》，等

图 2-7　国内生态系统服务相关研究的三个阶段

[①] 20 世纪 30 年代开始，尤其是 50、60 年代，欧、美、日等发达国家相继发生了以"八大公害事件"为代表的震惊世界的环境污染事件：1930 年的比利时马斯河谷烟雾事件；1943 年的美国洛杉矶烟雾事件；1948 年的美国多诺拉事件；1952 年的英国伦敦烟雾事件；1953—1968 年的日本水俣病事件；1955—1961 年的日本四日市哮喘病事件；1963 年的日本爱知县米糠油事件；1955—1968 年的日本富士山疼痛病事件。

篇重要论文，一是提出了以生态原理来组织农业生产。通过从经济学观点分析，认为生物群落对自然资源利用是高效的，把自然生态系统中此种高经济效能结构原理，应用到工农业生产系统中，在保护生态环境的前提下，充分利用某些自然资源，以加快经济的发展，应该是现代工农业建设的趋势。而这种模拟生态系统原理而建成的生产工艺体系即生态工程。二是提出以复合生态系统的观点来研究生态保护中面临的复杂问题。提出建立"社会—经济—自然"复合生态系统的观点，以复合系统的角度来思考社会、经济和自然三个不同性质的系统，同时尝试建立了衡量该系统的"自然系统的合理性、经济系统的利润、社会系统的效益"等三个指标。期间，生态经济学家马传栋在1984年发表了《论生态经济学的研究对象和内容》和《论生态经济学在经济学中的地位》两篇论文，对当时我国正刚刚起步的生态经济学理论体系的建立提出了一系列富有独创性价值的学术观点。1986年5月马传栋出版了《生态经济学》，该书被《中国经济学科学年鉴》评介为"我国第一本比较全面系统地研究生态经济学的著作"。马传栋还参与了许涤新先生主编的《生态经济学》的研究和编写工作。1989年马传栋出版了我国较早系统探索城市生态经济协调发展规律的专著《城市生态经济学》；1995年出版了探索包括自然资源在内的生态经济社会总资源优化配置和可持续利用规律的《资源生态经济学》，其完成的生态经济学"三部曲"过百万字的个人专著研究为我国生态经济理论体系的建立作出了重要贡献。

可以说许涤新先生、马世骏先生和马传栋先生是我国最早通过生态经济的交叉视角关注生态保护的学者，为我国生态经济学的发展和生态保护事业作出了重要贡献。在他们的影响

下，国内相关研究蓬勃发展。1986年石山发表了《生态经济思想与新农村建设》[①]，选取黄土高原为典型地区，总结了"组织工农业生产、商品经济和小集镇建设同时发展的典型"等，从实践中凝练了"生态—经济—社会"共同发展的方法，提出应遵循生态经济思想把经济工作建立在生态学的基础上。同年12月，张嘉宾编写的《森林生态经济学》出版，通过引入生态经济学的观点，建立了森林生态经济学导论、森林生态经济工程、森林生态经济学的林业经营体系，并应用这些理论、技术和林业经营模式，以云南为典型地区探讨了云南林业发展战略和建设生态县等问题[②]。同时，1982年张嘉宾率先在《林业资源管理》上连续发表了《关于西双版纳傣族自治州森林涵养水源功能的计量和评价》、《关于计算森林效益的基础理论与程序的初步研究》等两篇关于生态系统服务功能的重要文章，为我国系统地开展生态系统服务功能的相关研究奠定了基础。这一时期发表和出版的重要文献还有1988年叶谦吉的《生态农业——未来的农业》一书；1989年刘思华的《理论生态经济学若干问题研究》一书；1989年余谋昌的《生态文化问题》一文；1993年余正荣的《生态革命与自我模式的转型》一文；1995年张宇新的《城镇生态空间理论初探》一文，同年石山的《建设生态文明的思考》一文等。

同时受相关研究影响，我国政府和主要领导人重视生态经济的意识开始形成协调发展，党中央1983年一号文件就明确把合理利用自然资源，保持良好的生态环境与严格控制人口增长并列，作为我国发展农业和进行农村改革的三大前提条件。1984年2月，时任国务院副总理万里同志在全国生态经济科学讨论会上作了重要报告，强调加强生态经济研究的重要性。1989年林业部牵头开展了"森林资源核算及纳

---

① 石山. 生态经济思想与新农村建设 [J]. 河北学刊. 1986（6）：32-38.
② 董智勇.《森林生态经济学》书序 [J]. 南京林业大学学报. 1986（3）：106-107.

入国民经济核算体系研究",是我国官方第一次运用市场经济理论,以现行价格为主的多种价格核算方法,对以森林资源为代表的环境资源进行资产核算的相关研究,有利于我们更准确地掌握我国生态资产价值,采取有效的生态保护措施。

总的来说,这一阶段是我国生态保护相关研究的起步阶段。由于我国相关研究起步较晚,受国外相关研究的影响,我们较早地注意到在环境保护和经济发展中需要应用生态和经济规律相结合的观点来开展研究,并形成了一批颇有见地的研究成果,生态经济思想较早地对我国社会经济发展产生了积极的影响,生态系统服务功能的相关研究也较早地有所开展。但这一时期的研究还多集中在思想梳理、概念辨析、理论建构,集中在农业和森林,对于具体各产业发展、具体各类型生态系统保护和各类典型地区的深入研究相对较少。

第二阶段,从 1996 年到 2006 年,这一阶段相关研究上升到"生态文明"这一更为宏观的层面展开讨论;经济体制改革深化,生态经济的相关研究持续展开,生态系统服务功能的相关研究开始系统地进行。

生态文明是指人们在改造客观物质世界的同时,不断克服改造过程中的负面效应,积极改善和优化人与自然、人与人的关系,建立有序的生态运行机制和良好的生态环境所取得的物质、精神、制度成果的总和。当生态时代到来时,必然要求建设生态文明,以正确处理人类与自然界的关系,求得共同发展。生态文明建设和物质文明、精神文明建设相互促进,相得益彰[1]。生态保护的相关工作上升到同物质、精神建设同等重要的位置。生态文明成为继农业文明、工业文明之后的第三阶段文明。是我

国现代化建设事业在新时期应为之奋斗的目标,应现实的需求,国内学者纷纷从不同的学科角度对生态文明进行了具体的阐释和建构。如从哲学的角度,孙彦泉在其 2000 年发表的《生态文明的哲学基础》一文中指出,当代人类对生态危机的解决需要马克思、恩格斯的生态哲学思想、中国传统文化中的生态智慧和现代生态哲学的观点为价值指引。从文化的角度,白光润在其 2003 年发表的《论生态文化与生态文明》一文中,认为技术文明带来的环境危机是生态文化和生态文明产生的背景,认为生态文明是人类最普遍、最重要的进步,提出"文明过程的环境影响、地域生态文化资源的保护与开发等"是生态文明研究的主要课题。从制度的角度,曹新在其 2002 年发表的《论制度文明与生态文明》一文中指出,政治体制改革与经济体制改革的协调发展需要制度文明建设来支撑,经济、社会和自然生态环境的可持续发展需要生态文明建设来保障,加强生态文明和物质文明建设是有中国特色社会主义现代化建设的基本任务和奋斗目标。从美学的角度,曾繁仁认为生态美学是人类社会由工业文明向生态文明过渡的过程中产生的,是对实践美学的继承和超越,突破"人类中心主义"的生态整体主义是生态美学最重要的理论原则[2]。从实现路径的角度,张凯通过分析自然经济无序增长的危害及后果和循环经济特征,强调了发展循环经济是迈向生态文明的必由之路[3]。这一时期关于生态文明的主要学术成果还有 1999 年刘湘溶的《生态文明论》一书;2003 年程秀波的《生态伦理与生态文明建设》一文;2003 年李明华的《人在原野:当代生态文明观》一书;2003 年廖福霖的《生态文明建设理论与实践》一书等。

生态经济学研究持续开展,结合我国经济

---

① 石山. 生态文明的思考 [J]. 生态农业研究. 1995(2):1–3.
② 曾繁仁. 当代生态文明视野中的生态美学观 [J]. 文学评论. 2005(4):48–55.
③ 张凯. 发展循环经济是迈向生态文明的必由之路 [J]. 环境保护. 2003(5):3–5.

体制改革，研究更多地综合考虑市场经济体制因素，并开始系统地开展生态系统服务功能研究。在生态系统服务功能及其价值的概念、内涵和分类研究方面，1999年欧阳志云和王如松联合发表了《生态系统服务功能、生态基质与可持续发展》一文，同年孙刚、盛连喜、周道玮联合发表了《生态系统服务及其保护策略》一文，2002年李文华编著了《生态系统服务功能研究》一书等。在评价方法研究方面，1996年陈应发发表了《旅行费用法——国外最流行的森林游憩价值评估方法》，1999年郭中伟等发表了《生物多样性的经济价值》一文，1999年孙刚等发表了《生态系统服务及其保护策略》一文，2003年李巍等发表了《用改进的旅行费用法评估九寨沟的游憩价值》一文等。在典型生态系统服务功能评价研究方面，不再局限于森林生态系统，如以草地生态系统为研究对象，刘起对中国草地资源生态经济价值进行了探讨，发表了《保护草地资源刻不容缓》一文；以城市生态系统为对象，宗跃光发表了《城市景观生态价值的辨析效用分析法》一文；以湿地生态系统为研究对象，湿地国际中国办事处组织编写了《湿地经济评价指南》一书；以农田生态系统为研究对象，高旺盛等联合发表了《黄土高原生态系统服务功能的重要性与恢复对策探讨》一文。在区域生态系统服务功能评价研究方面，欧阳志云等联合发表了《中国陆地生态系统服务功能及其生态价值的初步研究》，宗跃光等联合发表了《地域生态系统服务功能的价值结构分析——以宁夏灵武市为例》，高旺盛等联合发表了《基于农业生态服务价值的农业绿色GDP核算指标体系初探》一文等。

总的来说，这一阶段是我国生态保护相关研究的兴旺阶段，生态文明理念获得更大范围的认同，更多不同知识背景的人士参与到生态保护的相关研究中。在这大背景下，生态经济的相关研究也获得了蓬勃发展，研究范围、深度都有长足的进步，特别是在生态系统服务功能相关研究的影响下，生态经济研究逐步走向量化与具象化，对生态保护更具实际指导意义与价值。

第三阶段，从2007年到现在，2007年党的十七大报告提出，"建设生态文明，基本形成节约能源资源和保护生态环境的产业结构、增长方式、消费模式；循环经济形成较大规模，可再生能源比重显著上升；主要污染物排放得到有效控制，生态环境质量明显改善；生态文明观念在全社会牢固树立"。"生态文明"第一次作为我国现代化建设目标被明确提出，围绕实现这一目标，针对现实需求与问题，在生态文明理念上，在生态经济的发展模式与方法上，在生态系统服务价值评估与实现方面等都进一步做了大量的研究工作，并取得了许多研究成果。

在生态文明研究方面，有薛晓源等主编的《生态文明研究前沿报告》，傅冶平的《生态文明建设导论》，卢风的《从现代文明到生态文明》等。在生态经济研究方面，有贺秀斌等联合发表的《三峡库区消落带植被修复与蚕桑生态经济发展模式》，赵亮等联合发表的《低碳经济与生态经济》，戚加奇发表的《我国发展生态经济的模式研究》，郭琦发表的《关于我国生态经济建设路径的探讨》等12165份研究论文[①]。在生态系统服务功能研究方面，有郭宝东发表的《湿地生态系统服务价值构成及价值估算方法》，李鹏等联合发表的《生态系统服务竞争与协同研究进展》等3184份研究论文。

总的来说，党的十七大明确提出建设"生态文明"的目标后，学界关注生态经济的热情更加高涨，结合我国经济体制改革进一步深化，学者们的研究思路更为开阔，开展的交叉研究

---

① 在CNKI中国知网上分别输入"生态经济"和"生态系统服务"为主题词查询的结果。

更为丰富。生态系统服务功能的相关研究已成为生态经济相关研究近年来寻求突破的研究热点，生态系统服务功能通过市场机制，将提供的生态服务转化为经济效益，实现生态保护更高程度的自我经济平衡，是转化"被动保护"为"主动保护"，推动"经济建设"与"生态建设"协同发展的关键。

2.2.2　人居环境科学相关研究综述

人居环境科学的发展与山地人居环境科学的出现

（1）创立，围绕城市化发展问题，借鉴道萨迪亚斯的"人类聚居学"，吴良镛先生创立人居环境科学。

人居环境科学（The Sciences of Human Settlements）最早是由吴良镛先生在 1993 年 8 月在中国科学院技术科学部学部大会上正式提出[1]。是一门以人类聚居（包括乡村、集镇、城市等）为研究对象，着重探讨人与环境之间的相互关系的科学[2]。人居环境科学的提出标志着城乡规划上升到环境保护的高度，城乡规划成为具体地也是整体地落实可持续发展国策、环保国策、生态文明建设国策的重要途径。人居环境科学是一个开放的学科体系，是围绕城乡发展诸多问题进行研究的学科群，"建筑—地景—城乡规划"三位一体，构成了人居环境科学大系统中的"主导专业"。

"人居环境问题"是人居环境科学的"生长基点"，人居环境科学提倡"以问题为导向"，强调突破一般单独学科的学术樊篱，在探索解决"问题"的过程中，采取多学科交叉研究的方式，紧扣现实问题，融会贯通相关学科中的有限部分，综合集成各相关学科解决矛盾时提出的要旨，以求得对"人居环境问题"的全面解决。形成的"集成创新"研究成果和部分"原始创新"研究成果将进一步丰富人居环境科学学科体系内涵。

人居环境科学提出人居环境由"自然、人类、社会、居住和支撑"五大系统组成，内容涉及"全球、区域、城市、社区（村镇）、建筑"五大层次。"生态观、经济观、科技观、社会观、文化观"是发展中国人居环境科学的五项原则，其中又以"生态观"尤为重要，它要求我们"正视生态困境，提高生态意识"[3]，认识到自然生态环境的改变与破坏将最终困扰我们人类自身，提高对生态问题的危机意识，在城乡规划中增加生态问题研究的分量，贯彻可持续发展战略，提高城乡规划质量。

人居环境科学的提出受到了希腊学者道萨迪亚斯（C.A.Doxiadis，1913—1975 年）人类聚居学思想的启示，道氏通过"人类聚居学"（Science of human settlements），最早提出了以完整的人类聚居为研究对象，进行系统综合研究，尝试更为准确地理解城市聚居和乡村聚居的客观规律，以指导人们正确地进行人类聚居的建设活动，改善日趋恶劣的城市环境，破解"城市恶梦"[4]。在他的倡导下在世界范围内组织了多次人类聚居讨论会、发表了《台劳斯宣言》、成立了世界人类聚居学会和推动 1976 年联合国在温哥华召开人居会议等，对系统地研究人类居住环境的思想在世界范围内传播，作出了重要贡献。但由于其理论形成的主要基础是西方国家的现象与经验，对于发展中国家涉及不多，在其影响下，吴良镛先生经近 20 年的探索，从《广义建筑学》到《人居环境科学导论》，才初步形成了符合中国实际的"人居环境科学"

① 吴良镛、周干峙、林志群 . 中国建设事业的今天和明天 [M]. 北京：城市出版社，1994.
② 吴良镛 . 人居环境科学导论 [M]. 北京：中国建筑工业出版社，2006.
③ 吴良镛 . 人居环境科学导论 [M]. 北京：中国建筑工业出版社，2006.
④ C.A. Doxiadis. Ecumenopolis：the Inevitable City of the Future[M]. Athens Publishing Center，1975.

研究框架、方法、规划与设计论。吴良镛先生几十年如一日地聚焦"人居环境"，笔耕不辍，完成了大量的研究工作，形成了《人居环境科学导论》《吴良镛论人居环境科学》《发展模式转型与人居环境科学探索》《人居环境科学研究进展 2002—2010》等极富影响力的专著；同时开展了一系列卓有成效的实践工作，如完成了 1999 年在北京召开的第二十届世界建筑师大会会议宪章《北京宪章》，完成了国家自然科学八五、九五两个重点项目"发达地区城市化进程中建筑环境的保护与发展"和"中国人居环境基本理论"的研究，完成了《京津冀城乡空间规划研究报告》，完成了国家自然科学基金重点项目"中国人居理论基本理论和典型范例"等。

（2）发展，我国进入快速城镇化发展期，人居环境科学研究百花齐放。

2011 年，吴良镛先生获得 2011 年度国家最高科学技术奖。近年来，在其人居环境科学学术思想的影响下，国内涌现了一大批以"人居环境科学"为研究领域的专家学者，取得了一系列的学术研究成果，并进行了广泛的实践应用。如赵万民及其所著《三峡工程与人居环境建设》《三峡库区新人居环境建设十五年进展 1994~2009》，陈秉钊及其所著《可持续发展中国人居环境》，潘碧华及其所著《先秦时期的三峡人居环境》，李志刚及其所著《河西走廊人居环境保护与发展模式研究》，周庆华及其所著《黄土高原河谷中的聚落——陕北地区人居环境空间形态模式研究》，王珏及其所著《人居环境视野中的游憩理论与发展战略研究》，赵炜及其所著《乌江流域人居环境建设研究》，杨旭东、朱军继、浦善新等编著的《新农村人居环境与村庄规划丛书》，郑晓云及其所著《桥头堡建设中的云南人居环境》，王纪武及其所著《人居环境地域文化论》，朱冬生及其所著《东西方人居环境比较美学：欧洲、杭州、苏州》，单军及其所著《建筑与城市的地区性——一种人居环境概

念的地区建筑学研究》，李晖、李志英及其所著《人居环境绿地系统体系规划》，周晓芳及其所著《生态线索与人居环境研究——以贵州喀斯特高原为例》等。

（3）重要分支，我国是一个多山的国家，山地城镇化发展问题具有特殊性和复杂性，山地人居环境科学研究应运而生。

我国是一个多山的国家，山地约占全国陆地面积的 67%，山地城镇约占全国城镇总数的 50%。山地集中了全国大部分的矿产、水能、森林等自然资源；山地区域是多民族的聚居地，是人类聚居文化多样性的蕴藏地；同时，山区是地形地貌复杂、生态环境敏感、工程和地质灾害频发的地区。我国改革开放 30 余年来，城镇化稳定发展，在促进经济高速增长的同时，也对生态环境维育、土地资源节约、地域文化延续等方面产生了较多的负面影响。这种影响随着城镇化发展的逐渐深化，正逐步从平原地区向山地区域扩展。受山地地形地貌影响，山地人居环境建设有其特殊性，需要针对山地城镇化过程中出现的现实问题，开展相应的适应性研究，在此背景下，山地人居环境科学的相关研究应运而生。经过近 20 年的发展，依托重庆大学"城市规划"国家重点学科、"山地城镇建设与新技术"教育部重点实验室等科研平台，在三峡库区等典型山地区域开展"人居环境科学"的理论研究与实践工作，将人居环境科学的普遍规律与中国山地城镇化建设的实际情况结合起来，凝练科学问题、培养人才队伍、创建山地人居环境科学创新研究群体和"山地人居环境学"的理论体系，服务山地城乡建设。

2.2.3 三峡库区相关研究

三峡自古以来就是近 6400 公里长江上最引人注目的一段，三峡大坝的修建更是使得三峡库区成为世人关注的焦点，吸引了国内外大量学者的目光，开展并完成了大量的相关研究。据百度搜索引擎检索，以"三峡库区"为关键词，

搜索结果达到了500余万条。经资料收集与整理，发现近年来三峡库区的相关研究主要集中在"三峡库区人居环境建设"、"三峡库区移民安置"、"三峡库区地质灾害防治"、"三峡库区综合污染治理"、"三峡库区水土保持与水源涵养"、"三峡库区资源开发与产业发展"等六个方面。

其中"三峡库区人居环境建设"方面，重庆大学建筑城规学院赵万民教授经过近20年的持续跟踪研究，开展并完成了一批"三峡库区人居环境建设"相关的研究专著与论文[1]；"三峡库区移民安置"方面，代表研究学者雷亨顺先生撰写了《中国三峡移民》（2002），书中全面系统地阐述、研讨了三峡移民的相关理论、方针、政策和实践问题，并就其中的移民工作和移民问题、三峡工程移民方针进行了重点调查和研究，提出了发人深省的观点和认识[2]；"三峡库区地质灾害防治"方面，主要的研究学者包括殷跃平、文海家、郭跃和赵纯勇等[3]；"三峡库区综合污染治理"方面，主要的研究学者包括黄真理、李锦绣、徐小清、蒋丹璐、丁恩俊和赵刚等[4]；"三峡库区水土保持与水源涵养"

方面，主要的研究学者包括杜佐华、廖纯艳、马志林、郭宏忠、王鹏程等[5]；"三峡库区资源开发与产业发展"方面，主要的研究学者包括欧春华、魏大鹏、赵大友、王钟等[6]。

总的来看，关于三峡库区的研究很多，涉及的方面也较为全面，但目前还未见有学者从生态系统服务的视角，以推动生态建设与经济建设协同发展为目标，系统地探讨应对三峡库区生态保护与经济发展冲突的问题，本书的研究，正好填补了这一研究空缺。

2.3 库区生态保护行为的经济激励效用缺失分析

2.3.1 人们缺乏从事生态保护行为动机的经济分析

在我国市场经济大发展的当下[7]，生态保护所蕴含的价值大多游离于市场机制之外或被严重低估，导致受经济因素的影响，人们往往不愿从事"价值缺失"的生态保护行为。究其原因：

---

① 《三峡库区人居环境建设发展研究——理论与实践》（2015）、《山地人居环境七论》（2015）、《三峡库区新人居环境建设十五年进展1994–2009》（2011）、《三峡库区人居环境建设综合交通体系研究》（2008）、《三峡库区人居环境建设的社会学问题研究》（2011）、《三峡区域新人居环境建设研究》（2011）等。

② 自1997年以来雷亨顺先生还撰写了《可持续发展移民初探》、《开发性移民与可持续发展移民》、《三峡移民外迁对人与自然协调发展的意义》等论文。

③ 主要研究成果有《三峡库区地质灾害防减灾战略关键问题》、《三峡工程移民迁建区灾害地质体改造与利用研究》、《长江三峡库区地质灾害研究体系构想》等。

④ 主要研究成果有《三峡库区农业面源污染控制的土地利用优化途径研究》、《三峡水库水环境容量计算》、《三峡库区及上游流域生态补偿机制与水污染管理研究》、《三峡库区水资源污染问题及对策研究》、《三峡库区非线性延迟的环境效应及其防治对策》等。

⑤ 主要研究成果有《三峡库区水土保持与生态环境改善》、《三峡库区坡耕地水土流失特征及防治效应研究》、《三峡库区水土流失防治的实践与发展对策》、《三峡库区森林植被水源涵养功能研究》等。

⑥ 主要研究成果有《三峡库区新型工业化发展研究》、《三峡库区生态经济发展战略研究》、《三峡库区渝巫生态经济带产业构建与发展研究》、《三峡库区产业结构的分析及其调整升级的研究》、《产业空虚化对三峡库区经济金融发展的影响与对策》等。

⑦ 十一届三中全会后，我国进入"改革开放"大发展时期（1981年以来），进行了深入而全面的经济体制改革。为激活经济活力，开始不断缩小计划直接管理的领域，逐步扩大市场作用的范围，并在中国共产党第十四次全国代表大会（1992年）上明确提出"我国经济体制改革的目标是建立社会主义市场经济体制，以利于进一步解放和发展生产力"，确立了"社会主义市场经济体制"作为我国基本经济制度的法定地位，开始在坚持我国社会主义基本制度的前提下，加快发挥市场在资源配置过程中的基础性作用。到十八届三中全会（2013年）明确提出"让市场在资源配置中起决定性作用"。

一是私人成本与社会成本[①]出现了明显偏离。在市场机制下，价格这只"看不见的手"，只有在私人成本与社会成本相一致的情况下，才能协调好私人与社会的共同利益。否则，私人收益和社会收益会出现分歧，在市场机制影响下，往往个体行为的选择会导致社会负担的进一步加大（图2-8）。

二是私人收益与社会收益存在明显差别，生态系统服务价值被低估或忽略。如一片土地上是建设工厂还是种植森林，人们往往会不加思考地选择建设工厂，因为工厂带来的经济效益会比种植一片森林靠出售木材获得的收益大得多也实现快得多，但却往往忽略了森林可以给人们带来自然的、美的享受，可以吸收二氧化碳等温室气体，可以为动物提供生存环境，

可以优化空气质量使人们生活得更健康等服务，但这些为社会带来巨大收益的服务的价值多无法通过市场与价格予以体现，并反馈给行为人。因此，我们一个个经济行为人往往难以作出选择社会收益大于私人收益的行为（图2-9）。

三是生态系统服务的"不可消费性"。生态系统服务往往具有"非竞争性"和"非排他性"[②]，多被惯性地当成一种典型的"公共物品"，多被认为任何人对其的消耗都不会影响到其他人对该物品的消耗，同时生态系统服务的供给者往往被默认成了"大自然"，且是无穷的，无法排除任何人免费享用的。由此导致在"商品经济"中，生态系统服务往往难以"被消费"，人们都在免费地、随意地享受生态系统服务，也正在一同承担着生态环境恶化带来的恶果。正是生

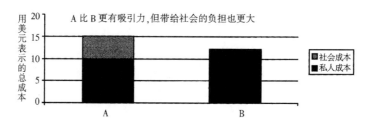

A方式的私人成本（10美元）较低，但社会成本（15美元）高于B方式。在市场机制下，
行为人个体往往会选择A方式，从而造成社会负担加大（生态环境恶化）。

图2-8　市场机制中个人行为的成本差异分析

资料来源：[美]杰弗里·希尔著，胡颖廉 译. 自然与市场：捕获生态服务链的价值[M]. 北京：中信出版集团.2006，P26.

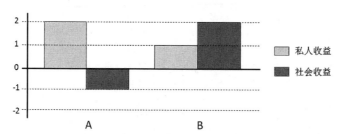

A行为的私人收益是2个单位高于B行为，但社会收益远小于B行为。在市场机制下，
行为人个体往往会选择A方式，从而带来社会收益的整体缩减（生态环境恶化）。

图2-9　市场机制中个人行为的收益差异分析

[①] 私人成本是指个人或企业从事某项活动所需要支付的费用；社会成本是指全社会为了这项活动需要支付的费用，包括从事该项活动的私人成本和这一活动给其他社会成员带来的成本。

[②] "竞争性"指商品的消费者存在着竞争，即某商品在被某人消费之后，其他人就不能再消费该商品了；"排他性"是指只有对商品支付价格的人才能消费商品。

态系统服务的这种"公共物品性"导致完全自由放任的市场机制难以对其实现有效调控。如某个人为了能够呼吸更洁净的空气，就自己动手来净化环境，结果是周围的人都因为那个人的这一举动而呼吸到更洁净的空气，尽管他们什么都没做，这种典型的"搭便车"现象如果难以避免，行为人个体也就缺乏了消费生态系统服务和从事生态环境保护行为的动机。

2.3.2　市场经济条件下生态保护行为动机提升策略

社会主义市场经济是一种特定的市场经济。杰弗里·希尔（Geoffrey Heal）认为："市场经济体制发挥作用，是通过赋予人们进行商业行为的机会，让他们为社会和他人提供所需的商品和劳务，从而增加自己的收入。在市场经济中这样的机会可以赚取收入（利润），它们推动着人们的经济行为，激励人们去提供商品和劳务"，"……不同经济行为的相对收益率决定了其吸引力"，"……价格在激励引导中扮演着重要的角色"。亚当·斯密（Adam Smith）认为："每一个个体……只在乎他自己的保障，他自己的收益。……个体通过追求自身的利益来促进公共利益提升，往往比他真正打算促进公共利益提升时更为有效。"

> 无形之手：利润 = 收入 − 成本 = 产出价格 × 产出数量 − 投入价格 × 投入数量

一是建立私人成本与社会成本的共轭机制。个体经济行为的私人成本往往远低于社会成本，两者的偏离是造成生态环境恶化的根本原因。在社会主义市场经济条件下，通过建立私人成本与社会成本的共轭[1]机制，强化私人成本与社会成本的关联性，为个人的经济行为划定环境保护红线，如在量化的基础上，为社会成本（本书主要指生态资本[2]的消耗）设定一个标准，当经济行为带来的社会成本超过这一标准，可通过增加税收、建立配额市场等经济手段大量增加私人成本，强制拉近私人成本与社会成本。

二是提高个体经济行为中私人利益与社会利益的正相关性。目前个体经济行为中私人利益与社会利益的脱节，是造成生态环境保护"雷声大雨点小"、"政府行为多，个人行为少"、"短期建设火热、长期维护冷清"现状的主要原因。正如亚当·斯密所说"个体通过追求自身的利益来促进公共利益提升，往往比他真正打算促进公共利益提升时更为有效"。我们要解决这一问题，应赋予生态环境保护行为经济属性，并尝试提高私人利益与社会利益的正相关，以求人们在开展日常的经济活动中追求私人利益最大化的同时带来社会利益的更快的增长，建立自然生态环境保护与优化的长效机制，如大力发展生态产业（eco-industry）[3]；利用社会主义制度优势，对个人或企业涉环保的经济行为加大补贴力度；加大环保宣传，提高公民环保意识等。

> 生态经济行为的私人收益 = 交易收入 + 政府补贴
>
> 经济行为的成本 = 私人成本 + 税收 + 配额的价格 = 社会成本
>
> 有利于生态保护的经济行为利润 = 私人收益 − 社会成本

三是赋予生态系统服务"商品性"，培育生态系统服务交易市场。生态系统服务往往独

---

[1] "轭"本意是指两头牛背上的架子，是"轭"保证了两头牛的同步行走。"共轭"即为按一定的规律相配的一对。

[2] "生态资本"是指能够带来经济和社会效益的生态资源和生态环境，主要包括自然资源总量、环境质量与自净能力、生态系统的使用价值以及能为未来产出使用价值的潜力等内容。

[3] "生态产业"是指按生态经济原理和知识经济规律组织起来的基于生态系统承载能力，具有高效的生态过程及和谐的生态功能的集团型产业。是包含工业、农业、居民区等的生态环境和生存状况的一个有机系统。将生产、流通、消费、回收、环境保护及能力建设纵向结合，将不同行业的生产工艺横向耦合，将生产基地和周边环境纳入整个生态系统统一管理，谋求资源的高效利用和有害废弃物向系统外的零排放。

立于市场之外，但却真实地影响着整个社会的福利。如何逐步将生态系统服务引入市场，利用市场机制来调控人类与自然生态环境的互动，通过市场来影响和促使人们节约利用资源，加大环境保护投入就显得尤为重要了。市场在保护有限资源方面拥有强大的力量，如受 20 世纪七八十年代国际石油（一种典型的生态系统服务）价格上扬的影响，导致全球石油消耗量明显下降，同时推动了低耗油技术、替代能源技术的快速发展。又如全球变暖加剧的当下，1997 年《京都议定书》首次提出将二氧化碳排放权作为一种商品，形成了二氧化碳的交易（一种典型的配额市场），在环保名义下新的经济增长亮点正在形成，同时为实现全球或区域二氧化碳排放的有效控制创造了可能。

四是建立生态系统服务中公共资源的维护与优化保障。生态资源是大自然赋予人类的共同财富，将生态系统服务引入市场机制不是简单将生态系统服务商品化，更不是推行生态资源的私有化，这是我国特殊国情和社会主义制度所不允许的。生态系统服务的商品化有其特殊性，必须在保证广大人民群众享有更优质的、具有公共资源属性的生态系统服务的基础上，才能去尝试建立生态系统服务的市场激励机制（图 2-10）。

五是基于社会主义市场机制建立科学的环境保护市场引导。市场机制能放大个体经济行为对生态环境的保护作用，但在错误的导向下，也能极大地放大个体经济行为对生态环境的负面破坏作用。如目前我国旅游业快速发展的同时，由于市场的粗放发展及管理水平、公众意识的滞后，给许多原本环境优美、保护良好的自然生态区域带去了更多的、无法承受的干扰，这就背离了我们发展生态经济的本意。

2.3.3 生态系统服务引入市场机制要点分析

当前生态系统服务低价甚至免费的、肆意的消费，带来生态系统服务功能的整体下降，使得人们开始更加关注生态系统服务价值，希望通过市场在人类和生态环境之间添加一个新的经济杠杆，保障生态系统这一"生产资料"获得必要的维护经费。但由于受生态系统本身的复杂性、各项服务间的紧密关联和相互依赖性等因素的影响，生态系统服务价值的衡量和市场体现存在着困难，多数相关研究还停留在理论探讨层面，价值的货币化评估也多脱离市场，缺乏相关市场及其人类市场行为的分析，实际指导意义有限，同时生态系统服务市场体系也亟待建立。比如科斯坦萨（Costanza）1997 年在《世界生态系统的价值服务和自然资本》一书中，采用经济价值评估的方法估算了 16 个生物群落的生态系统服务价值，平均为每年 33 万亿美元，而全球的国民生产总值为 18 万亿美元，开创性地提出了生态系统服务价值评估的理念，并创新地建立了一种评估生态系统资产的方法，对于推动以市场为基础的生态保护长效机制的创新探索起到了重要的推动作用，虽然其估算结果存在很大争议。

生态系统服务在市场经济中的价格取决于需求和供给状况。研究发现，目前受生态资源越来越有限的影响，生态系统服务的供给正在变得"稀缺"，同时在生态环境恶化的负面影响下，人们对生态系统服务的需求正在增强。在供给能力的下降和需求量的增加的影响下，生态系统服务的潜在市场价值正在提升。同时包

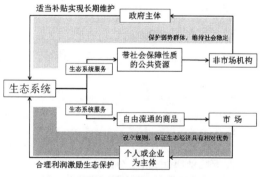

图 2-10 公众利益的保障是生态系统服务引入市场机制的前提

括生态系统服务在内的任何物品的需求都是消费者主观偏好和客观能力的统一，也就是包含来自消费者的偏好形成的主观需求和受到消费者收入预算约束的有购买能力的需求，也称为有效需求 [①]。有效需求决定了生态系统服务的市场价格（表 2-2）。

同时，受生态系统服务自身公共物品属性的影响，研究发现要将生态系统服务的价值与市场挂钩，我们应在承认部分生态系统服务难以引入市场机制的客观事实的基础上，基于生态系统的难以分割性和生态系统服务的关联性特征，基于"以点带面"的思想，通过梳理厘清能够进入市场的生态系统服务，以其作为生态系统的"市场价值抓手"和经济价值实现基点，在中国特色社会主义市场经济制度下，通过调控与引导其市场价格的形成，来促进生态系统服务市场价值向经济价值的整体回归（图 2-11）。

生态系统服务有效需求影响因素　　　　　　　　　　　　　　表 2-2

序号	影响因素	影响效应	备注
1	服务的必要性	由于市场消费行为中存在竞争性，越是属于刚性需求的生态系统服务往往有效需求量越大，其受价格影响较小	生态系统服务由于受外部效应的影响，致使其价值大多难以通过价格体现
2	服务的有限性	物以稀为贵，相对于"较大"的需求，越稀缺的生态系统服务市场价格一般相对越高	生态系统服务由于受供给的相对"无限"特征影响，需求往往难以和价格挂钩
3	商品自身价格	一般来说一种商品的价格越高，该商品的需求量就会越小	
4	消费者收入	对于大多数商品来说，当消费者的收入水平提高时，就会增加对商品的需求量，这类商品称为正常品。而对于另一些商品，当消费者的收入水平提高时，则会使得需求量减少，这类商品被称为低档品	
5	消费者偏好	偏好是消费者对商品的喜好程度，其同商品的需求量之间成同方向变动	
6	替代品 [①] 的价格	一般来说相互替代商品之间，某一种商品价格提高，消费者就会把需求转向可以替代的商品上，而导致替代品的需求增加，被替代品的需求减少	
7	互补品 [②] 的价格	在互补品之间，当其中一种商品价格上升，需求量降低，会引起另一种商品的需求随之降低	
8	对未来价格的预期	如果消费者对某种商品的预期价格是上涨的，就会刺激人们提前购买；如果预期价格下跌，则消费者往往会推迟购买	
9	其他因素	如商品的品种、质量、广告宣传、地理位置、季节、气候、国家政策、风俗习惯等等都会影响商品需求量	某种商品的市场需求量及其变化往往是诸多因素综合作用的结果

注：① 替代品是指使用价值相近、可以相互替代来满足人们同一需要的商品，如洗衣粉和肥皂、植物油和动物油、石油和天然气等等。
　　② 互补品是指使用价值上必须相互补充才能满足人们某种需求的商品，如钢笔和墨水、家用电器和电等。

[①] 有效需求指预期可给雇主（企业）带来最大利润量的社会总需求，亦即与社会总供给相等从而处于均衡状态的社会总需求。

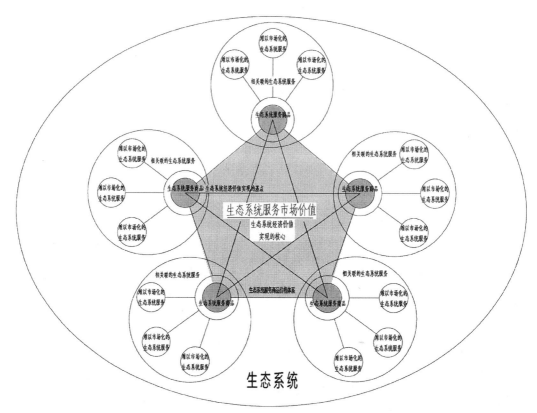

图 2-11　市场条件下的生态系统服务价值回归逻辑图

2.4　库区生态系统服务赋予生态保护行为动机的经济逻辑构建

2.4.1　经济系统中的行为动机分析

"经济系统"是当前经济学研究的一个重要领域，生产力和生产关系是其不可分割的两个方面，生产力（即人类的经济活动）和生产关系（即经济活动的社会形式）在一定地理环境和经济下"对立统一"形成有机体就形成了"经济系统"[①]。从"运行"和"分工"两个不同的角度，又可以将"生态系统"具体理解为"人类在社会再生产过程中的生产、分配、交换和消费过程的有机体"或"由工业、农业、商业、交通运输、能源、矿产等国民经济部门构成的有机体"[②]。

经济系统是人工系统，"人"是经济系统的主体要素，人的主观意志和偏好对经济系统运行有着重要的影响。"人"从自然中获取生产资料，经过社会再生产，生产出劳动产品，在"行政干预"和"市场"的双重作用下，通过"社会组织过程"完成劳动产品的"分配"与"交换"，在此过程中消费者完成了消费行为，满足了消费者部分消费需求，其剩余的消费需求将引导社会再生产的持续进行，其中生产过程、流通过程、消费过程中相关的人工系统均同自然生态系统发生了物质、能量以及信息流的交互（图2-12）。由此可见，经济系统的实质是以"人"为核心的人工系统，人的经济行为决定了经济系统运行及物质、能量和信息流动的特征，同时人的经济行为兼具确定性和不确定性特征[③]。

---

① 刘国平.经济系统进化及动因[D].南京农业大学.2001，6，P16.

② 沈满洪主编.生态经济学[M].北京：中国环境科学出版社.2008，5，P47.

③ 张飞宇.经济系统中的不确定性及其结构化研究[D].中共中央党校.2013，4，P1-2.

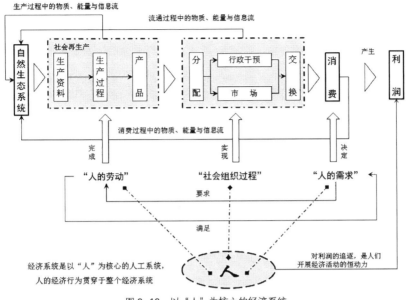

图 2-12　以"人"为核心的经济系统

"确定性"和"不确定性"是经济行为的两大方面，包括两个层面的内涵，从"信息获取"的层面来说，"确定性"是指人在从事经济活动时，实现了对相关信息的全面掌握，对经济活动带来的预期目标有着清晰的认识，最终经济活动带来的结果同预期相一致，这种状态即为经济活动的"确定性"；反之，由于人们在从事经济活动时，由于对相关信息的缺失，导致经济活动的结果与预期出现明显偏差，人们无法准确掌握经济活动的结果，这种状态即为经济活动的"不确定性"。而从"价值目标"的层面来说，经济活动的开展受"人"个体行为动机的影响，其中当人类"完全理性"地从事经济活动时，将以实现自身"物质性补偿的最大化"为唯一目标，作为"自利的理性人"在这种典型的"经济人"[①]状态下，其经济行为具有"确定性"特征；而当人类在"非理性"状态下从事经济活动时，实现个人经济利益最大化不再

是唯一目标，其经济行为将更多地具有"不确定性"特征。在全球化、信息化高度发展的今天，由相关信息缺失导致的经济行为不确定性明显降低，同时随着市场经济的快速发展，对个人经济目标的追逐往往成为人们开展相关行为的首要动机。

2.4.2　经济系统导向生态保护相关行为的客观要求

为应对生态保护与经济发展的激烈冲突，提升生态目标与经济目标的一致性，引导人们以更有利于生态保护的方式去实现自己合理的经济诉求，关键在于提升生态保护相关行为中的两个正相关。

一是提升生态保护相关行为中的私人收益与社会收益的正相关性。目前个体经济行为中私人收益与社会收益的脱节，是造成生态环境保护"雷声大雨点小"、"政府行为多，个人行

[①] 即经济学中的"经济人假设"，即假定人思考和行为都是目标理性的，唯一地试图获得的经济好处就是物质性补偿的最大化。1978 年诺贝尔经济学奖得主西蒙修正了这一假设，提出了"有限理性"概念，认为人是介于完全理性与非理性之间的"有限理性"态。

为少"、"短期建设火热、长期维护冷清"现状的主要原因。正如亚当·斯密所说"个体通过追求自身的利益来促进公共利益提升，往往比他真正打算促进公共利益提升时更为有效"，我们要解决这一问题，应赋予生态环境保护行为经济属性，并尝试提高私人利益与社会利益的正相关，以求人们在开展日常的经济活动中追求私人利益最大化的同时带来社会利益的更快的增长，建立自然生态环境保护与优化的长效机制，如大力发展生态产业（eco-industry）；利用社会主义制度优势，对个人或企业涉环保的经济行为加大补贴力度；加大环保宣传，提高公民环保意识等。

二是提升生态保护相关行为中的私人成本与社会成本的正相关性。个体经济行为的私人成本往往远低于社会成本，两者的偏离是造成生态环境恶化的主要原因之一。在社会主义市场经济条件下，通过建立私人成本与社会成本的共轭机制，强化私人成本与社会成本的关联性，为个人的经济行为划定环境保护红线，如在量化的基础上，为社会成本（本书主要指生态资本①的消耗）设定一个标准，当经济行为带来的社会成本超过这一标准，可通过增加税收、建立配额市场等经济手段大量增加私人成本，强制拉近私人成本与社会成本。

2.4.3 生态经济耦合系统与行为动机提升的经济逻辑构建

（1）生态经济耦合系统构建

生态系统与经济系统是两个相互关联、相互影响，又相差相异的系统，具有典型的耦合关系特征，借鉴控制论的"系统耦合"理论②，

可通过采取相应措施进行引导、强化，促进两者良性的、正向的相互作用，相互影响，形成新的高级系统，从而实现两者的优势互补和共同提升，兼顾生态利益与经济利益，便于我们梳理清晰生态保护行为动机提升的内在逻辑。

生态系统服务具有典型的生态属性和经济属性，其作为在人类聚居过程中，生态系统在人类行为影响下或自然形成过程中，为优化人类聚居品质，改善人居环境提供的有益的、有价值的服务，它来源于生态系统，又全面地关系到人们的福祉，为人们所需求，有着极大的价值潜力。可见，一方面人们为改善自己的人居环境品质，必然会寻求更好的、更为优质的生态系统服务；另一方面，更好的、更为优质的生态系统服务需要通过人们的劳动去创造，生态系统服务的价值将得到更好的体现；同时，往往人们在创造更好的、更为优质的生态系统服务的过程中就有效地推动了生态建设的发展。因此，本书选取生态系统服务作为耦合介质，构建了生态系统与经济系统的高级耦合系统（图2-13）。

（2）行为动机提升的经济逻辑构建

①从生态系统向经济系统延展的角度。在"以人为本"思想的指导下，以"人居环境系统"为代表的生态系统和经济系统均可理解为

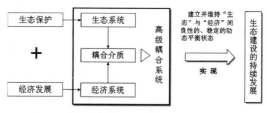

图2-13 基于生态系统与经济系统建立高级耦合系统

---

① "生态资本"是指能够带来经济和社会效益的生态资源和生态环境，主要包括自然资源总量、环境质量与自净能力、生态系统的使用价值以及能为未来产生使用价值的潜力等内容。

② 近年来，"系统耦合"的相关研究不再局限于农业生态系统和生态系统内部子系统间，"生态、经济、社会"等大系统间的系统耦合研究开始兴起，通过耦合关系分析及系统多维对接耦合，可以有效地解决系统间的失调发展问题，确保各系统的相互协调和共同发展，利用耦合关系模型，诸多学者从定性角度探讨了生态与经济系统的协调发展（张青峰等，2011）。

受人类行为影响的复杂系统。人居环境系统的本质是"人与环境"的关系，其中"居住系统、支撑系统、自然系统"三大子系统属于"环境"的范畴，研究的是人工、半自然以及自然生态系统的科学规律，这三大子系统是"生态系统服务功能"的载体，其结构与运行状态直接影响到"生态系统服务功能"的质量，且可通过采取适宜的人类行为，获得提升；"人类系统、社会系统"两大子系统属于"人"的范畴，研究的是作为"个体人"和作为"社会人"的有关机制、原理，这两大子系统具有对"人类行为"直接影响和规范的作用，当"人"受经济利润的吸引，在从事提升"生态系统服务功能"的行为时，其实质成为了经济系统中的"生产者"，也是实际的"生态保护者"，改变了生态保护主体缺失的状况。

②从经济系统向生态系统延展的角度。基于人们对"生态系统服务"消费的需求，"生产者"目的明确且主动地对生态系统予以保护和完善，以提高生态系统服务功能，为更好地产出"生态系统服务"创造条件。在此过程中，"生态系统服务"具有了"产品"和"商品"的特征，在"市场"作用下，将给"生产者"带来"利润"，由此为人们从事生态保护活动提供了充分的经济激励动机，经济目标与生态目标获得了统一，为库区的可持续发展提供了保障（图 2-14、表 2-3）。

2.4.4 我国生态系统服务引入市场机制的实践探索

随着生态资源价值认识的深化，为更好地发挥市场在生态保护中的促进作用，以 1997 年《京都议定书》确定的"二氧化碳排放权交易"为起点，全球对于如何将生态资源引入市场机制进行了积极的探索，我国近年来也重点在"污染物净化"、"绿色产品供给"、"生物多样性保持"等方面推进了市场机制引入实践的探索。

（1）"污染物净化"方面市场机制引入的实践探索

目前我国在"污染物净化"方面引入市场机制的尝试主要集中在"碳排放权交易市场"的建设。碳交易是当前世界公认的抑制全球变暖的有效手段之一，我国是发展中国家，虽然不承担减排义务，但作为负责任的大

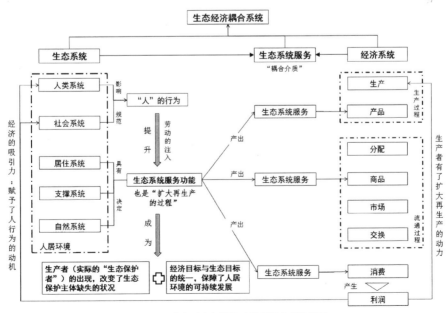

图 2-14　生态系统与经济系统的耦合系统模型

生态系统服务赋予生态保护行为动机提升的经济逻辑　　　　　　　表 2-3

述求	系统构成	特征	经济逻辑	目标导向
生态利益诉求	人类系统、社会系统	行为主体	当"人"受经济利润的吸引，在从事提升"生态系统服务功能"的行为时，其实质成为了经济系统中的"生产者"，也是实际的"生态保护者"，改变了生态保护主体缺失的状况	提升生态保护相关行为中私人成本与社会成本的正相关性
	居住系统、支撑系统、自然系统	生态系统服务载体		
经济利益诉求	生态系统服务的生产过程	产品	在经济过程中，"生态系统服务"具有了"产品"和"商品"的特征，在"市场"作用下，将给"生产者"带来"利润"，由此为人们从事生态保护活动提供了充分的经济行为动机	提升生态保护相关行为中私人收益与社会收益的正相关性
	生态系统服务的流通过程	商品		
	生态系统服务的消费过程	利润		

国和世界上最大的碳排放量供给国，为应对全球变暖，也积极地参与到世界性的节能减排行动中，加快了碳交易市场的发展。早在 2005 年我国就启动并完成了首个与国际社会合作的碳汇项目——"中国东北部敖汉旗防治荒漠化青年造林项目"[①]；2008 年北京环境交易所、上海能源环境交易所、天津排放权交易所相继建立，标志着我国碳交易市场发展的正式起步。"十二五"时期，碳交易更是作为一种实用有效的温室气体排放控制措施，被作为一项重要内容纳入到《"十二五"控制温室气体排放工作方案》（以下简称《工作方案》），《工作方案》明确提出"逐步建立国内碳排放交易市场，充分发挥市场机制作用，确定了在北京、上海、重庆、天津、湖北、广东和深圳 7 个省市开展碳交易试点"[②]，试点期从 2013 年 1 月 1 日开始，到 2015 年 12 月 31 日结束，推动"2015 年较 2010 年碳排放强度降低 17%"目标的实现，并以试点建设为基础，于 2016 年开始逐步建立全国碳交易市场。

2013 年碳交易试点建设启动前，我国碳交易更多地依托《京都议定书》确立的 CDM（Clean Development Mechanism，清洁发展机制），是一种基于国际碳汇交易市场的碳交易，具体内涵指同发达国家进行项目级的减排量抵消额转让，通过联合实施具有温室气体减排效果的项目予以实现，发达国家主要负责提供资金和技术（图 2-15）。截至 2009 年 11 月，我国在联合国注册的 CDM 项目达 671 个，占注册项目总数的 35.15%，获得经核准的减排量 1.69 亿吨，占核发总量的 47.15%，项目数和减排量均居世界首位[③]。依托国际碳汇交易市场有利于我国碳排放权交易市场早期的发展，一是有利于"碳排放权交易"理念在我国的启蒙、认同和普及；二是有利于引入发达国家的资金和先进减排技

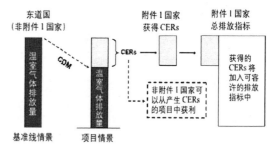

图 2-15　"清洁发展机制"原理示意

① 何英.中国森林碳汇交易市场现状与潜力 [J].林业科学.2007（7）：106-111.
② 国务院.国务院关于印发"十二五"控制温室气体排放工作方案的通知（国发【2011】41 号）[EB/OL].中央政府门户网站.http://www.gov.cn/zwgk/2012-01/13/content_2043645.htm.2012/1/13.
③ 周忠明.我国碳交易市场发展现状、存在问题和解决思路 [J].中国证券期货.2011（3）：13-14.

术，助力我国相关生产技术的升级换代；三是为建立我国自己的"碳排放权交易市场"，利用市场手段推动节能改造、植树造林、可再生能源利用等相关环保工作更好地开展，积累了必要的经验。但与此同时，受"CERs（Certified Emission Reduction，核证减排量）定价机制受控于欧美买家、我国碳排放产品在国际碳汇交易市场上缺乏竞争力、我国在国际碳交易中缺乏话语权和自由决定权"等因素的影响，我们越加清晰地认识到要更好地利用"碳交易"来推动我国环保事业的发展，离不开建立我国自己的"碳排放权交易市场"，而这也正是催生我国碳排放权交易试点的重要原因。

2013 年北京、上海、重庆、天津、湖北、广东和深圳等"两省五市"的 7 个碳交易试点建设工作正式启动，覆盖国土面积 48 万平方公里，人口 2.4 亿（2010 年）。2013 年 6 月 18 日深圳碳排放权交易市场开启，北京、上海、天津、广东碳排放权交易市场分别于 2013 年 11 月和 12 月开启，湖北、重庆碳排放权交易市场分别于 2014 年 4 月和 5 月开启，基本形成了较为全面的碳交易市场构建工作框架（图 2-16、表 2-4）。

建立"碳排放权交易市场"的前提是"总量控制"和"交易机制"，"总量控制"是指政府机构对二氧化碳等温室气体在一定时间内排放数量设定的一个总量限制，并给予调控范围内的企业、公司等温室气体排放源发放一定数量的排放权配额，配额总量不得超过总量限制；技术领先，实际排放低于配额的企业，其结余配额可通过市场交易的方式获取收益；而技术落后，实际排放大于配额的企业，则需额外购买排放配额[①]。在政府或相应管理机构的监管下，无指标排放的行为将受到停产或高额罚款等惩罚。

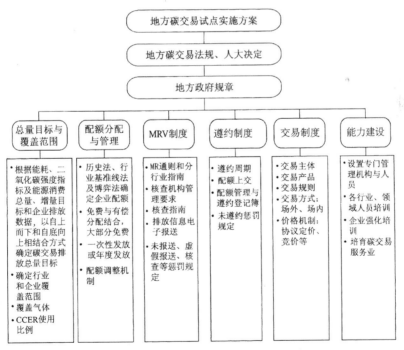

注：CCER 为中国核证减排量，MRV 为测量、报告与核查。

图 2-16　碳交易市场构建工作框架

资料来源：郑爽. 全国七省市碳交易试点调查与研究 [M].2014，9，P3

---

① 袁杜鹃. 我国碳排放总量控制与交易制度构建 [J]. 中共中央党校学报 .2014（10）：84-88.

重庆市、湖北省碳交易试点工作进展表 　　　　表 2-4

	地方法规	总量目标与覆盖范围	MRV	配额分配	违约处罚	交易规则
重庆	完成了《重庆市碳排放权交易管理暂行办法》，并已列入市人大立法计划	总量目标：约 1.3 亿吨二氧化碳／年； 范围：2008—2012 年任一年直接和间接排放 2 万吨二氧化碳当量以上的工业企业，约 254 家，占全市排放量的 39.5%； 气体：6 种温室气体，包括二氧化碳（CO_2）、甲烷（CH_4）、氧化亚氮（N_2O）、氢氟碳化物（HFCs）、全氟化碳（PFCs）、六氟化硫（SF_6）	制定了工业企业排放核算和报告指南，企业碳排放核算、报告和核查细则，核查工作规范	以历史排放中最高年度排放量为基准排放量，设定动态基准线，并应用多种调整方法，免费分配	未清缴的配额按配额月均价的 3 倍罚款	交易平台：重庆联合产权交易所； 交易主体：履约企业、机构和个人； 交易标的：CQEA（重庆排放许可），CCER（中国核证减排量）
湖北	已公布《湖北省碳排放权交易试点工作实施方案》，待出台管理办法	总量目标：约 3.2 亿吨二氧化碳／年； 范围：2010 年和 2011 年任何一年中年综合能耗在 6 万吨标准煤及以上的约 153 家工业企业，约占全省排放量的 33%，涉及化工、建材、冶金、电力、石油、化纤、食品饮料、汽车及其他设备制造、医药、造纸等行业； 气体：二氧化碳	制定了《温室气体监测量化和报告指南》，1 个通则和 11 个行业指南；制定了碳排放权交易核查指南，及第三方核查机构备案管理办法	历史法与"碳强度绩效奖励法"相结合，即企业 80% 的配额基于历史排放，20% 取决于企业"十一五"期间单位增加值碳排放下降率和行业平均下降率的比较；初期免费发放	对未缴纳的差额按照当年度碳排放配额市场均价的三倍予以罚款，同时在下一年度分配的配额中予以双倍扣除	交易平台：武汉光谷联合产权交易所； 交易主体：履约企业和减排项目开发者； 交易标的：HBEA（湖北排放许可），CCER（中国核证减排量）

资料来源：郑爽.全国七省市碳交易试点调查与研究 [M].北京：中国经济出版社 .2014，9，P5-6.

可见，近年来我国碳交易市场逐步发展，7 个试点地区基本建立了碳交易体系，碳排放配额规模达到了每年约 12 亿吨（其中广东 2013 年配额为 3.88 亿吨，规模最大；深圳 2013 年配额为 3000 多万吨，规模最小），涉及 20 多个行业，共覆盖 2000 余家企业、事业单位。截至 2014 年 4 月，试点合计交易量约为 311 万吨二氧化碳，交易额近 1 亿元人民币[①]，试点配额月均价格 26~78 元／吨。开展了卓有成效的试点建设工作，积累了经验，为全面推进我国碳交易市场建设奠定了良好的基础。

实践探索难免存在不足。当下我国碳排放权交易市场存在的问题主要集中在以下几方面：

① "碳排放权交易市场"的法制基础有待建立。目前我国碳交易市场的建设还处于试点阶段，没有国家层面的法律法规，只有试点地区地方政府各自探索性地出台了一系列地方法规，层级也不尽相同，均存在法律效力有限、市场制度设计无法可依的问题。法制是市场建立的基础，也是市场行为必要的限定，法制基础的欠缺，导致各试点市场均出现了一定程度的市场行为无序、监管失效等问题，制约了市场活跃。②总量控制目标确定后，覆盖范围的确定还有待完善。各试点在试点期均明确了各自的总量控制目标，如重庆市的目标是约 1.3 亿吨二氧化碳／年，在此基础上确定了碳市场覆盖范围。由于覆盖对象主要为高

---

① 郑爽 .全国七省市碳交易试点调查与研究 [M].北京：中国经济出版社 .2014，9，P365.

能耗、高排放工业企业，受试点区域有限的影响，存在相当数量的转移排放现象；未考虑我国特殊国情，保障型公共机构被一并或提前纳入碳市场范围，客观加大了社会保障压力。"该覆盖谁？先覆盖谁？"等问题还有待进一步理清。③测量、报告与核查（MRV）制度还有待完善，测量方法、报告形式和核查标准的一致性亟待提高。MRV 是"碳排放权交易市场"的基础性工作，制定和实施严格的 MRV 制度对于保障"碳排放权交易市场"的健康发展极为重要。目前各试点存在着"对 MRV 制度建设重要性认识不足，执行力度不够，地方指南与国家指南相冲突（如上海的 MRV 指南与国家发改委 2013 年 11 月颁布的 10 个重点排放行业的 MRV 指南）；测量方法五花八门，科学性难以保证；排放报告报送要求和形式还有待完善，企业自主监测存在一定的难度，信息化建设和主观认识也有待提高；第三方核查机构能力建设还有待提高，其核查工作的可靠性和准确性不尽人意，核查质量难以保证"等问题。④配额分配制度的公平、公正、公开性有待提高，有偿分配比例应逐步增加。目前各试点在配额分配机制建立中，均存在一定的分配不公现象，如对技术领先企业带来了"历史少排，配额少分"的负面影响，打击了技术积极更新企业的积极性，也不公平；均存在着配额分配缺乏监管的问题，碳交易市场建立后，配额分配的实质是利益的分配，需要建立严格的监管机制和公众参与的监督机制，来保证其分配的公正性和公开性，以避免腐败的滋生和为暗箱操作创造条件。同时，目前试点配额分配中免费分配占到了绝大部分，这也意味着配额相对应的污染是以牺牲公共利益为代价的，从长远来看，应逐步提高有偿分配的比例，更大程度地履行"谁污染谁治理"的原则，并将这一部分收入用于鼓励和补贴新能源使用等其他环保事业发展。⑤碳排放权的法律属性有待明确，碳交易平台不尽完善，配额二级

市场活跃度不足。目前碳排放权的法律属性还没有明确，是"公共资源使用权"还是"私有产权"，抑或"用益物权"还有待界定，产权归属的不清晰，造成大部分企业未将"碳排放权"纳入资产管理，客观上很大程度造成了企业参与配额买卖积极性不高的问题。同时，目前碳交易平台建设还不尽完善，如定价机制存在不合理、波动较大等现象。碳排放权配额的二级市场受规模小、缺乏全国性交易平台、交易方式单一（如"碳排放权抵消"等交易方式还有待推广）、管理制度（如广东配额可储存到来年使用）、交易流程不明确、央企或事业单位的特殊性等因素的影响，目前活跃度和参与度均较低。⑥"碳排放权交易市场"的监管机制构建和机构设置均有待完善，特别是奖罚规则的有效性亟待提高。目前我国碳排放权交易市场还缺乏"严密、灵活、对应能力强"的市场监管体制，相应的资金、人力等投入，专门的监管机构设置和系统建设均还严重不足。同时奖罚规则的有效性亟待提高，在罚则方面，目前各试点均存在处罚力度不足的问题，如在湖北省"超出年度排放配额 20% 或 20 万吨"就是企业的最大违约成本，在上海市"行政处罚最高额为30 万元"[①]，这样的处罚力度对于排放大户的企业来说，多是"九牛一毛"，缺乏约束力；在奖则方面，各试点更多是未予考虑，忽视了对企业参与积极性的激发。这都在一定程度上制约了碳排放市场的发展。

（2）"绿色供给服务"方面市场机制引入的实践探索

在工业化大发展的当下，绿色的、高品质的生态资源正在变得越来越稀缺，稀缺性决定了绿色生态资源的市场价值，"绿色供给服务"方面市场机制引入的实践探索主要集中在"绿色产品市场"、"可交易水权市场"两方面。

第一在"绿色产品市场"方面。

"绿色产品"一词最早出现在美国 20 世纪

---

① 郑爽. 全国七省市碳交易试点调查与研究 [M].2014，9，P137.

70 年代的环境污染法规中①，指生产过程及其本身低污染、低毒、可再生、可回收、节能、节水的一类产品，其价格往往较普通相同产品高好几倍，具有"技术先进性、环保性、经济性"三大特征。绿色产品市场的建立能促使人们消费观念和生产方式的转变，是以"市场调节"来实现环境保护目标的一种具体方式。为避免"酸柠檬效应"②影响市场健康发展，在发展绿色产品市场的同时，建立了相应的、严格的认证体系，并在绿色产品上贴有绿色产品标志。最早在 1978 年德国就已采用"蓝色天使"绿色标志，我国在 1993 年 5 月成立了"中国环境标志产品认证委员会"，并实行绿色指标认证制度，涉及食品饮料、家用电器、纺织品、建筑材料、儿童玩具、办公用品、汽车等方面，已渗透到人们生活的方方面面。21 世纪是绿色的世纪，随着人们绿色消费需求的不断增长，绿色产品市场有着巨大的发展潜力，同时，为应对绿色贸易壁垒，也要求我国积极发展绿色产品。据不完全统计，全球绿色产业市场在 2000 年已超过 3000 亿美元，消费比例达 15%~20%③。

实践探索难免存在不足。当下我国绿色产品市场存在的问题主要集中在以下几方面：①在经济方面，由于绿色产品消费需求受收入影响大，2002 年中国社会调查事务所的相关调查结果显示，在家庭人均月收入 300 元以下（代表贫困或温饱阶段）的被调查者中，近一半（47.5%）对选择有无绿色标志的商品持"没影响"的态度，仅 14.5% 选择了"影响较大"；而在家庭人均月收入 1000 元以上（代表小康阶段）的被调查者中，对选择有无绿色标志的商品持"影响较

大"态度的，则达到了 41.7%④。同时，消费者对于绿色产品的价格也极为在意，调查显示在绿色产品价格高于普通产品时，购买绿色产品的可能性不大，受调查者的 57.8% 表示"不购买"，且各收入阶层的比例均不低于 50%；受绿色价值难以评估的影响，"价格虚高"现象也较为普遍。可见绿色产品的市场接受度还有待提高，而价格因素的负面影响则需要降低。消费者的反应导致，目前绿色产品的开发和企业的绿色化改造在大量资金投入后，市场收益难达预期，资金周转周期被延长，客观决定了企业对于绿色产品开发和投身绿色产品市场的积极性必然有限。②在技术方面，目前我国绿色产品制造和加工工艺较为落后，大多数绿色产品还停留在初级加工阶段，其增值率仅约 1∶1.9，而国外一般能达到 1∶3 以上，部分绿色产品出口后，经外方再加工，其附加值可翻好几倍。因此，加快推动我国绿色产品制造和加工工艺革新，提高绿色产品加工深度，扩大绿色产品生产规模，有效提高绿色产业经济附加值，对于促进我国绿色产品市场的健康发展极为重要。③在观念方面，目前我国消费者对于绿色产业的消费意识还较低，同时受价格虚高和"酸柠檬效应"的影响，对于绿色产品的消费需求并不强烈，也存在"不敢消费"的现象。对于环保型绿色产品（环保效益更优，但对消费者不带来直接利益的绿色产品）⑤，我国绝大部分消费者更是缺乏消费的公益意识。以上现象，受我国"城乡二元结构"的影响，在农村地区表现得更为明显。这需要我们加大宣传和教育力度，让更多的人对绿色产品产生认同感，对绿

① 赵云君.影响绿色产品市场开拓的产业问题研究[J].生态经济.2006（5）：256-262.
② "酸柠檬效应"源于阿克尔洛夫的一个著名假设。指由于信息不对称，买家不愿支付较高价格购买不确定质量的商品，当价格低于一定水平时，此类优质商品的卖方将不愿再投入市场，从而使得此类商品市场被劣质商品所充斥的现象。这正是假冒伪劣商品充斥市场的主要原因。
③ 潘润泽，杨松贺等.试论培育绿色产品市场的策略[J].环境科学动态.2004（2）：44-45.
④ 宋桂元.我国"绿色产品"市场现状分析及对策[J].贵州商业高等专科学校学报.2004（6）：28-30.
⑤ 何建奎.发展绿色产业与开发绿色产品问题研究[J].生态经济.2005（8）：70-73.

色产品消费于生态保护事业的重要性有更清晰的认知。④在认证公信力方面，绿色产品认证是绿色产品市场的重要基础之一，在信息不对称的绿色产品交易过程中，显得尤为重要。目前我国绿色认证还处于发展的前期阶段，受技术条件有限、管理机制建设滞后等因素的影响，我国具有普遍公信力的"绿色产品认证"体系还有待建立。同时受"市场管理混乱、假冒伪劣绿色产品横行"①等因素的综合影响，我国绿色产品市场的"酸柠檬效应"不容忽视，已严重影响到绿色产品市场的健康发展。

第二在"可交易水权市场"方面。

我国的水资源量为 2.8 万亿立方米，居世界第 4，但人均水资源量仅为世界平均水平的 1/4 左右②。随着人们生活水平的提高和生活方式的现代化，我国用水量呈快速增长趋势，2012 年用水量占可利用水资源量的比例高达 68.1%，资源性缺水、水质性缺水、工程性缺水现象凸显，水资源保护和利用形势不容乐观。在此背景下，党的十八届三中全会要求"形成归属清晰、权责明确、监督有效的自然资源资产产权制度"，其中在水资源领域"推行水权交易制度"③正是一项重要内容。其核心在于利用水权交易市场的杠杆作用，促进水资源的合理分配和高效利用，优化用水结构，实现水资源的可持续利用，强化水资源保护。1992 年在爱尔兰都柏林召开的"水和环境国际会议"提出的"都柏林原则"，明确了"水在所有相关的竞争使用上具有经济价值，应该被作为经济商品"的原则，得到国际社会的认同和重视，人们担心的焦点集中在"水受其资源特性的限定，导致相关信息不确定

或难以获得，其商品化存在实施技术难度高的问题，同时由于水资源相关利益关联复杂，其使用过程可能会牵涉他人利益和社会公共利益，甚至对基本用水权保障造成障碍，带来人权危机"④。水资源因其具有"生存、生态、经济"三重价值，其使用类型也应分为三类，一类是用于满足人类基本生理需求的人权保障用水权，一类是用于满足特定生态系统健康运行和某种重要生态过程的最低数量和适当质量用水需求的生态环境用水权，一类是用于各类经济活动，支撑人类经济发展的经济用水权⑤。可见，"可交易水权"应集中表现为"经济用水权"。

实践探索难免存在不足。水资源作为一种"战略性资源"，长期以来其管理更多地以行政手段为主，更多地强调了水资源的公共物品属性，忽视了市场机制在水资源保护方面的积极作用。目前，我国"可交易水权市场"的建立还处于起步阶段，对于如何在保障水资源的生存价值和生态价值的前提下，划定"水权红线"，科学界定"可交易水权"的范围，规避水权交易可能引发的社会矛盾和水资源过度私有化等问题，还有待进一步研究。受此影响，我国"可交易水权市场体系"目前也并不完善，仍以政府主导的"行政性水权市场"为主，但在此基础上也有实施"阶梯水价"⑥等重大改革举措，"阶梯水价"机制强化了市场、价格因素在水资源配置、水需求调节等方面的作用，促进了企业和居民节水意识的提高，对避免水资源浪费发挥了积极作用。同时"自由水权市场"的活跃度、多元化发展均有待提高，特别是亟待探索明确市场机制推动水资源保护、改善水环境的作用

① 刘昌勇，吕宏艳 . 浅析我国绿色产品市场 [J]. 价格与市场 . 2002（6）：28-29.

② 冯尚友 . 水资源持续利用与管理导论 [M]. 北京：科学出版社 . 2000，P7-8.

③ 中共中央关于全面深化改革若干重大问题的决定 [N]. 人民日报 . 2013/11/16.

④ Carl J. Bauer. Against the Current：Privatization，Water Markets，and the State in Chile[M]. Kluner Academic Publishers. 1998，P9.

⑤ 胡德胜 . 我国可交易水权制度的构建 [J]. 环境保护 . 2014（2）：26-30.

⑥ "阶梯水价"是对使用自来水实行分类计量收费和超定额累进加价制度的俗称。

机制，并加快构建与之匹配的市场交易方式（图2-17）。由于市场建设的不完善，还导致部分水权交易行为表现为一种自发的、临时的、小规模的非正式行为，如在浙江温州、乐清等地的水库供水区，曾发生了农村和城市、种植业和养殖业用水需求冲突的现象，部分个体户为了得到投资大、效益好的养殖业的"救命水"，曾自发地与从事种植业的农民协商，要求高价转让水权，客观上促成了乐清从永嘉的楠溪江引水[①]。这些实际交易也表明了，水权交易市场的建设落后于水权交易实践的发展需求。

（3）"生物多样性保持"方面市场机制引入的实践探索

"生物多样性"是对一定时间、一定地区所有生物物种及其遗传基因和生态系统的复杂性总称，是一个描述自然界多样性程度的概念，其内涵通常认为包括遗传（基因）多样性、物种多样性和生态系统多样性三个方面，是人类社会可持续发展的生存支持系统[②]。"生物多样性"是地球生命几十亿年发展进化的结果，保持"生物多样性"是生态保护的重要内容之一，

"生物多样性保持"的重要性已得到了世界的广泛认同，到21世纪初就已有包括中国在内的近190个国家签订了《生物多样性公约》（Convention on Biological Diversity）[③]。我国拥有丰富的生物多样性资源，但近几十年来受工业化、城镇化超速发展的影响，生物多样性损失也随之扩大，"生态系统功能退化、物种资源消减"等问题已威胁到我国的可持续发展，生物多样性下降业已成为我国面临的重大环境问题之一。为此，我国近年来集中投入了大量的人力、物力，开展了大量"运动式"的保护行动，采取了很多"自上而下"的保护措施，政府很积极，社会反响很热烈，可个人的参与热情却并不高，特别是当保护要求同自身利益发生冲突时，保护成为空谈，生物多样性损失并未受到长期、有效的遏制，亟需探索新的保护策略。因此，重新审视生物多样性资源的价值，探索利用市场机制激发更为广泛的生物多样性保护动力的途径，建立保护"生物多样性"的长效机制，已成为当前我国保护生物多样性相关研究和工作的重点。但由于生物多样性经济价值大多具有"外

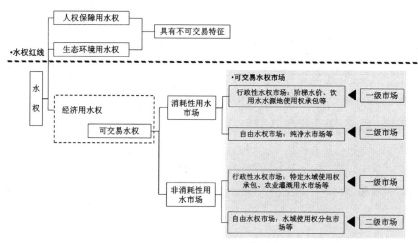

图 2-17　我国可交易水权市场发展现状

① 姚树荣，张杰. 中国水权交易与水市场制度的经济学分析 [J]. 四川大学学报（哲学社会科学版）. 2007（4）：108-112.
② 杨雪，张亚娟 等. 中国生物多样性经济价值与保护 [J]. 生物技术世界. 2014（7）：129.
③ 常进雄，鲁明中. 保护生物多样性的生态经济学研究 [J]. 生态经济. 2001（7）：60-63.

部性、公共性和不确定性"特征[①]，引入市场机制，捕获其经济价值存在较大的困难。这也直接导致我国"生物多样性保持"相关市场发展的相对缓慢。

"生物多样性"作为一种自然资源，其价值包含了"可利用价值"和"非利用价值"，其中"可利用价值"又分为"直接利用价值"、"间接利用价值"和"可能的利用价值"，而"非利用价值"主要表现为"存在价值"[②]。生物多样性市场从其内涵的角度，可分为"基因市场"、"物种市场"和"生态系统市场"三大门类，其中"基因市场"的建立主要基于"直接利用价值和可能的利用价值"，典型市场包括"医药品市场、转基因食品市场"等；"物种市场"的建立主要基于"直接利用价值、可能的利用价值以及存在价值"，典型市场包括"花木市场、宠物交易市场、动物园旅游休闲及其他附属市场"等；"生态系统市场"的建立主要基于"间接利用价值、可能的利用价值和存在价值"，典型市场包括"特定生态系统体验旅游市场（如以森林生态系统为主题的生态旅游市场等）、生态基础设施市场（如基于湿地保护与优化建设的污水生态治理市场等）"等（图2-18）。

目前，我国生物多样性市场还处于起步阶段，虽然取得了较快的发展，但同时还存在着一些问题。主要表现在：一是生物多样性市场对"生物多样性保持"的促进作用较低，更多地表现为对生物多样性资源的消耗性市场行为；二是生物多样性市场交易方式还有待创新，目前的市场交易方式多元度不足，活跃度较低；三是生物多样性的价值界定困难，导致已有市场对其经济价值的体现同生物多样性的实际价值存在较大偏差；四是生物多样性市场的交易平台、市场监管体系以及相关能力建设水平严重落后于生物多样性资源交易实践的实际需求，亟待提高。

（4）实践探索的经验总结

目前我国生态资源引入市场机制的探索还处于起步阶段，不管是"碳排放权交易市场"还是"绿色产品市场"，抑或"可交易水权市场"等，均是我国将生态资源引入市场机制的具体创新举措和尝试，生态资源将不再简单地被定性为"无限的、免费的、随意支取的公共资源"，而是具有价值的资源。党的十八届三中全会提出"经济体制改革是全面深化改革的重点，核心问题是处理好政府和市场的关系，使市场在资源配置中起决定性作用和更好发挥政府作用"，"要健全自然资源资产产权制度和用途管制制度，划定生态保护红线，实行资源有偿使用制度和生态补偿制度，改革生态环境保护管理体制"。不难发现，随着我国经济体制改革的深入，生态文明建设工作的全面开展，市

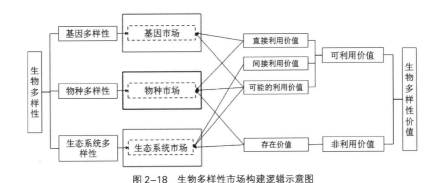

图 2-18　生物多样性市场构建逻辑示意图

①　徐慧，彭补拙. 国外生物多样性经济价值评估研究进展 [J]. 资源科学. 2003（7）：102-109.
②　郭中伟，李典谟. 生物多样性的经济价值 [J]. 生物多样性. 1998（8）：180-185.

场机制将在自然生态资源高效配置，充实生态保护的经济激励等方面发挥更大的作用。可见，发挥三峡库区生态资源丰富的优势，适时将生态资源引入市场机制，利用市场促进生态保护，对于推动库区人居环境可持续发展有着重要的支撑作用。

在此期间，由相关实践探索的经验看，为避免"市场脱缰"，我们需要重点注意以下几个指向的问题：

1）制度指向。社会主义是市场经济的前缀和限定，我国生态资源的市场机制引入，涉及公共利益和个人利益的再平衡，应以保证公共利益为最终价值衡量标准，避免其沦为另一场"圈地运动"。

2）目标指向。发展生态资源市场是以优化生态保护为最终目标，其实质是生态保护的市场激励机制。在此过程中，构建利于生态资源保护的市场行为作用或关联机制是关键。

3）价值指向。生态资源具有"生存、生态、经济"三重价值属性，在引入市场机制的进程中，经济属性的实现应建立在"生存、生态"价值得以保障的基础上，不能"舍本逐末"。

4）禀赋指向。由于生态资源自然禀赋差异大，公共物品属性特征突出，市场交易平台构建应大胆创新，交易方式应多元灵活，市场主体应包罗广泛，努力克服各种体制、机制障碍。

2.5 保障三峡库区可持续发展需要推动生态系统服务产业化发展

将市场机制引入生态保护领域，使生态系统的价值得以显化，以经济激励的方式引导更多人从事有利于环境保护的行为，是生态系统服务生态观的核心思想。但由于生态保护事业需要资金巨大，这要求我们必须推动生态系统服务的产业化发展，做大做强生态系统服务产业，才能有足够的经费引导足够多的人从事有利于环境保护的行为，才能为环境改善产生足够的效用（图2-19）。

2.5.1 生态系统服务的价值特征与市场潜力

（1）生态系统服务的价值特征

"人类和其他生物均是在自然的餐桌上汲取营养"（乔治·P·玛西，1984），生态系统服务其本质是生态系统为人类的生存和发展提供的各种各样的服务，兼具"生存、生态、经济"三重价值属性，正是能够满足人们的各种需求决定了其价值所在。

现今在生态系统服务价值的理解上存在着"劳动价值论"和"效用价值论"两种主要观点[①]。从"劳动价值论"的观点来看，生态系统服务功能的利用和保护需要投入大量的人类劳动，因此其价值体现在生态系统服务中物化

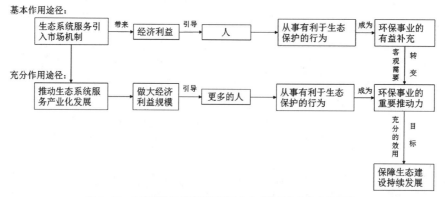

图2-19 生态建设的持续发展需要生态系统服务产业化的保障

---

① 李文华等著.生态系统服务功能价值评估的理论、方法与应用 [M].北京：中国人民大学出版社.2008，10，P37-39.

的社会必要劳动，价值量的大小取决于其中蕴含社会必要劳动的多少。蕴含的人类社会劳动越多，则价值量越大，反之则越小。从"效用价值论"的观点来看，生态系统服务能够满足人类的需求，但相对于人们无限多样和不断上升的需求来说，用于满足这些需求的生态系统服务越来越相对不足，并且随着其稀缺性的提高，其边际效用[①]不断提高，其价值的大小呈不断上升趋势。总而言之，生态系统服务因其蕴含大量的社会必要劳动及其对人类的"有用性"和不断突显的"稀缺性"，决定了生态系统服务是有价值的，并分为使用价值和非使用价值（表2-5）。

人类的需求具有变化性，就现阶段来说，

面对日益恶化的生态环境问题[②]，人们对清新的空气、洁净的水源、绿色的自然环境、安全健康的食材、宜人的气候等生态系统服务的需求正在变得越来越迫切（表2-6）。

自然生态环境持续恶化，生态系统服务失效，人类需求中的"生理需求"、"安全需求"部分重要服务内容出现满足缺失，人类甚至难以满足维持自身生存的最基本要求，生态系统服务优化迫在眉睫。

（2）生态系统服务的市场潜力

面对生态环境问题，为提升生态系统服务，我国政府和公益团体做了大量努力，投入了巨大的人力物力，但由于受其传统"公共物品属性"认识的影响，已开展的生态保护行为更多地表现

生态系统服务价值分类　　表2-5

序号	类别		内涵	特征
1	使用价值		指人类在当前或者未来某个期限内能够从该项生态系统服务功能中获得经济利益的价值	可通过市场获得经济收益
	其中	直接使用价值	指生态系统某种功能对于目前的生产或者消费能够产生直接影响，即能直接满足人类当前生产或者消费需求的价值	如食品、药品、休闲娱乐、原材料、燃料、基因等
		间接使用价值	指生态系统提供的某种服务功能不直接进入人类的生产或者消费过程，只是为人类正常的生产或者消费提供必要的保证条件，从而间接为人类提供相关经济利益	如营养循环、水域保护、减少空气污染、土壤保护、小气候调节等
		潜在（选择）价值	指生态系统提供的服务功能在当前还没有直接或间接使用，但是未来却可能被使用并为人类提供经济利益的价值	同"遗传价值"和"存在价值"存在一定的价值重叠
2	非使用价值		指与人类的道德观念相关，难以获得经济利益的价值	难以通过市场获得经济收益
	其中	遗传价值	指为后代保留生态系统服务功能价值的一种表现价值	
		存在价值	指人类主观对生态环境资本的道德评价，并从这种资源中获得道德上的主观满足，但没有获得某种经济利益	

资料来源：根据李文华等著．生态系统服务功能价值评估的理论、方法与应用[M]．北京：中国人民大学出版社．2008，10相关内容整理绘制。

---

① 边际效用指在一定时间内消费者增加一个单位商品或服务所带来的新增效用，也就是总效用的增量。边际的含义是增量，消费量变动所引起的效用变动即为边际效用。

② 2014年2月20日北京启动空气重污染黄色预警，北京持续10天陷入重度雾霾中。2月23日据环境保护部公布当天笼罩中国中东部的雾霾影响面积约143万平方公里。2月20日环境保护部通报了河南郑州大气污染治理督查行动中发现的主要问题有：一是面源污染问题十分突出；二是多家企业拒绝或阻挠督查组进入厂区进行执法检查；三是大气污染物的治理设施不正常运行，超标排放问题比较突出；四是一些企业的无组织排放情况较为严重；五是在城市周边小耐火材料加工作坊聚集，这个制造企业群，企业规模小，生产水平低，无任何污染治理措施，粉尘直接排放，大量生产原材料堆积在道路两侧，简易的生产车间内粉尘四溢。

人类需求与生态系统服务对应表 表 2-6

需求分级	人类需求		生态系统服务内容	生态系统服务类别
一级	生理需求			
	其中	呼吸	提供氧气，并吸收二氧化碳；净化空气，去除粉尘和各种有害气体	供给和调节服务
		水	提供清洁的淡水水源，并在水污染发生时，提供水质净化的服务	供给和调节服务
		食物	提供粮食、禽畜鱼肉食、水果蔬菜等	供给服务
		纤维	提供木材、棉、麻、丝、木燃料等	供给服务
二级	安全需求			
	其中	人身安全	提供气候调节、水文调节、水土流失防治、自然灾害防治服务	调节服务
		健康保障	提供生物遗传基因存储、疾病防控、精神寄托、美学享受、生态休闲娱乐等服务	调节和文化服务
三级	社会需求			
四级	尊重需求			
五级	自我实现需求		提供自我实现的工作领域	文化服务

为"政府性、公益性"行为，其"广泛性"和"持续性"难以得到保证，生态保护效果不尽人意。基于此，借鉴国外先进理念，打破生态系统服务难以市场化的怪圈，以市场机制"无形的手"来引导更多的人参与到优质生态系统服务的生产过程中，发挥经济系统的正反馈效应[1]，挖掘市场推动生态保护的巨大潜力[2]（图 2-20）。

2.5.2 生态系统服务的资源禀赋与资产属性

（1）生态系统服务的资源禀赋

在经济学语境下，生态系统服务是支持经济活动的典型资源[3]，是被人们需求的和可被利用的客观存在，具有使用价值，是能够给人类带来财富的财富，而生态系统则是生态系统服务的载体，是能够提供生态服务的资本[4]，"生态系统通过内部各部分之间以及生态系统与周围环境之间的物质和能量的交换，……直接和间接地为人类提供多种服务，在维系生命、支持系统和环境的动态平衡方面起着不可取代的重要作用"[5]（图 2-21）。

在生产环节，生态系统服务承担了生产要素和产品的角色。如生态系统为人们提供了供给纤维的服务，纤维成为人们生产纤维制品（衣服、棉被等）的主要生产要素；又如生态系统为人们提供的供给粮食的服务，粮食成为满足人们生理需求的重要产品。可见，生态系统服

---

① 沈满洪主编.生态经济学 [M].北京：中国环境科学出版社.2008，5，P57-58.

② 市场在保护有限资源方面拥有强大的力量，如受 20 世纪七八十年代国际石油（一种典型的生态系统服务）价格上扬的影响，导致全球石油消耗量明显下降，同时推动了低耗油技术、替代能源技术的快速发展。又如全球变暖加剧的当下，1997 年《京都议定书》首次提出将二氧化碳排放权作为一种商品，形成了二氧化碳的交易（一种典型的配额市场），在环保名义下新的经济增长亮点正在形成，同时为实现全球或区域二氧化碳排放的有效控制创造了可能。

③ 资源就是指自然界和人类社会中一种可以用以创造物质财富和精神财富的具有一定量的积累的客观存在形态，如土地资源、矿产资源、森林资源、海洋资源、石油资源、人力资源、信息资源等。按《经济学解说》（经济科学出版社，2000）的定义，其是"生产过程中所使用的投入"。

④ Herman E.Daly，等著，徐中民 等译.生态经济学——原理与应用 [M].郑州：黄河水利出版社.2007，9，P77.

⑤ 李文华等著.生态系统服务功能价值评估的理论、方法与应用 [M].北京：中国人民大学出版社.2008，P1.

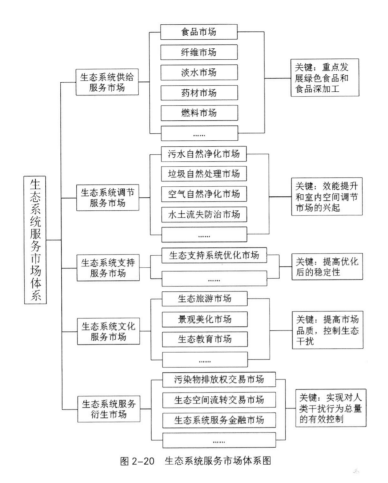

图 2-20 生态系统服务市场体系图

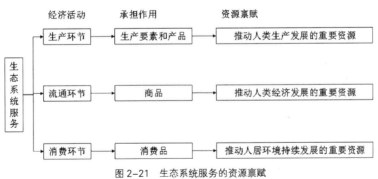

图 2-21 生态系统服务的资源禀赋

务正是推动人类生产发展的重要资源。

在流通环节，生态系统服务承担了商品的角色。生产者通过对生态系统附加劳动，获取特定的生态系统服务产品，通过交换，以满足他人的某种需要，在此过程中，在市场经济条件下，生态系统服务产品转化为商品，生产者通过它获取经济利益，从而为生产者满足其自

身需求创造了条件。如依托生态系统供给服务中的洁净水源供给，用于市场交易的矿泉水等。可见，生态系统服务正是推动人类经济发展的重要资源。

在消费环节，生态系统服务承担了消费品的角色。生态系统服务能够满足人们的各种需求，如生态系统提供的纯净的空气，满足了人们对健康呼吸的生理需求；生态系统提供的文化服务，满足了人们自我实现的需求，满足了人们对美的事物的向往，愉悦了人们的身心。可见，生态系统服务正是推动人居环境持续发展的重要资源。

（2）生态系统服务的资产属性

生态系统奠定了人类生存和发展的基础，它自古以来一直无私地满足着人类的各种需求，但随着工业文明的发展和人口规模的爆炸式增长，地球生态系统已难堪重负，原本"无限供给"的生态系统服务正在变得"稀缺"。随着人们更加关注"工业产品"以外的生态环境，追求现代生活品质（表2-7），人们开始更愿意为获得一些特定的优质生态系统服务支付更多的费用。

在此背景下，生态系统服务资源正在成为能够给个人和区域经济发展带来更多经济收益的良性"资产"。2013年国家统计局公布的"食品、衣着、居住、家庭设备及用品、交通通信、文教娱乐、医疗保健、其他商品和服务"等八个方面的城乡居民消费统计数据显示，食品消费是城乡居民的主要消费，城镇居民的"食品"消费基本稳定在总消费的36%~37%左右。"食品、衣着、交通通信、文教娱乐"是城镇居民

最主要的四项消费，占到了2012年总消费的74%；"食品、居住、交通通信"是农村居民最主要的三项消费，占到了2012年总消费的68.7%（图2-22）。

可见，与生态系统服务有着直接或间接联系的"食品、衣着、居住、文教娱乐"等消费正是当前我国城乡居民消费的主体，生态系统服务资源有着巨大的市场潜力。

2.5.3 推动生态系统服务产业化发展的客观需求

当生态系统服务引入市场机制后，需要推动其产业化发展，使相关经济行为真正成为我国环保事业不可或缺的重要推动力量。环保事业任务繁重，需求资金巨大，资金短缺严重制约了环保事业的发展（图2-23）。如仅三峡库区长寿湖一地拟定的《长寿湖流域生态环境保护总体实施方案（2014—2018）》的需求资金测算就达到32.3亿元，而2015年长寿区地方财政收入仅84.1亿元，环保资金缺口巨大。

三峡库区面临着紧迫的经济发展压力，要实现库区经济的健康快速发展，核心在于对库区产业结构的优化和升级，应对"产业空虚"，

现代品质生活与生态系统服务需求相关性分析　　　　　　　表2-7

序号	品质生活导向的人类需求	与生态系统服务需求的相关性	经济行为方式	
			政府投入	个人消费
1	清新的空气与宜人的气候	与调节服务直接相关	逐渐增加*	基本空缺
2	优美且安全的居住环境	与支持、文化服务直接相关	快速增加	快速增加
3	健康的食品与洁净的饮用水	与供给服务直接相关	基本稳定	快速增加
4	便捷的交通、通信以及网络条件	以人工建设为主，与生态系统服务有一定关联性	快速增加	增加
5	完善的公共服务设施体系，包括医疗、教育等	以人工建设为主，与生态系统服务有一定关联性	快速增加	增加
6	完备的市政基础设施保障，包括电力、燃气、垃圾收集等	以人工建设为主，与生态系统服务有一定关联性	快速增加	基本稳定

注：* 2014年1月18日，《北京市大气污染防治条例（草案）》提交北京市人民代表大会审议，降低PM2.5首次纳入立法。2014年到2017年北京治理PM2.5投入将高达7600亿元，工作重点是"压煤、控车、调整工业结构、治理扬尘"。

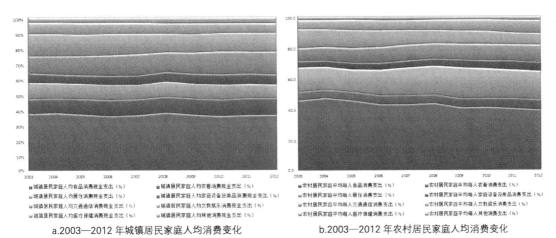

a.2003—2012 年城镇居民家庭人均消费变化　　b.2003—2012 年农村居民家庭人均消费变化

图 2-22　2003—2012 年城乡居民消费变化图

资料来源：根据国家统计局公布数据整理绘制

要求进一步推动生态系统服务产业化发展，为库区经济发展提供更有力的支撑，为库区全面减少因追求经济发展而带来的生态破坏影响创造条件[①]。

如近年来库区巫山县大力推动以生态系统文化服务为基础的生态旅游产业发展，区域经济取得了明显改善，也为区域生态建设的持续发展提供了保障。巫山县政府公布数据显示，2014 年巫山县第三产业生产总值为 37.39 亿元，占全县地区生产总值的 46%，总量较上年提高了 11.38%；旅游业作为第三产业的重要组成部分，在 2015 年巫山全年接待旅游人数首次突破 1000 万人次，增长 24.9%，旅游综合收入达到 34.8 亿元，增长 25.1%，旅游业已成为巫山县的第一支柱产业，为巫山县推动其"生态立县"战略的实施，人居环境生态建设的持续发展打下了坚实的基础。

但同时我们应注意在推动生态系统服务产

业化发展的过程中，坚持以生态环境改善为核心价值目标，严格规避"唯经济利益"至上的价值偏差，明确生态系统服务产业化绝不是对生态系统的私有化和"摇钱树"式改造，更不是新一轮"开发热潮"[②]。

思维层面走向操作层面。一方面基于生态系统服务的"价值潜力"认识，从生态观的角度，为赋予人们生态保护的经济动机，生态系统服务需要引入市场机制，在此基础上，受生态环境保护任务繁重、需求资金巨大的影响，

我国湿地生态退化趋势仍在继续　保护资金短缺

新闻中心-中国网 news.china.com.cn　　时间：2010-11-17　　责任编辑：亨德尔

中国网 11 月 17 日讯　国家林业局局长印红在福建省长乐市说，目前我国湿地生态退化的趋势仍在继续，许多重要湿地部分或者全部丧失作为野生动植物栖息地和繁育地的功能，给生物安全带来威胁。一些内陆湿地面积减少和功能下降，丧失了淡水存蓄、调洪蓄洪的功能，加剧了水资源危机并增加了洪水灾害风险。湿地开垦与改造、污染、泥沙淤积和水资源不合理利用依然严重。大量的改变湿地功能、用途的不合理利用活动不但得不到有效控制，而且在继续加剧加重，湿地面积严重萎缩甚至干涸。湿地保护投入短缺，远远不能满足保护管理工作的实际需要。

图 2-23　国家林业局副局长关于湿地保护资金短缺的呼声

---

① 三峡库区工业企业规模普遍偏小，核心竞争力不强，且多集中在冶金、医药、化工、建材、食品、纺织、能源、稀有金属等传统产业，整体科技含量不高，高新技术产业比重小，对地区 GDP 贡献值小。工业发展还停留在依赖大量消耗自然资源的传统工业发展模式中，高能耗、污染重、效益低的传统产业比重大，还在走"先破坏后整治、先污染后治理"的老路，加大了资源消耗，粗放型经济发展模式特征明显，给生态环境造成了极大的破坏。

② 美国杜克大学热带环保中心主任特博（John Terborgh）在《安魂曲》一书中详尽地描述了东南亚、西非以及其他一些地区许许多多所谓环保与开发相结合的做法，结果无一不是加速了森林的毁灭。

客观上要求我们进一步推动生态系统服务产业化发展，才能有效推动环保事业的提档升级。另一方面基于生态系统服务的"资源禀赋"认识，从经济观的角度，随着人们支付意愿的转变，生态系统服务正在成为能够给个人和区域经济发展带来更多经济收益的良性"资产"，"生态资产"① 变现的条件正在越来越成熟，通过推进生态系统服务产业化发展，为库区破解"产业空虚"，优化、升级产业结构提供了一条更加环保的差异化发展道路，为全面减少因追求经济发展而带来的生态破坏创造了条件。可见，为应对库区生态保护与经济发展的激烈冲突，保护库区优良的自然生态环境，挖掘生态资源价值，以推动生态系统服务产业化发展为抓手，正是保障库区可持续发展的客观需要（图 2-24）。

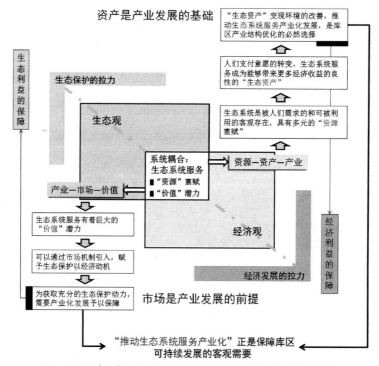

图 2-24 保障三峡库区可持续发展需要推动生态系统服务产业化发展

---

① "生态资产"从广义来说是一切生态资源的价值形式；从狭义来说是国家拥有的、能以货币计量的，并能带来直接、间接或潜在经济利益的生态经济资源。

第3章　三峡库区生态系统服务综合价值评估方法研究

生态系统服务包括"供给、调节、支持、文化"四大类，涉及"粮食、纤维、遗传资源、淡水、大气质量、气候、侵蚀、土地构造、光合作用、美学价值、精神价值和宗教价值、教育"等等具体的服务内容，不同的生态系统服务有其不同的特质，那么选取什么具体的生态系统服务来推动其产业化发展，对于应对库区生态保护与经济发展冲突更为有效，综合价值更高？这个问题，需要通过构建生态系统服务综合价值评估方法来予以应对。

3.1　库区生态系统服务的经济价值评估

3.1.1　生态系统服务价值认知与经济价值评估的发展

人类"对生态系统服务的需求正在增加，但人类同时也在减少生态系统提供这些服务的能力，如果认为资源、环境或生态系统服务是'无偿'的，可能只会导致减少人类自身潜在的福利或增加维持这种服务的成本"[1]。1987年《我们共同的未来》首次提出了"可持续发展"的理念，即"既能满足当代人的需求，又不对后代人满足其需要的能力构成危害的发展"。随着环境的不断恶化，人们对生态系统服务的重要性形成了更加广泛的共识，对生态系统服务的价值有了更深入的认识。

"从经济学上来说，一项商品或服务的价值有两种衡量方式：一种是直接通过市场价格来衡量；另一种就是采用相应的价值评估技术，用评估结果来衡量。"[2] 但要注意，不管是第一种方法还是第二种方法都不能脱离市场，"采用相应的价值评估技术"是以掌握商品或服务的真实价值为目标，以促进价格回归价值为目的，以求避免市场失灵带来某项商品或服务的价值流失。生态系统服务过去往往被认为无法进入市场，其价值"只能由专业人员采用相应的价值评估技术，通过评估的方式来对其价值进行计量"。为使人们更直观地认识生态系统服务对于人类的价值，促进现代环境保护意识融入人们的日常行为中，指导市场宏观调控行为，国内外学者开展了大量力求反映其真实经济价值的、量化的评估研究，如以科斯坦纳为代表的货币化价值评估等，而这个过程就是"生态系统服务价值评估"。

与此同时，由于过去几十年政府承担了绝大部分生态资源管理的工作，这种依赖公共资源来推动生态环境保护工作的模式给政府财政带来了巨大的压力，而且由于没有其他相关利益主体的参与和更广泛的社会资金进入，效率和可持续性较低。国家经济补偿能力有限的现实制约越发凸显，生态环境保护和生态系统服务功能维持的市场导向趋势正变得日益重要，亟需科学的生态系统服务价值评估以指导"价格"（应是私人成本和公共成本的共同体现）的形成，以市场和经济利益形成个体行为激励机制，激发更

① 杨光梅等. 生态系统服务价值评估研究进展——国外学者观点 [J]. 生态学报. 2006（1）：205-212.
② 李文华等著. 生态系统服务功能价值评估的理论、方法与应用 [M]. 北京：中国人民大学出版社 .2008，P51.

多的社会力量进入到生态环境保护运动中。

3.1.2 生态系统服务经济价值评估研究现状与不足

（1）研究现状

关于生态系统服务价值评估方法的研究有许多，生态系统服务价值评估从"主客体关系"的角度可以概括分为两种，"一种是评估生态系统服务本身的价值，比如全球生态系统服务的年价值；另一种是评价生态系统服务变化所产生影响的价值，比如生态系统服务变化所导致环境变化的价值"[①]。从评估对象的空间尺度差异上生态系统服务价值评估方法可分为"全球或区域生态系统服务价值评估、流域尺度生态系统价值评估、单个生态系统价值评估、物种和生物多样性保护价值评估"等四类。按照掌握支付意愿的角度不同，生态系统服务价值评估方法又可分为"揭示偏好法、陈述偏好

法、推断支付意愿法"三类。本书更倾向于基于"市场"，将生态系统服务价值评估方法分为"直接市场价值法和假想市场法"两大类，具体评估方法包括"市场定价法、生产率法、人力资本法、疾病成本法、机会成本法、享乐定价法、旅行费用法、防护成本法、重置成本法、替代成本法、意愿调查法、意愿选择法、集体评价法、成果参照法以及非货币对比指标评估法"等（表3-1）。

（2）研究不足

生态系统服务价值评估的目的是帮助我们更好地掌握生态系统服务需求和生态系统服务价值所在，是指导开展生态资源管理的重要依据。目前虽然我国学者就生态系统服务价值评估方法开展了许多研究，但仍存在着一些不足，特别是对人类行为的客观动因与影响缺乏积极的响应（图3-1），导致生态系统服务评估结论对于指导协调生态经济发展的实际作用有限。具体表现为：

现阶段生态系统服务2种主要价值评估技术的比较　　　　表3-1

	直接市场价值法	假想市场法（条件价值法）
理论基础	结合生态系统的结构、功能和生态过程，基于生态系统服务的物质量，对区域环境与自然资源的经济稀缺性的反应能力较弱；侧重生态学理论	基于支付意愿，以研究样本的环境偏好反映研究区域对所评价的生态系统服务的资源稀缺性，与生态系统服务的物质基础关系不够明显；侧重经济学理论
价值结构	主要评价生态系统服务的使用价值尤其是大部分间接使用价值，对非使用价值涉及较少	对评价生态系统服务的非使用价值具有优势，进而能评估生态系统服务的总经济价值，但难以分项评估
时空尺度	一般用于评价大尺度区域生态系统服务价值，可以反映区域生态系统服务的可持续性，并具有连续动态评价的技术基础	多评价小尺度区域生态系统或单个生态系统（或属于二者的某一单个生态系统服务功能）的环境服务价值，对具体工程项目的CBA分析（成本-收益分析法）具有明显优势
可比性与适用性	多参照国外相关研究采用的经济参数，生态系统服务的功能和类型也较多引用国外成果，研究结果的可比性需要考虑	基于研究区域的支付意愿，因此研究结果必然与区域经济水平显著相关，在此意义上的评价结论适用性相对较高，但也存在可比性问题
常用的具体评估方法	市场定价法、生产率法、人力资本法、疾病成本法、机会成本法、享乐定价法、旅行费用法	防护成本法、重置成本法、替代成本法、意愿调查法、意愿选择法、集体评价法、非货币对比指标评估法

资料来源：根据赵军，杨凯.生态系统服务价值评估研究进展[J].生态学报.2007（1）：346-356.相关内容改制。

[①] 李文华等著.生态系统服务功能价值评估的理论、方法与应用[M].北京：中国人民大学出版社.2008，P51.

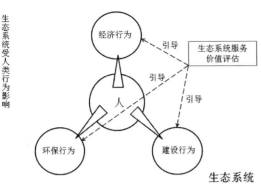

生态系统受人类行为影响

图 3-1　生态系统服务价值评估引导人类行为

一是现有生态系统服务价值评估方法中多缺乏相关经济行为的关联体现，导致评估结果往往难以对经济行为产生必要的引导。现有生态系统服务价值评估方法中经济逻辑与生态逻辑往往无法匹配，未充分认识到公共利益与私人利益、公共成本与私人成本缺乏一致性对经济行为带来的影响，忽视了有效需求与支付意愿对市场的影响，造成评估要么得到"唯市场价格"的，受消费结构失衡影响的，严重低估生态系统服务价值的结论；要么得到一味强调生态系统服务价值重要性的，难以得到市场实现的，纯理论研究的"假定"性结论。使得评估结果缺乏说服力，对于经济行为难以产生有效引导。

二是现有生态系统服务价值评估方法中多缺乏生态系统服务市场需求与生态系统整体优化的统筹分析，导致评估结果往往对于优化生态系统保护指导作用有限。1962 年一本《寂静的春天》拉开了现代环保运动的序幕，大家的环境保护意识不断增强，但在我国取得经济社会进步的同时，生态污染问题却长期得不到有效解决，"污染伤民"呈扩大化趋势，究其原因生态系统保护行为失效是关键。生态系统服务公共物品属性决定了其引入市场机制是有限的和局部的，市场是一个"放大器"，基于生态系统

服务的关联性，筛选在服务过程中最利于优化生态系统整体的生态系统服务，并引入市场机制，应是生态系统服务价值评估方法中关注的重点。

三是现有生态系统服务价值评估方法多对生态系统服务功能空间再塑造缺乏关注，导致其评估结果难以有效引导建设行为，建设行为中实现生态系统服务功能主动优化的可能被忽略。截至 2012 年末我国城镇化率达到 52.57%，城镇人口 7.1 亿，城镇建成区面积达 4.56 万平方公里，"协调推进城镇化是实现现代化的重大战略选择"[①]。快速城镇化带来了城镇建设活动的活跃，近十年我国城镇建成区面积年均增加 1959 平方公里，年均增长率 5.78%[②]，人类建设对自然生态环境的改变正在加剧，城镇空间正在挤占乡村空间。现有的生态系统服务价值评估方法多聚焦于森林、草地、农田、湿地等原生生态空间，忽略了人工空间的生态属性，导致评估结果对各类建设行为缺乏指导作用，而建设行为恰恰是影响生态系统服务功能的一个重要方面。

3.1.3　库区生态系统服务市场价值评估方法与指标体系构建

（1）库区生态系统服务市场价值评估方法构建

为强化评估结果与经济行为的关联度，本书将以能激励个人或地方政府开展相关生态系统服务消费或功能提升行为的直接市场价格，来充当体现生态系统服务市场价值量化的反映值，以提高评估结果对行为过程中"私人利益与社会利益正相关"的反映，以利于更多个人或地方在"市场之手"的影响下更积极地参与到生态保护工作中。

如前文所说，生态系统服务价值评估应建立在实际或潜在的市场之上，借鉴现有生态系

---

① 李克强. 协调推进城镇化是实现现代化的重大战略选择 [J]. 新华文摘. 2013（1）: 1-4.

② 卓贤. 中国城镇化的快与慢 [N]. 参考消息. 2013.

统经济价值评估方法，本书采用的方法可归纳为"实际市场价值法"和"潜在市场价值法"，其中"实际市场价值法"采用的具体评估方法包括"市场定价法"、"享乐定价法"、"旅游费用法"、"替代成本法"等；"潜在市场价值法"采用的具体评估方法主要有"成果参照法"和"对比参照法"（表3-2）。

（2）库区生态系统服务市场价值评估指标体系构建

依据生态系统服务类型的不同，生态系统服务市场价值评估指标体系可分为"供给服务市场价值评估指标集、调节服务市场价值评估指标集、文化服务市场价值评估指标集、支持服务市场价值评估指标集"。

供给服务包括食物、淡水、能源、药材、建材、服装材料等具体服务功能；调节服务包括空气质量优化、气候调节、水调节、侵蚀控制、水净化和废物处理、生物控制、防风护堤、污染防控等具体服务功能；文化服务包括教育载体、美学载体、地方感载体、文化遗产载体、休闲娱乐和生态旅游载体等具体服务功能；支持服务是维持人类生存的各种必需的服务，对人们产生的影响是间接或经过很长时间才能显现，具体服务功能包括"第一性生产、大气中氧的生成、土壤形成和保持、营养循环、水循环、提供栖息地"[①]等，多"公共物品属性"明显，其经济价值多以政府补偿的形式体现。受其具体服务功能内涵与特性的影响，结合人居环境对"居住系统、支撑系统、自然系统"的认识限定，借鉴李文华、薛达元、谢高地等关于生态系统服务经济价值评价指标的相关研究成果，研究发现其评价指标集构成如表3-3所示。

生态系统服务市场价值评估方法表 表3-2

	具体评估方法	适用范围	评估原理	评估基础
实际市场价值法	市场定价法	可以直接在市场上进行交易的生态系统服务	生态系统服务数量与该生态系统服务市场价格的乘积，采用的价格为市场的主导价格或平均价格	1）市场价格信息 2）生态系统服务数量信息
	享乐定价法	用于房地产涉及的环境因子的价值评估	评估结论由人们愿意为优质环境物品享受所支付的价格和物品数量所决定	1）市场价格信息 2）市场交易数量
	旅游费用法	用于估计那些可以用于休闲娱乐的生态系统的价值	使用人们的旅行花费来代表人们的支付意愿，以旅行成本来推断相关生态系统文化服务的价值	1）旅游者的统计数据 2）旅行相关消费的数据
	替代成本法	可提供替代物的生态系统服务	采用为某项生态系统服务功能提供替代物的成本，来估计生态系统该项服务功能的价值	1）替代工程的投入费用数据
潜在市场价值法	成果参照法	适用于已有成熟有限范围市场的同类生态系统服务	以现有同类生态系统服务市场价格和潜在市场生态系统服务数量来评估相关生态系统服务价值	1）已有同类市场相关信息 2）人们的购买意愿，形成潜在市场价格 3）生态系统服务数量信息
	对比参照法	适用于已有成熟类似市场的生态系统服务	以现有类似生态系统服务市场价格和潜在市场生态系统服务数量来评估相关生态系统服务价值	1）选取的类似市场相关信息 2）人们的购买意愿，形成潜在市场价格 3）生态系统服务数量信息

---

① 李文华等.生态系统服务功能价值评估的理论、方法和应用[M].北京：中国人民大学出版社.2008，10，P8.

生态系统服务市场价值评估指标集　　　　　　　　　　表 3-3

类型	具体服务	系统来源	客观市场价值指标		主观市场价值指标	
供给服务	食物	自然系统	实际市场：用于生产的土地面积、不同等级商品的单位土地年产量、不同等级商品的年均市场价格、政府补贴额度； 潜在市场：潜在市场需求的数量、参照市场的同类商品或类似商品价格、政府补贴的潜在可能	个人	从业人员的人均年收入、同一区域人均年收入	权重
				企业	资本的年收益率、经营风险高低	权重
				政府	发展政策导向（政治）、新增就业人口（社会）、环境影响强弱（生态）、GDP 贡献率（经济）	权重
	淡水	自然系统	实际市场：水源地的年供水量、淡水的年均市场价格、政府补贴额度； 潜在市场：潜在市场需求的数量、参照市场的同类商品或类似商品价格、政府补贴的潜在可能	个人	从业人员的人均年收入、同一区域人均年收入	权重
				企业	资本的年收益率、经营风险高低	权重
				政府	发展政策导向、新增就业人口、环境影响强弱、GDP 贡献率	权重
调节服务	空气质量优化	居住系统	实际市场：具有优化空气质量功能的自然生态因子的年均市场价格、市场年均销售数量、政府补贴额度； 潜在市场：潜在市场需求的数量、参照市场的同类商品或类似商品价格、政府补贴的潜在可能	个人	从业人员的人均年收入、同一区域人均年收入、从业风险	权重
				企业	资本的年收益率、经营风险高低	权重
				政府	发展政策导向、新增就业人口、环境影响强弱、GDP 贡献率	权重
	侵蚀控制	支撑系统	实际市场：侵蚀控制的工程建设年需求量、不同类型侵蚀控制工程建设造价、侵蚀控制工程建设市场规模、政府补贴额度； 潜在市场：参照市场的同类商品或类似商品价格、参照类似地区市场需求规模、政府补贴的潜在可能	个人	从业人员的人均年收入、同一区域人均年收入、从业风险	权重
				企业	资本的年收益率、经营风险高低	权重
				政府	发展政策导向、新增就业人口、环境影响强弱、GDP 贡献率	权重
	生物防治	支撑系统	实际市场：针对防止病虫害等问题的生物防治服务工程的年需求量、生物防治服务工程的市场价格、政府补贴额度； 潜在市场：潜在市场需求的数量、参照市场的同类商品或类似商品价格、政府补贴的潜在可能	个人	从业人员的人均年收入、同一区域人均年收入、从业风险	权重
				企业	资本的年收益率、经营风险高低	权重
				政府	发展政策导向、新增就业人口、环境影响强弱、GDP 贡献率	权重
文化服务	教育载体	自然系统	实际市场：提供教育服务的市场需求、提供教育服务的收费标准、政府补贴额度； 潜在市场：潜在市场需求的数量、参照市场的同类商品或类似商品价格、政府补贴的潜在可能	个人	从业人员的人均年收入、同一区域人均年收入、从业风险	权重
				企业	资本的年收益率、经营风险高低	权重
				政府	发展政策导向、新增就业人口、环境影响强弱、GDP 贡献率	权重
	休闲娱乐和生态旅游载体	自然系统／支撑系统	实际市场：不同类型旅游的年均旅游者数量、不同类型旅游的旅游者人均消费金额； 潜在市场：参照类似地区的旅游市场需求规模、参照类似地区的旅游者人均消费金额、政府补贴的潜在可能	个人	从业人员的人均年收入、同一区域人均年收入、从业风险	权重
				企业	资本的年收益率、经营风险高低	权重
				政府	发展政策导向、新增就业人口、环境影响强弱、GDP 贡献率	权重

注：1）因"支持服务"具体包括"养分循环、土壤形成、初级生产"等，是"其他生态系统服务功能产生所必需的，其对人们产生的影响是间接或经过很长时间才出现"，受其特性影响，其服务难以纳入市场机制，因此本表未予体现。

2）人类经济行为的动机受"客观"和"主观"市场价值两方面的综合影响，不同利益主体的主观市场价值认识往往是决定其经济行为的直接因素，因此本表在分析"客观市场价值指标"的同时，引入了"主观市场价值指标"的权重分析。

3.2 库区生态系统服务的生态价值评估

推动生态保护是我们实现生态系统服务经济价值的核心目的，美国生态哲学家和"新环境理论的创始者"利奥波德早已指出，"当一件事情趋向于保护生态系统的完整、稳定和美丽时，它是正确的，否则，它就是错误的"[①]。因此，生态系统服务综合价值评估除了经济价值的考量外，还应对其生态价值予以重点考量。

3.2.1 "人居环境"语境下的生态价值认识

"生态"指生物的生存和生活状态。本书在"人居环境科学"的语境下，将以"人"为"主体"，以"满足主体需求"的价值界定方式[②]，以"宜居"为价值导向来认识生态价值。生态系统服务众多，涵盖"支持、供给、调节、文化"等四个大类，受生态系统内部反馈机制的影响，并不是每一种生态系统服务的消费都能带来人居环境的改善，这就需要我们加以甄别。例如"供给服务"中"化石燃料煤炭"的供给虽然在很长时间内满足了人们对能源的需求，推动了人类社会的发展，但受其资源特性的影响，人们也更清晰地认识到其消费过程中给人居环境带来了不容忽视的负面影响，其正是"雾霾"形成的主要原因，是负反馈效应，生态价值为负，

因此该生态系统消费应予以管控。又如"文化服务"中"娱乐和生态旅游"服务消费的兴起，满足了人们对"健康保障"的需求，在此过程中"城市公园、观光农业、自然保护区"等的营建，为人们享受自然提供了更为丰富的空间形态，改善了人居环境，是正反馈效应，生态价值明显，因此应优先鼓励该生态系统服务的市场消费，推动相关创新产业的发展（图3-2）。

生态环境问题是现代工业化和城镇化发展的伴生物，生态保护和经济发展存在着千丝万缕的关系，其矛盾也存在于方方面面。我们应以马克思的唯物辩证法的观点来认识生态保护和经济发展的矛盾关系，生态保护与经济发展两者处于"相互影响、相互作用、相互制约之中"，其关系是一种对立统一的关系，其相互作用是一个"不平衡→平衡→新的不平衡→新的平衡"的波浪式前进、循环往复式上升的过程。由于现代工业化和城镇化发展打破了原有的生态经济平衡发展状态，目前生态经济发展正处于一种不平衡的状态中，矛盾和问题激化，这需要我们打破迷雾尝试去再次建立一种新的平衡。在此过程中，我们往往会面临一些困惑和迷茫。比如：

（1）我国近年来各大城市面对城市污染加剧的现状，开展了大规模的工业搬迁和工业产业"退二进三"的工作，这一举措体现了让污

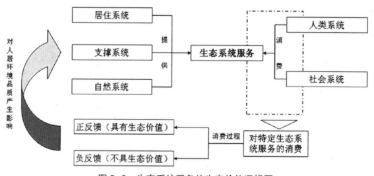

图3-2　生态系统服务的生态价值逻辑图

① 胡安水.生态价值的含义及其分类[J].东岳论丛.2006（2）：171-174.
② 金卓，王晶等.生态价值研究综述[J].理论月刊.2011（9）：68-71.

染源远离大城市的人口高密度聚集区，减少大城市区域的污染，从而改善城市人居环境的生态思想。但以管理的角度来看，污染企业远离城市的同时也远离了城市相对更为严格的管理，产业污染监管力度减小；从污染物流动性的角度来看，虽然工业厂区在地理区位上远离了城市，但随着污染物的迁移，往往会给更大范围的区域带来污染，典型的案例如北京的雾霾天气，北京早在 1985 年就开始对污染型企业进行搬迁，到上世纪末北京市区每年产生的烟尘排放量降低了约 55%，工业粉尘降低了约 73%，二氧化硫降低了约 42%，污水降低了 69%[①]，但空气污染却呈现了逐年严重的趋势，特别是到了 2012 年，"北京雾霾"震惊世界，北京城市人居环境受到极大影响。

（2）人们往往潜在地将绿色事物的多寡作为评定一个地区生态环境的重要标准，但不少人常常忽略了很多具有绿色特征的事物从某个角度或在某种情况下来说却是与生态原则相背离的。如河北张家口怀来县响应国家大力发展"绿色经济"的号召，大力发展葡萄产业，成为与法国波尔多、美国加利福尼亚州并称的世界三大葡萄种植基地之一。但葡萄种植耗水量巨大，怀来县地处严重缺水的京津冀地区，特大城市北京的上风上水方向，葡萄产业的大发展给首都水源保护带来了影响。再比如高尔夫球场的草坪，养护要求极严格，每平方米的耗水量是普通草坪的数倍；同时为保持草坪的平整，还需经常喷施化学农药，资料显示每年喷洒在高尔夫球场草坪上的农药达到 50 余种，对地下水造成污染。

（3）发展新能源，大力推广清洁能源是我国目前生态保护工作的一项重要内容。人们印象中，风能、水能、太阳能等都是不产生污染的清洁能源，用它们替代我们传统的煤、汽油等能源，将有效地实现环境保护。但环境学家通过研究却发展，在新能源的利用中也存在一定的环境负面影响，需要我们警惕，如水力发电建设的拦江大坝阻断了鱼类的洄游通道，并改变了许多鱼类赖以生存的河流环境，造成中华鲟等珍稀鱼类濒临灭绝；再如风力发电场的"风车"对于鸟类特别是夜间迁移的鸟类造成威胁，据统计加利福尼亚州旧金山东部阿尔塔蒙德山口 207.2 平方公里区域内的 7000 多台风力涡轮机每年杀死约 1766~4271 只鸟；再就太阳能利用而言，其生产环节的多晶硅每生产一吨，就会产生 4 吨以上的四氯化硅废液，这一酸性腐蚀品对人们的眼睛和呼吸道具有强烈的破坏作用[②]。

（4）"退二进三"调整产业结构，大力发展旅游业，是我们促进生态保护的一项重要措施。将优质的生态资源进行包装打造成为旅游资源，通过旅游业的发展带动地方经济，为人们自发地保护生态环境提供经济激励，能有效地保护生态资源。但与此同时，由于人们旅游素质有待提高，旅游业的快速发展带来了大量的"旅游污染"，如随着旅游业的发展，给旅游接待地带来了大量人流，旅游交通频繁，飞机、汽车、游艇等交通工具废气排放量增大，客观上造成了空气污染、噪声污染和水质污染加剧；旅游中部分游客存在乱丢垃圾、乱采植物、乱抓小动物等不良习惯，极大地影响了旅游区的生态系统平衡；大量游客涌入旅游区在给当地带来不菲收入的同时，大量露营、野炊等旅游行为加大了旅游区的生态负担。

（5）节能减排是生态保护工作的重要内容，并已成为政府政绩考核的重要指标，但落实到具体行动上却往往走了样："十一五"期

---

① 数据来源于中国经济时报，转载于 sina 新闻中心 .http：//news.sina.com.cn/china/1999-11-2/28214.html.
② 转引自李浩 . 生态导向的规划变革——基于"生态城市"理念的城市规划工作改进研究 [M]. 北京：中国建筑工业出版社 .2013，P34.

末，许多城市为了"完成"节能减排指标，纷纷拉闸限电，不少工厂和生活区因用电需要而不得已改用自备柴油机发电，造成实际碳排放不仅没有减少，反而增加了；再比如一些地方，虽然加大了对生产过程中带来大量污染的炼钢、化工等企业的监管，但许多污染企业转而将生产时间调整到晚上，通过夜色来掩盖废气、废水的排放，来逃避处罚，实际污染并未得到控制。

......

可见，协调生态保护与经济发展间的矛盾不是单独某一方面或是某一个学科的简单问题，也不是简简单单保护几棵树、建几座污水处理厂、修几座公园、划定几个自然生态保护区的问题，而是一个复杂的系统工程，它需要我们统筹考虑各方面要素，平衡各方利害关系，找准主要矛盾，开展多学科的综合研究。需要基于城乡规划这一公共政策平台，建立综合的生态保护措施体系，以及长效的生态保护机制。

3.2.2 生态系统服务生态价值评估研究现状

（1）环境影响评价（EIA）及其工作内涵

环境影响评价（Environmental Impact Assessment，简称 EIA）是"认识生态环境与人类经济活动的相互依赖和相互制约关系的过程"[1]，生态系统服务市场是典型的人类经济活动，通过环境影响评价，对生态系统服务市场形成、发展可能带来的环境影响进行分析、预测和评估，为认识特定生态系统服务消费的生态价值创造了条件，并为预防或减轻不良环境影响对策和措施的提出提供了依据。

环境影响评价的概念最早在 1964 年加拿大召开的一次学术会议上提出，1970 年美国首次以法律的形式将环境影响评价作为一项制度规

定下来，并予以施行[2]。而我国也早在 1979 年的《中华人民共和国环境保护法（试行）》就明文规定，"在进行新建、改建和扩建工程时，必须提出环境影响的报告书"，2003 年《中华人民共和国环境影响评价法》也得以颁布实行，30 余年来，我国学者在环境影响评价相关领域开展了大量的研究，并建立了符合我国实际国情的环境影响评价制度，为促进各项经济活动与生态环境保护的协调发展发挥了积极作用。

当前我国环境影响评价制度中，其工作程序包括"完成环境影响报告书的技术工作程序、执行环境影响评价制度的管理程序"两大部分，其中"环境影响报告书的技术工作"依据《环境影响评价技术导则》（HJ/T2.1-93）的规定，其工作程序主要分为"前期准备、正式工作、报告书编制、事后监测和评价"4 个阶段，工作内容则主要涵盖以下 8 个基本工作环节。

1）明确和研究国家、地方相关的政策、法规、标准以及其他各种文件和资料；

2）解析开发行为（包含了特定生态系统服务市场建立和相关功能提升的人类行为），分析、识别可能对环境产生影响的活动，并明确主要环境影响活动；

3）通过现场踏勘、调查和基线或背景状况监测，识别可能受活动影响的各种环境要素及其质量参数、影响性质和重要性，对受开发行为影响区域的环境进行描述和评价，筛选评价因子，确定评价重点，明确并开展各项专题分析；

4）通过调查分析、建立模型等技术手段，尽可能定量地对识别出的重要环境影响进行预测，以明确相关影响的范围和程度；

5）解释和评价开发行为中各项主要活动的环境影响含义，以综合判断开发行动整体环境影响的后果；

① 赵廷宁等.我国环境影响评价研究现状、存在的问题及对策 [J].北京林业大学学报.2001（2）：67-71.
② 田颖.我国环境影响评价制度研究 [D].东北大学.2005，P2.

6）识别负面影响，提出避免或减轻该影响的措施和对策，消减措施应拟定多个备选方案以备决策；

7）对多个开发行动方案（其中应包括无行动方案）的环境影响评价进行对照比较，以选出相对满意的方案；

8）通过开发行动实施后的监测和调查，对环境影响评价结论进行检验，完成事后评价报告[①]。

根据性质和层次的差异，环境影响评价一般分为"战略环境影响评价、区域环境影响评价、建设项目环境影响评价、新产品和新技术开发的环境影响评价、生命周期评价"等五类[②]，其中"战略环境影响评价"服务于战略发展规划和战略行动，"区域开发环境影响评价"服务于区域开发规划。考虑到生态系统服务的市场机制引入，目前还处于宏观战略研究层面，因此本书中生态系统服务消费与功能提升的环境影响评价研究主要集中在"战略环境影响评价"和"区域开发环境影响评价"范畴（图 3-3）。

（2）战略环境影响评价（SEA）

战略环境影响评价（Strategic Environmental Assessment，简称 SEA）以有关政策、规划为评价对象[③]，是环境影响评价在战略层次上的应用，是"对政策、计划或规划及其替代方案的环境影响进行系统的和综合的评价过程。……协调环境与发展关系的一种决策和规划手段"[④]，为战略决策提供依据。由于评价应用对象的不同，SEA 主要分为"区域 SEA、部门 SEA、间接 SEA"三大类[⑤]；受评价范围大、资料多、信息广、时间跨度长等影响，SEA 在评价时多采用模糊的逻辑方法。

1）SEA 的基本程序

SEA 一般包括以下 5 大基本程序：①战略行为筛选，确定区域发展目标与环境目标；②战略环境影响识别，确定评价范围，识别区域环境条件和显著的环境影响，识别评价的环境要素和可供选择的方案；③战略环境影响预测，根据历史及现状资料，经过定性分析与定量计算，预测战略实施可能造成的环境影响；④战略环境影响综合评价、累计环境影响评价，将环境影响与环境目标作比较分析，形成评价结论，并提出对应建议，初步完成 SEA 报告；⑤向相关权威部门咨询，引入公众参与，修改完善 SEA 报告。

2）SEA 的主要技术方法体系

虽然当前 SEA 的技术方法体系还有待丰富和完善，但目前已有的技术方法可主要归纳为四类，一是传统项目 EIA 预测模型的拓展技术；二是规划、决策技术方法的引入；三是地理信息系统等现代空间分析技术；四是评价累计环

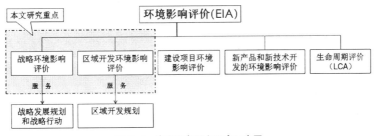

图 3-3　本书研究重点界定示意图

① 陆雍森编著. 环境评价（第二版）[M]. 上海：同济大学出版社. 1999，9，P82-84.
② 陆雍森编著. 环境评价（第二版）[M]. 上海：同济大学出版社. 1999，9，P75-76.
③ 卞耀武等. 中华人民共和国环境影响评价法释义 [M]. 北京：法律出版社. 2003，2.
④ 徐鹤等. 战略环境影响评价（SEA）在中国的开展——区域环境评价（REA）[J]. 城市环境与城市生态. 2000（6）：4-10.
⑤ 王世亮，梁立乔. 战略环境评价的若干理论问题的探讨 [J]. 云南地理环境研究. 2004（3）：77-80.

境影响的技术和方法[①]。具体来说，在 SEA 不同程序中，可供选择采用的技术方法主要包括"定义法、列表法、阈值法、敏感区域分析法、对比和类比法、专家咨询法、矩阵法、网络法、系统模型和系统图示法、叠图法、灰色关联分析与灰色预测法、层次分析法、投入产出分析法、系统动力学模型、模糊预测与综合评价法、人工神经网络预测法、从定性到定量的综合集成、加权比较法、逼近理想状态法、费用效益分析法、可持续发展能力评估、地理信息系统、数学模型模拟预测法、环境承载力分析法、咨询和问卷调查法"等[②]，这些方法各有优劣，在实践应用中多以综合应用和集成应用为主（表 3–4）。

3）评价指标体系

评价指标体系是保证 SEA 有效实施的重要内容。由于 SEA 的复杂性，目前 SEA 评价指标体系研究中多停留在确定指标的总体框架层面，较少确定具体的指标集。而其中较常采用

的一种方法是，基于荷兰学者 Edith Smeets 和 Rob Weterings 提出的"驱动力—压力—状态—影响—响应"（Drivers-Pressures-States-Impacts-Responses，DPSIR）[③]框架，以明确 SEA 评价指标体系的具体指标集，但还没有生态系统服务消费与功能提升直接相关的 SEA 评价指标体系构建研究成果。

由上文可见生态系统服务消费与功能提升均属经济行为，依据 DPSIR 框架分析逻辑，经济发展、社会发展作为人类行为的"驱动力"，在行为过程中将会对环境产生"压力"，改善生态环境的"状态"，从而带来影响人体健康的"环境影响"，受此影响，将促使人类反思并产生行为"响应或反应"，具体包括改变自身经济行为方式，通过额外的特定行为推动环境状态改善和控制环境影响（图 3–4）。在 DPSIR 框架基础上，SEA 评价指标一般可分为"驱动力指标、压力指标、状态指标、影响指标、响应指标"5 类，

SEA 方法体系的基本框架　　　　　　　　　　　　　　　　　　表 3–4

	SEA 基本程序	可选用的技术方法
1	战略行为筛选阶段	定义法、列表法、阈值法、敏感区域分析法、对比类比法、专家咨询法、矩阵法、网络法、系统模型和系统图示法
2	战略环境影响识别阶段	列表法、对比类比法、专家咨询法、矩阵法、网络法、系统模型和系统图示法、叠图法、灰色关联分析法、层次分析法、从定性到定量的综合集成
3	战略环境影响预测阶段	定性预测技术：专家咨询法
		定量预测技术：对比类比法、投入产出分析法、系统动力学模型、灰色预测法、模糊预测法、人工神经网络预测法、数学模型模拟预测法、从定性到定量的综合集成
4	战略环境影响综合评价	列表法、专家咨询法、矩阵法、叠图法、灰色关联分析法、层次分析法、投入产出分析法、系统动力学模型、模糊综合评价、人工神经网络预测法、从定性到定量的综合集成、加权比较法、逼近理想状态法、费用效益分析法、可持续发展能力评估、地理信息系统、环境承载力分析法
	累计环境影响评价	列表法、专家咨询法、矩阵法、网络法、系统模型和系统图示、叠图法、系统动力学模型、从定性到定量的综合集成、地理信息系统、数学模型模拟预测法、环境承载力分析法
5	部门意见征集与公众参与	会议讨论、咨询、问卷调查

资料来源：李菁等. 战略环境评价的方法体系探讨 [J]. 上海环境科学. 2003（12）：115.

---

① 闫育梅. 战略环境评价——环境影响评价的新方向 [J]. 监测与评价. 2000（11）：23–25.

② 李菁等. 战略环境评价的方法体系探讨 [J]. 上海环境科学. 2003（12）：114–118，123.

③ Edith S，Rob W. Environment indicators：Typology and overview[R]. Europe：European Environment Agency. 1999.

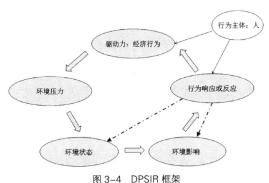

图 3-4　DPSIR 框架

资料来源：改绘自 Edith S，Rob W. Environment indicators：Typology and overview[R]. Europe：European Environment Agency. 1999.

如以城市总体规划为战略环境影响评价对象时，可建立以下可选评价指标集（表 3-5~ 表 3-9）。

战略环境影响评价（SEA）是当前生态环境影响评价研究的前沿领域，其目的是通过 SEA 消除或降低因战略失效造成的环境影响，从源头上控制环境问题的产生[①]。是生态系统服务消费与功能提升的环境影响评价的重要内容，是理清生态系统服务生态价值的重要技术支撑之一，但目前的研究在聚焦生态系统服务消费

与功能提升的方面还有待提高。

（3）区域环境影响评价（REIA）

区域环境影响评价（Regional Environmental Impact Assessment，简称 REIA）为满足多个项目同时或连续兴建的环境影响评价需求，是从区域整体上确定开发行动的环境可行性的评价方式，是《中国环境保护 21 世纪议程》（1995）中确定的优先发展方向。从研究层级的角度来看，REIA 是 SEA 的在区域限定下的深化，相关的 SEA 对其具有上层评价的指导意义。从理论上讲，REIA 可归入 SEA 范畴。

1）REIA 的主要特点与思路

一是以系统的观点，将区域环境作为整体来开展评价；二是强调综合考虑各种环境影响，重视累计效应；三是随着区域相关因素的发展变化，强调评价结果的可修正性；四是强调评价工作与地方例行监测和环境管理紧密结合。其评价思路见图 3-5。

2）REIA 的基本内容和程序

REIA 的基本内容涵盖了直接影响和累计影

城市总体规划战略环境影响评价的可选指标集（驱动力指标）　　表 3-5

类别	评价因素	可选指标集（评价因子）	按评价标准的指标分类
经济发展	发展水平	人均 GDP 及年增长率	Ⅱ
		第三产业产值占 GDP 的比重	Ⅱ
	工业	工业总产值	Ⅲ
		工业经济密度（即工业总产值 / 区域总面积）	Ⅱ
		工业经济效益综合指数	Ⅱ
		高新技术产业产值占工业总产值的比例	Ⅱ
	农业	农业经济总产值	Ⅲ
		单位面积农业生产用地农产品产值	Ⅱ
		单位面积农业生产用地农用动力	Ⅱ

注：* Ⅰ代表 1 类指标，指采用国家标准、国际标准或其他公认的参考值的指标；Ⅱ代表 2 类指标，指采用国内外，在环境保护与生态建设中领先的城市或地区的现状数据或规划值作为评价参考值；Ⅲ代表 3 类指标，指适合多方案对比分析的指标，是决策者进行多方案定量对比的参数。

① 赵文晋. 战略环境评价指标体系研究 [D]. 吉林大学 . 2004，5，P25.

城市总体规划战略环境影响评价的可选指标集（压力指标）　　　表 3-6

评价因素	可选指标集（评价因子）	按评价标准的指标分类
大气环境	单位工业用地面积工业废气年排放量	II
	区域和人均主要空气污染物（SO_2、NO_X、CO、VOC_S 等）年排放量	II
	单位土地面积主要空气污染物（SO_2、NO_X、CO、VOC_S 等）年排放量	II
	臭氧层损耗物质年排放量	II
	单位交通用地面积或单位道路交通长度主要空气污染物（NO_X、CO、$NMHC$）年排放量	II
	由交通排放的温室气体（CO_2、CH_4、N_2O、HFC、PFC、SFC）的年排放量	II
	由能源消耗引起的主要污染物（SO_2、NO_X、$NMVOC_S$ 等）的年排放量	II
	由能源消耗引起的温室气体的年排放量	II
	万元工业净产值工业废气年排放量	II
	主要工业区及重大工业项目工业废气年排放量	II
	主要工业区及重大工业项目主要空气污染物年排放量	II
	机动车单位出行里程 NO_X、CO、$NMHC$ 的排放量	III
水环境	单位工业用地面积工业废水年排放量	II
	万元工业净产值工业废水年排放量	II
	万元工业净产值主要水环境污染物（COD_{Cr}、BOD_5、石油类、NH_3-N、挥发酚等）排放量	II
	万元 GDP 工业废水排放量	II
	单位土地面积主要水环境污染物年排放量	II
	禽畜排泄物的年生成量	II
	人均生活污水排放量	II
固体废物	万元工业净产值工业固体废物产生量	II
	万元 GDP 工业固体废物产生量	II
	单位农田面积农业固体废物的生成量（秸秆、农用模等）	III
	危险固体废物年产生量	II
	放射性固体废物年产生量	II
	人均生活垃圾年产生量	II
土壤	由于侵蚀造成的农业用地中土壤的年损失量	III
	单位农田面积农药使用量	II
	单位农田面积化肥使用量（折纯）	II
生态保护	城市森林面积及占区域总面积的比例	III
	城市化地区绿化覆盖率	II
	人均绿地面积 / 人均公共绿地面积	II
	特色风景线长度	III
	规划中城市发展占用的土地面积及占区域总面积的比例	III

城市总体规划战略环境影响评价的可选指标集（状态指标）　　表 3-7

评价因素	可选指标集（评价因子）	按评价标准的指标分类
大气环境	区域主要空气污染物（SO$_2$、TSP、PM$_{2.5}$、NO$_X$、NO$_2$、CO 等）年日平均浓度	II
	区域 O$_3$ 年最高小时平均浓度	II
	主要工业区主要空气污染物年日均浓度	II
	空气质量指数（API）	II
水环境	区域主要水环境污染物年平均浓度	I
	区域水环境 DO 年平均浓度	I
	农村地区主要水环境污染物年平均浓度	I
	农村地区水体 DO 年平均浓度	I
	综合水质标识指数	I
噪声	区域环境噪声平均值（dB（A），昼 / 夜）	I
	规划中的居民小区区域环境噪声预测值（dB（A），昼 / 夜）	I
	主要工业区区域噪声平均值（dB（A），昼 / 夜）	I
	城市交通干线两侧噪声平均值（dB（A），昼 / 夜）	I
	规划交通网络（道路交通主干线和轨道交通线）两侧噪声预测值（dB（A），昼 / 夜）	I
生态保护	土壤表土中重金属及有毒物质的含量	I
	生物多样性指数	II

城市总体规划战略环境影响评价的可选指标集（影响指标）　　表 3-8

评价因素	可选指标集（评价因子）	按评价标准的指标分类
大气环境	空气质量超标区域的面积及占区域总面积的比例	II
	自然保护区及其他具有特殊价值的受保护的区域中空气质量超标区的面积及比例	II
	暴露于超标环境中的人口数及占区域总人口的比例	II
	规划工业园区与居民住宅区的临近度	III
水环境	主要污水排放口与集中式饮用水源地、生态敏感区的临近度	III
噪声	规划交通网络与噪声敏感区交界面的长度	III
	规划交通网络两侧 500 米范围内噪声敏感区的面积	III
	暴露于超标声环境中的人口数及占总人口的比例	III
固体废物	城市固体填埋场、垃圾焚烧厂与居民区、生态敏感区的临近度	III
生态保护	规划交通网络与生态敏感区的临近度	III
	规划交通网络与生态敏感区交界面的长度	III
	规划交通网络两侧 500 米范围内生态敏感区的面积	III
	规划交通网络及辅助设施所占用的土地面积，其中占用生态敏感区的面积	III
	生态敏感区中空气质量超标的面积及比例	III

续表

评价因素	可选指标集（评价因子）	按评价标准的指标分类
生态保护	主要能源建设项目及辅助设施与生态敏感区的临近度	Ⅲ
	主要能源建设项目及辅助设施占用的土地面积，其中占用生态敏感区面积	Ⅲ
	工业区及重大工业项目与生态敏感区的临近度	Ⅲ
	主要工业区及重大工业项目所占用的土地面积，其中占用生态敏感区的面积	Ⅲ
	主要工业区及重大工业项目可能造成的生态区域破碎情况	Ⅲ
	自然保护区及其他具有特殊科学与环境价值的受保护区面积占区域总面积的比例	Ⅲ
	土地利用结构变化（以土地利用类型变化矩阵来表达）	Ⅲ
	规划主要工业园区与生态敏感区的临近度	Ⅲ
	水域面积占区域总面积的比例	Ⅲ
	酸雨发生频率（即酸雨次数占总降雨次数的比例）	Ⅲ

城市总体规划战略环境影响评价的可选指标集（响应指标）　　表 3-9

评价因素	可选指标集（评价因子）	按评价标准的指标分类
大气环境	烟尘控制区覆盖率	Ⅱ
	路检汽车尾气达标率	Ⅱ
	装有催化净化装置的汽车比例	Ⅱ
水环境	农用肥（有机肥）使用率（即农用肥占整个农业肥料消耗的比例）	Ⅱ
	集中式饮用水源地水质达标率	Ⅱ
	城市功能区水质达标率	Ⅱ
	城市污水纳管率	Ⅱ
	工业废水达标排放率	Ⅱ
	工业废水处理率	Ⅱ
	城市生活污水处理率	Ⅱ
	禽畜排泄物的综合处理率	Ⅱ
噪声	城市化地区噪声达标区覆盖率	Ⅱ
固体废物	工业固体废物的综合利用率	Ⅱ
	生活垃圾无害化处理率	Ⅱ
生态保护	湿地系统滨岸带范围及保护情况	Ⅲ
	工业用水循环利用率	Ⅱ
生态环境管理	环境保护投资占 GDP 的比例	Ⅱ
	公众对城市环境的满意率（抽样人口不少于万分之一）	Ⅲ
	城市环境综合整治定量考核成绩	Ⅱ
	卫生城市	Ⅱ

评价因素	可选指标集（评价因子）	按评价标准的指标分类
生态环境管理	通过 ISO14001 认证的企业占全部工业企业的百分比	Ⅲ
	建设项目环境影响评价实施率	Ⅱ
	与生态环境保护和可持续发展相关的法律支持	Ⅱ
经济发展	单位能源消耗的 GDP 产出	Ⅱ
	能源消耗弹性系数	Ⅱ
	集中供热面积及占区域总面积的比例	Ⅲ
	热电厂的能源利用率	Ⅱ
	平均能源利用率	Ⅱ
	电力在终端能源消费中的比例	Ⅱ
	清洁能源占一次能源消费总量的比例	Ⅱ
	可再生能源占总能源消耗的比例	Ⅲ
	公交出行比例	Ⅲ

资料来源：郭红连等.战略环境评价（SEA）的指标体系研究 [J].复旦学报（自然科学版）.2003（6）：468-475.

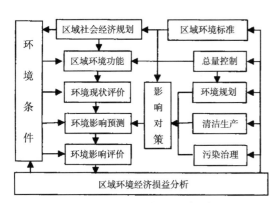

图 3-5　区域环境影响评价思路示意图
资料来源：程鸿德，汤顺林.区域环境影响评价原则和方法研究 [J].中国环境科学.2000（12）：16-19.

响两部分，具体来说一般包含 8 个方面。一是对区域开发建设规划和各项目的分析；二是评价区域及周边地区的自然资源、环境状况、社会经济和生活质量的调查和分析；三是确定评价区域功能区划和环境目标；四是区域人类活动对区内及周围地区的环境影响预测；五是开展环境保护综合对策研究，提出利于环境保护的各项技术措施；六是创新公众参与评价的形式，积极引导公众参与，提高 REIA 的有效性；七是开展环境保护投资能力研究，为区域环境目标的实现提供保障；八是建立区域环境管理和环境监测系统，对评价结论进行检验，为及时调整相关规划创造条件。工作程序具体见图 3-6。

3）REIA 中采用的主要方法

环境评价的方法因环境系统的复杂性呈多样性趋势，目前还未有一个规范的关于区域环境影响评价的方法[①]，相关的技术规定也仅有《开发区区域环境影响评价技术导则》（HJ/T 131-2003）一项。目前采用的各种具体技术方法根据功能的差别，可分为"环境影响识别方法、环境影响预测方法、环境影响综合评价方法"三类（表 3-10），具体技术方法中排污总量控制方法、区域环境承载力分析方法是环境影响评价的核心方法[②]。

① 程鸿德，汤顺林.区域环境影响评价原则和方法研究 [J].中国环境科学.2000（12）：16-19.
② 田萍萍等.浅析我国的区域环境影响评价 [J].生态经济.2005（10）：129-132.

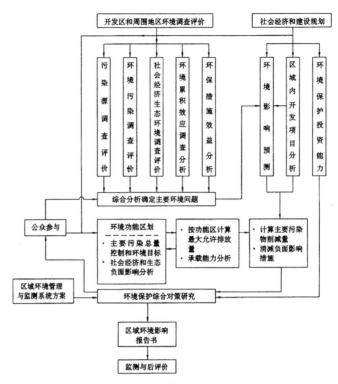

图 3-6　区域环境影响评价程序示意图

资料来源：陆雍森编著. 环境评价（第二版）[M]. 同济大学出版社. 1999，9，P565.

REIA 方法体系　　　　　　　　　　　　　　　　　　　　　　　　表 3-10

类型	具体方法		备注
环境影响识别方法	核算表法、矩阵法、叠图法、网络法等		识别内容：环境影响因子识别、环境影响类别识别、环境影响程度识别
环境影响预测方法	主观预测方法	专家咨询法、德尔斐法等	
	客观预测法	投入产出法、系统动力学模型、灰色关联度分析、模糊预测法等	
	实验模拟方法	物理、化学、生物等测试	
环境影响综合评价方法	列表法、矩阵法、生态适宜度分析、排污总量控制方法、环境承载能力分析、成本效益分析、综合评价指标体系评价方法、模型评价方法、指数法、模糊数学方法、灰色系统方法、逼近理想状态排列法、可持续发展能力评价法、对比分析法等		模型评价方法主要有：层次分析方法（AHP）、层次模糊决策法、模糊聚类方法、人工神经网络方法、系统动力学方法、模拟评价方法、投入产出方法综合评价指标体系方法的关键是指标集和指标权重的科学确定

资料来源：根据金笙等. 区域环境影响评价及其方法论[J]. 辽宁大学学报.（哲学社会科学版）. 2007（3）：127-131. 相关内容绘制.

4）REIA 的指标体系

区域环境影响评价（REIA）的指标体系包括主要环境污染指标体系、主要生态指标体系和环境经济指标体系三类（表 3-11）。

3.2.3　库区生态系统服务生态价值评估思路与要点

环境影响评价是"认识生态环境与人类经

济活动的相互依赖和相互制约关系的过程"[1]，是我们认识生态系统服务生态价值的有效方法。但当前"战略环境影响评价、区域环境影响评价"的研究多集中在经济活动对环境的影响因子评价，而对影响造成的"响应"因子关注较少，导致评价结论关联度较弱，不利于相关战略抉择的制定。同时，因人类在生态系统服务消费与功能提升的行为过程中，会给生态环境带来"正负反馈"，故有必要在"人居环境"语境下，将生态系统服务消费与功能提升的环境影响评价的相关内容融入到生态系统服务价值评估中。因此，本书将尝试在现有环境影响评价研究成果的基础上，通过指标的再选取，强化"响应"因子与其他环境影响因子的关联性，并提出基

REIA 指标体系　　　　　　　　　　　　　　　　　　　　　　　　表 3-11

类型	评价因素	评价因子
环境污染指标体系	大气质量指标	年平均温度、无霜期、年降雨量、年总辐射量、相对湿度、平均风速、最大风速、大气稳定度、逆温层高度等大气物理指标
		颗粒物、SO_2、NO_x、CO、碳氢化合物、氧化剂、F 等物质含量和大气污染指数等大气化学指标
	水质和水量指标	流域面积、年径流量、洪水次数、洪水日数、枯水日数、侵蚀模数、河流泥沙含量等水文特性指标
		地下水静、动储量，补给条件，以及水温、透明度、矿化度、pH 值、SS、BOD、COD、酚、氰、氮、磷农药和有毒有害重金属含量等水质指标
	土壤质量指标	土壤有机质、pH 值、土壤质地、农药、氟以及有毒有害重金属的含量等
	生物受污染指标	生物体中农药、氟和有毒有害重金属的含量等
	环境噪声指标	噪声源种类、数量及相应噪声级等
生态指标体系	形态结构指标	森林、农田、河流、湖泊及人类居住面积等生态结构指标，以及生物群落结构、物种种类、保护区面积、植被覆盖面积等
	能量结构指标	每平方公里的植物量、动物量、人口数以及每人每年的食物量等
	区域物质结构指标	区域各种水体的流入量、流出量及农业用水量和排水量等水体结构指标；氮、磷、钾等营养物质在区域内的各种输入量、输出量以及在生物体和土壤中的含量等营养结构指标
	生态功能指标	水、氮、磷、钾等物质利用率和利用效率等；总生物量、净生物量、净辐射量等能量利用率及利用效率指标；有益生物量、水土保持效果、净化空气效果、消除噪声效果、景观、保健、游憩效果等生态效益指标
环境经济指标体系	环境投资指标	万元投资环保费和基建用料种类和数量、万元产值污染治理费，万元产值环保管理费、万元产值劳保费等
	资源、能源耗用量指标	万元投资基建费用、占地面积、万元产值生产原料、能源、劳动力耗用量、用水及用气量等
	污染物排放指标	单位产值或产量的污染物排放量（排水量及其他各种水污染物排放量、排气量、SO_2、NO_x 和其他空气污染物排放量、废渣量、各种危险废物量等）
	环境经济效益指标	万元产值产品量、成本费、纯利润、万元环保投资资源节省量、增产量、治污量、环保收入、纯利润及旅游人数等

资料来源：根据陆雍森编著.环境评价（第二版）[M].上海：同济大学出版社.1999, 9, P564-566 相关内容编制.

---

[1]　赵廷宁等.我国环境影响评价研究现状、存在的问题及对策 [J].北京林业大学学报.2001（2）：67-71.

于"货币标准"的生态系统服务消费和功能提升的环境影响价值评估，以便于生态系统服务经济价值和生态价值的统筹考量。

1）生态系统服务消费的环境影响价值评估思路与要点

人类的生态系统服务消费行为会与生态环境发生"正负反馈"的相互影响关系，生态系统服务消费的环境影响评价的本质是通过一定的技术方法，尝试定性乃至定量地理清这种"正负反馈"的相互影响关系，明确生态价值。生态系统消费环境影响价值评估要在"人居环境"语境下，梳理评估工作基本程序，基于"驱动力—压力—状态—影响—响应"（DPSIR）分析框架，建立相应的评估指标体系，并甄选适用的技术方法，最终完成对生态系统服务消费生态价值的量化评估。

生态系统服务消费的环境影响价值评估要点主要包括以下三方面：

一是理清意向性选择发展的生态系统服务的现状消费情况和发展趋势。全面摸清评估区意向性选择发展的生态系统服务的现状消费情况和发展趋势，并完成"生态系统服务消费现状报告"。

二是建立评估指标体系。建立科学的指标集，是保障评估有效性的基础。在摸清生态系统服务消费现状的基础上，基于区域现有生态系统服务消费和潜在的生态系统服务消费，在"驱动力—压力—状态—影响—响应"（DPSIR）框架下，分别建立对应的环境影响现状评估指标体系和预测评估指标体系，其中"压力指标、状态指标、影响指标"决定了生态系统服务消费的直接生态价值，"驱动力指标"反映了生态系统服务消费需求的状态，"响应指标"反映了人们干预相关环境影响的能力。

三是甄选适用的技术方法，科学量化环境影响价值评估结论。生态系统服务消费环境影响评价指标体系中，"驱动力指标"可理解为生态系统服务消费环境影响的"源头"，反映了这项消费的必要性；"压力指标、状态指标、影响指标"反映了生态系统服务消费的环境影响"内容及强度"；"响应指标"则是对环境影响的"应对"，包括对特定消费行为的限定、污染物排放控制等措施，与经济直接关联，是对生态系统服务消费环境影响价值可量化的体现。"响应指标"的量化结论受"驱动力、压力、状态、影响"指标的影响（图3-7）。

2）生态系统服务功能提升的环境影响价值评估思路

要实现生态系统服务的功能提升首先需要理清生态系统服务"生产的原理"，再根据自身的需要，有目的地实施系列相关行动，以达到提高生态系统服务质量和数量的目标，在此过程中人类行为将对环境带来影响。生态系统服务功能提升的环境影响价值评估是聚焦拟进行

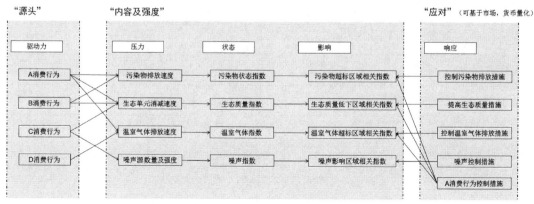

图3-7 生态系统服务消费环境影响价值量化评估途径示意

功能提升的生态服务，理清已开展或将要开展的相关提升行为，基于"驱动力—压力—状态—影响—响应"（DPSIR）框架，建立相应的环境影响评价指标体系，甄选适用的技术方法，尝试开展生态系统服务功能提升的环境影响价值的量化评估。

开展生态系统服务功能提升的环境影响价值评估的要点主要包括以下三方面：

一是科学明确相关提升行为及其行为方式。以生态系统服务的"生产原理"为导向，理清特定生态系统服务"扩大再生产"的客观规律，结合区域发展实际，梳理生态系统服务已开展和可开展的功能提升行为，并基于其行为方式的不同，明确优先选择采用的生态系统服务功能提升行为。

二是建立评估指标体系。围绕优选功能提升行为，在"驱动力—压力—状态—影响—响应"框架下，分别建立对应的环境影响现状评估指标体系和预测评估指标体系。生态系统服务功能提升的环境影响价值评估"驱动力"指标一般包括与"提升效率、实施难度、成本收益率"有关的因子；"压力"指标包括"污染物排放速度、噪声源数量及强度、生态因素消减速度"等方面的因子；"状态"指标包括"污染物状态指数、生态质量指数、噪声指数"等方面的因子；"影响"指标包括"污染物超标区域相关指数、生态质量低下区域相关指数、噪声影响区域相关

指数"等方面的因子；而"响应"指标则包括"提升或降低实施难度、升高或降低成本收益率、控制污染物排放措施、污染物处理措施、生态质量提升措施、噪声控制措施"等方面的因子。

三是甄选适用的技术方法，实现环境影响价值的科学量化评估。生态系统服务功能提升环境影响价值评估指标体系中，"驱动力"指标是生态系统服务提升功能行为选择的"动因"；"压力指标、状态指标、影响指标"反映了生态系统服务消费的环境影响"内容及强度"；"响应指标"则是对环境影响的"应对"，包括直接针对环境影响控制的"污染物排放控制及治理、提高生态质量"等方面的措施，也包括针对生态系统服务功能提升行为选择的"提升或降低实施难度、升高或降低成本收益率"等方面的措施，它们均与经济直接关联，是对生态系统服务功能提升环境影响价值可量化的体现。"响应指标"的量化结论受"驱动力、压力、状态、影响"指标的影响（图 3-8）。

3.2.4　库区生态系统服务生态价值评估方法与指标体系构建

（1）库区生态系统服务生态价值评估方法

生态系统服务生态价值评估包括"生态系统服务消费、生态系统服务功能提升"两个方面的内容。本书借鉴战略环境影响评价和区域环境影响评价的技术方法，根据工作阶段的不同，在"环

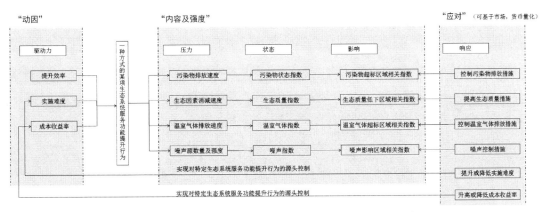

图 3-8　生态系统服务功能提升的环境影响价值量化评估途径示意

境影响识别、环境影响预测、环境影响响应"不同阶段，可采用不同的技术方法（表 3-12）。

表 3-12 中的"核查表法"是以制表形式系统地给出所有可能造成的环境影响[1]。"对比类比法"是根据相识原则进行类比推理，充分运用已有的研究成果或评价结论。"专家咨询法"具体包括智爆法、德尔斐法和主观概率法，通过组织相关领域的资深专家评审相关行为对生态环境的影响程度。"矩阵法"由分别表示各种活动和环境要素及特征的 2 列组成，其交点处则显示相关行为对环境的可能影响，根据交点处显示的影响程度进行相应评价。"网络法"是通过寻求直接影响的环境要素或因子之间的关联，用图表表示行为的主要影响结果[2]。其他还有多种具体技术方法，本书不再一一阐述。

（2）生态系统服务生态价值评估指标体系

基于"驱动力—压力—状态—影响—响应"（DPSIR）框架，生态系统服务的生态价值评估指标体系构成如表 3-13~ 表 3-15 所示。

3.3 库区生态系统服务的空间关联度评估

统筹协调经济发展与生态保护是实现生态经济协调发展的内在要求，在生态系统服务综合经济价值评估的基础上，结合评估区生态保护的实际需求和生态保护阶段性目标的差异，以"空间"为载体，将生态系统服务消费和功能提升的相关经济行为与"核心生态系统服务功能空间的保护和营建"的关联度纳入评估体系。

生态系统服务功能的形成依赖于一定空间尺度上的生态系统结构与过程[3]，生态系统服务消费和功能提升的相关经济行为，可能对生态系统服务功能空间带来有利或不利的影响，这需要我们对其与区域核心生态系统服务功能空间的保护和营建的关联性评价（表 3-16），关联度评价值越高的生态系统服务的市场机制引入，对于实现区域生态经济协调发展的价值越大，应作为选取区域重点发展生态系统服务的主要依据。

3.4 库区生态系统服务综合价值评估结论认知

3.4.1 生态系统服务综合价值认知模型构建

生态系统服务综合价值评估模型的核心是分别以"经济激励机制、生态功能空间保护"为 AB 价值主线的"生态系统服务综合经济价值评估、与核心生态系统服务功能空间的关联性评价"，同时在此过程中，构建了以"优先发展

评估可采用的主要技术方法　　　　　　　　　　表 3-12

阶段	生态系统服务消费和功能提升的生态价值评估可采用的技术方法
环境影响识别	核查表法、对比类比法、专家咨询法、矩阵法、网络法、系统模型和系统图示法、叠图法、灰色关联分析法、层次分析法、从定性到定量的综合集成
环境影响预测	定性预测技术：专家咨询法
	定量预测技术：对比类比法、投入产出分析法、系统动力学模型、灰色预测法、模糊预测法、人工神经网络预测法、数学模型模拟预测法、从定性到定量的综合集成
环境影响响应	实际市场法：市场定价法、享乐定价法、替代成本法等 潜在市场法：成果参照法、对比参照法

① Morgan, R.K. Environmental impact assessment : a methodological perspective[J]. Dordrecht, 1998, 116–117.
② 陆雍森编著. 环境评价（第二版）[M]. 上海：同济大学出版社. 1999, 9, P111–114.
③ 张宏峰等. 生态系统服务功能的空间尺度特征 [J]. 生态学杂志. 2007（9）：1432–1433.

生态系统服务生态价值评估指标集（驱动力指标）　　　　　表 3-13

服务类型	消费的驱动因素	可采用指标	功能提升的驱动因素	可采用指标	不同主体的驱动力评价		
					个人	企业	政府
供给服务	如衣着需求	近 5~10 年人均衣着年消费规模、特定衣着互补品的年均销售量及其年均价格、支付意愿等	经济因素	衣着需求关联的生态系统服务市场规模、从业人员的人均年收入、企业资本收益率、产业的 GDP 贡献率	相关指标权重以明确行为的个人驱动力强弱	相关指标权重以明确行为的企业驱动力强弱	相关指标权重以明确行为的政府驱动力强弱
			社会因素	衣着需求关联的生态系统服务产业的从业人员规模、政策引导指标			
			生态因素	衣着需求关联的生态系统服务功能提升过程中是否有利于生态环境保护			
调节服务	如健康需求	近 5~10 年人均年健康消费规模、特定健康需求商品与互补品的年均消费量及其年均价格、政府补贴额度、支付意愿等	经济因素	健康需求关联的生态系统服务市场规模、从业人员的人均年收入、企业资本收益率、产业的 GDP 贡献率	相关指标权重以明确行为的个人驱动力强弱	相关指标权重以明确行为的企业驱动力强弱	相关指标权重以明确行为的政府驱动力强弱
			社会因素	健康需求关联的生态系统服务产业的从业人员规模、政策引导指标			
			生态因素	健康需求关联的生态系统服务功能提升过程中是否有利于生态环境保护			
文化服务	如休闲娱乐需求	近 5~10 年人均年休闲娱乐消费规模、特定休闲娱乐需求商品与互补品的年均消费量及其年均价格、政府补贴额度、支付意愿等	经济因素	休闲娱乐需求关联的生态系统服务市场规模、从业人员的人均年收入、企业资本收益率、产业的 GDP 贡献率	相关指标权重以明确行为的个人驱动力强弱	相关指标权重以明确行为的企业驱动力强弱	相关指标权重以明确行为的政府驱动力强弱
			社会因素	休闲娱乐需求关联的生态系统服务产业的从业人员规模、政策引导指标			
			生态因素	休闲娱乐需求关联的生态系统服务功能提升过程中是否有利于生态环境保护（整体与各方面均应考虑）			

注：因具体生态系统服务的差异大，涉及的指标过于庞杂，本表难以尽列，所列指标多以"方向性"描述为主，以指导特定生态系统服务生态价值评估指标的选取，在实际评估中评估指标还需要针对具体评估对象进行细化和明确。本表仅选择了部分具体服务进行了指标说明，其他服务在具体评价时再展开阐述。

生态系统服务生态价值评估指标集（压力、状态、影响指标）　　　　表 3-14

评估因素	指标类型		可选指标	备注
大气环境	压力指标	正反馈	单位产业用地对主要空气污染物（SO_2、TSP、$PM_{2.5}$、NO_x、NO_2、CO 等）的年净化量、单位产业用地对温室气体的年固化量	可采用替代成本法等方法测算其"正外部效应"市场价值
		负反馈	单位产业用地面积主要空气污染物（SO_2、TSP、$PM_{2.5}$、NO_x、NO_2、CO 等）年排放量、单位产业用地面积温室气体年排放量、万元产值废气年排放量等	"负外部效应"决定了人们"响应"的策略、规模和强度
	状态指标		区域主要空气污染物（SO_2、TSP、$PM_{2.5}$、NO_x、NO_2、CO 等）年日平均浓度	

评估因素	指标类型		可选指标	备注
大气环境	状态指标		空气质量指数（API）	"负外部效应"决定了人们"响应"的策略、规模和强度
	影响指标		空气质量超标区域的面积及占区域总面积的比例	
			暴露于超标环境中的人口数及占区域总人口的比例、相关疾病发病率	
			极端大气灾害爆发频率与强度	
水环境	压力指标	正反馈	单位产业用地对主要水环境污染物（COD$_{Cr}$、BOD$_5$、石油类、NH$_3$-N、挥发酚、禽畜排泄物等）的年处理量等	可采用替代成本法等方法测算其"正外部效应"市场价值
		负反馈	单位产业用地面积主要水环境污染物（COD$_{Cr}$、BOD$_5$、石油类、NH$_3$-N、挥发酚、禽畜排泄物等）年排放量、万元产值主要水环境污染物排放量等	
	状态指标		区域主要水环境污染物年平均浓度	"负外部效应"决定了人们"响应"的策略、规模和强度
			综合水质标识指数（WQI）	
	影响指标		受水污染影响的人口数量和区域面积、相关疾病发病率	
			污水排放与集中式饮水源地、生态敏感区的临近度	
			极端水污染灾害爆发频率和强度	
土壤状况	压力指标	正反馈	单位产业用地减少土壤年损失量、万元产值较工业万元产值减少的固体废弃物年产量、万元产值较传统农业减少的化学用品使用量等	可采用替代成本法等方法测算其"正外部效应"市场价值
		负反馈	单位产业用地造成的土壤年损失量、单位产业用地化学用品使用量、万元产值固体废弃物年产量、不可回收固体废弃物年产量	
	状态指标		土壤表土中重金属及有毒物质的含量	"负外部效应"决定了人们"响应"的策略、规模和强度
			土壤侵蚀模数	
	影响指标		土壤侵蚀或污染严重地区的人口规模	
			土壤侵蚀或污染造成的农业产量下降规模、土壤侵蚀或污染造成的地表植被变化、受水土流失影响流域的年河沙淤积量	
			土壤侵蚀或污染造成的极端灾害爆发频率和强度	
生物状况	压力指标	正反馈	单位产业用地保护的植物和动物数量、单位产业用地保护的濒危物种数量等	可采用替代成本法等方法测算其"正外部效应"市场价值
		负反馈	单位产业用地造成植物的损失量、单位产业用地造成动物的损失量、单位产业用地造成的濒危物种损失量等	
	状态指标		区域各动植物种群数量及主要种群规模、濒危物种规模	"负外部效应"决定了人们"响应"的策略、规模和强度
			生物多样性指数	
	影响指标		单位土地的空气和水体的自然净化能力降低、单位土地的固体废弃物分解能力降低、减少了人们与自然生物接触的机会	
			区域天然药材和基因储备量减少	
			极端生物灾害爆发频率与规模	

生态系统服务生态价值评估指标集（响应指标）　　　　　　　　　　表 3-15

评估因素	响应措施	生态系统服务消费的响应指标	生态系统服务功能提升的响应指标
大气环境	控制空气污染物排放	污染物排放相关消费控制的行政管理费用、污染物排放相关消费品的生产技术升级费用等	污染物排放相关生态系统服务功能提升方式的技术升级和改造费用等
	控制温室气体排放	温室气体排放相关消费控制的行政管理费用、温室气体排放相关消费品的生产技术升级费用等	温室气体排放相关生态系统服务功能提升方式的技术升级和改造费用等
	提升大气净化能力	温室气体固化和空气污染物净化的自然生态功能单元的建设和维护费用	温室气体固化和空气污染物净化的自然生态功能单元的建设和维护费用
水环境	控制水体污染物排放	污染物排放相关消费控制的行政管理费用、污染物排放相关消费品的生产技术升级费用等	污染物排放相关生态系统服务功能提升方式的技术升级和改造费用等
	提升水体污染物净化能力	水体净化的自然生态功能单元的建设和维护费用、水体污染净化处理工程建设和维护费用	水体净化的自然生态功能单元的建设和维护费用、水体污染净化处理工程建设和维护费用
土壤状况	土壤污染物排放控制	土壤污染物排放相关消费控制的行政管理费用、土壤污染物排放相关消费的生产技术升级费用等	土壤污染物排放相关生态系统服务功能提升方式的技术升级和改造费用等
	土壤污染治理	用于土壤污染治理的工程建设费用	用于土壤污染治理的工程建设费用
	土壤侵蚀控制	减少土壤侵蚀的自然生态功能单元的建设和维护费用	减少土壤侵蚀的自然生态功能单元的建设和维护费用
生物状况	管控生物多样性损失	生物多样性损失相关消费控制的行政管理费用、人工替代品的研发和生产费用	生物多样性损失相关生态系统服务功能提升的行政管理费用、生物多样性损失相关提升方式的技术升级和改造费用等
	生物多样性恢复	具有生物多样性恢复功能的自然生态功能单元的建设和维护费用、人工干预生物多样性恢复的费用	具有生物多样性恢复功能的自然生态功能单元的建设和维护费用、人工干预生物多样性恢复的费用

注："响应指标"是对环境影响的"应对"，包括对特定消费行为的限定、污染物排放控制等措施，与经济直接关联，是对生态系统服务消费环境影响价值可量化的体现。"响应指标"的量化结论受"驱动力、压力、状态、影响"指标的影响。

经济行为与核心生态系统服务功能空间保护和营建的关联度评价表　　　　　　表 3-16

服务类型	具体服务	影响生态系统的生态系统服务消费和功能提升相关经济行为	关联的生态系统服务功能空间	核心判定依据	关联度评价指标	评价权重分值
供给服务	食物	有利行为：动植物栖息地保护、果树经济林种植等	如不同类型和质量的森林、草地、湿地、湖泊、河流、农田等空间	生态灾害应对的要求	影响强度	30
				自然生态格局保护的要求	影响范围	15
				人居环境品质提升的要求	影响频率	15
		不利行为：毁林开荒、高污染养殖、过度获取捕杀动植物等		"规模、质量、位置"等空间物理特征	是否可恢复	20
					恢复难度及周期	20

续表

服务类型	具体服务	影响生态系统的生态系统服务消费和功能提升相关经济行为	关联的生态系统服务功能空间	核心判定依据	关联度评价指标	评价权重分值
调节服务	空气质量优化	有利行为：天然林保护工程、退耕还林计划、利于空气净化的室内植物养殖等	如不同类型和质量的森林、草地、湿地、湖泊、河流、农田等空间	生态灾害应对的要求	影响强度	30
				自然生态格局保护的要求	影响范围	15
				人居环境品质提升的要求	影响频率	15
		不利行为：无		"规模、质量、位置"等空间物理特征	是否可恢复	20
					恢复难度及周期	20
	气候调节	有利行为：天然林保护工程、退耕还林计划、水体保护、湿地保护、草地保护等	如不同类型和质量的森林、草地、湿地、湖泊、河流、农田等空间	生态灾害应对的要求	影响强度	30
				自然生态格局保护的要求	影响范围	15
				人居环境品质提升的要求	影响频率	15
		不利行为：无		"规模、质量、位置"等空间物理特征	是否可恢复	20
					恢复难度及周期	20
文化服务	教育载体	有利行为：对具有教育载体功能的生态系统空间要素的保护与优化等	如不同类型和质量的森林、草地、湿地、湖泊、河流、农田等空间	生态灾害应对的要求	影响强度	30
				自然生态格局保护的要求	影响范围	15
				人居环境品质提升的要求	影响频率	15
		不利行为：人类过度干预		"规模、质量、位置"等空间物理特征	是否可恢复	20
					恢复难度及周期	20

注：权重分值可采用专家打分法确定。本表仅选择了部分具体服务进行了指标说明，其他服务在具体评价时再展开阐述。

生态系统服务的筛选"和"指导重点发展生态系统服务决策"为核心的 2 级生态系统服务综合价值判断平台（图 3-9）。

其中 A 价值主线聚焦"经济激励"，以市场经济逻辑为主线，从"市场经济"的视角，涵盖"生态系统服务的生产、流通、消费全过程"，统筹分析"不同生态系统服务的市场价值、外部效应决定的生态系统服务生态价值、对不同利益主体经济激励的强弱判断"三方面各项指标，

结合生态系统服务市场形势创新发展，拉近"私人和社会成本、私人和社会利益"，促进生态系统服务市场规模增长，强化"人们开展利于生态保护的生态系统服务相关经济行为"的经济动机为评估工作目标。以期通过"生态系统服务综合经济价值评估"为建立"促进区域生态保护的经济激励机制"提供基础研究的支撑。

B 价值主线聚焦"生态空间"，为提升生态系统服务相关经济行为促进区域生态保护的效

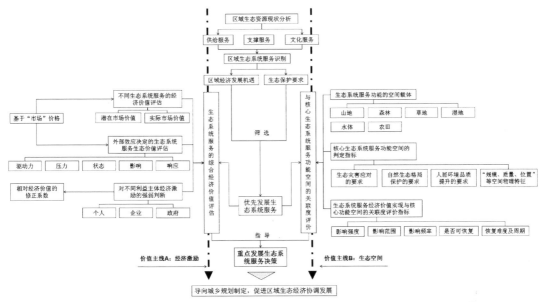

图 3-9　基于 AB 二维价值主线的生态系统服务综合价值认知模型

率，需要对其"与核心生态系统服务功能空间的关联度"进行评价。通过"生态灾害应对的要求、自然生态格局保护的要求、人居环境品质提升的要求、空间物理特性"等方面分析，确定核心生态系统服务功能空间，以此为基础，从"增加绿地营建的规模、增加绿地的质量、影响强度、影响范围、影响频率、是否可恢复、恢复难度及周期"等方面开展生态系统服务产业化发展与核心生态系统服务功能空间的关联度评价，关联度越高，代表相关生态系统服务产业越发达对于生态保护越有利，研究发现综合评分在 35 分及以上的为"优先发展"，15~35 分之间的为"加快发展"，15 分以下的为"限制发展"

3.4.2　生态系统服务综合价值评估结论认识象限图

生态系统服务综合价值由"生态系统服务综合经济价值指标、与核心生态系统服务功能空间的关联度指标"决定，原则上生态系统服务的综合经济价值越大，相关经济行为与核心生态系统服务功能空间的保护和营建的良性关联越

高，则该生态系统服务对于促进区域生态经济协调发展的综合价值越大，理论上应优先选取作为重点发展的生态系统服务。基于"经济激励与生态空间"的不同价值取向，我们可以如图 3-10 所示去认识生态系统服务的综合价值。

当 X 轴与 Y 轴同向时，不同生态系统服务综合价值的大小易于识别。如在 I 类同 II、III、IV、V 类生态系统服务间进行优先发展生态系统服务选择时，我们可以清晰地识别 I 类生态系统服务的综合经济价值低于 II、III、IV、V 类生态系统服务，产业发展潜力低，同时其与生态系统服务功能空间的关联度也较低，对生态保护的贡献差，以协调生态经济发展的角度看，可以得出结论：I 类生态系统服务不宜作为重点发展对象，应优先选择 II、III、IV、V 类生态系统服务。

但在 X 轴与 Y 轴反向时，不同生态系统服务综合价值的大小不易理清。如 II 类生态系统服务与 III 类生态系统服务间，或 III 类生态系统服务与 V 类生态系统服务间进行比较时，其中一类生态系统服务的综合经济价值较高，但其与生态系统服务功能空间的关联度较低，经济

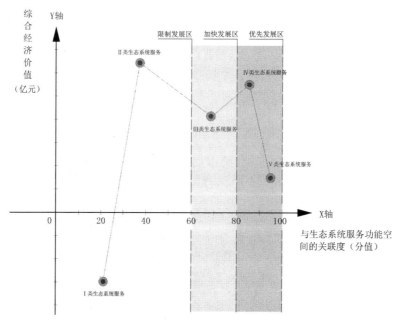

图 3-10　生态系统服务综合值认识象限图

发展与生态保护存在相悖特征，其生态经济协调综合价值难以以统一标准予以衡量。我们往往难以得出明确的结论。这时候就需要我们结合地方发展实际，综合多方面因素，统筹平衡后作出决策，而这往往是我们经常不得不面对的情况。

3.4.3　不确定环境下生态系统服务辅助决策模型构建

　　生态系统服务综合价值的评估目的是为确定重点发展生态系统服务的战略决策提供支撑，但由于作为耦合介质的"生态系统服务"受"经济系统"与"生态系统"两方面多重因素及复杂指标体系的影响，同时因技术条件的限制，还面临着信息不完全、不准确，以及部分生态系统服务间存在价值相悖的问题，这都导致了在确定重点发展生态系统服务的战略决策过程中，决策者不得不面对太多的数据和选择依据

的风险[1]，其决策环境具有"不确定性、多阶段和多目标"的特点，本书将引入系统论中的一种"不确定环境下多阶段多目标"（Uncertainty, multistage and multi-object，UMM）决策模型技术[2]，在生态系统服务综合价值评估的基础上，构建辅助重点发展生态系统服务决策的 UMM 模型，以期在"X 轴与 Y 轴反向状态"下，帮助我们做出更适当的决策。

　　（1）UMM 辅助决策模型

　　UMM 辅助决策模型是在贝叶斯网络（Bayesian network，BN）[3]的基础上扩展构建的，为求解不确定环境下的多阶段多目标决策问题的一种辅助决策模型。即在决策条件已知或部分已知时，依次确定各阶段决策选择，并利用公式（3.1）计算各决策方案的效用，然后在 p 种决策方案中选出最优的一种，或给出 p 种决策方案的优先顺序，供决策者参考。

① Dekker R，Scarf P. On the impact of optimization models in maintenance decision making : The state of the art[J]. Reliability Engineering and System Safety，1998，60：111-119.

② 蔡志强，孙树栋等. 不确定环境下多阶段多目标决策模型 [J]. 系统工程理论与实践. 2010（9）：1622-1629.

③ 贝叶斯网络是基于概率推理的一种图形化概率网络，于 1988 年由美国国家工程院院士 Judea Pearl 提出，其目的在于解决不确定性和不完整性问题，是目前不确定知识表达和推理领域最有效的理论模型之一。

$$\gamma(S_i) = \sum_{i=1}^{n} \sum_{k=1}^{q^j} W_j^k P_{ij}^k , \quad 1 \leqslant i \leqslant p \qquad (3.1)$$

集合 $S=\{S_1,\ S_2,\ \cdots,\ S_p\}$ 表示问题所有可行的决策方案集合；$W=\{W_1,\ W_2,\ \cdots,\ W_n\}$ 表示各决策目标对应的权重系数向量集合，且 $\sum_{j=1}^{n} \max(W_j) = 1$；$P = \left\{P_{ij}\right\}_{p \times n}$ 是一个决策矩阵，P_{ij} 表示在不确定环境下，第 i 个决策方案对第 j 个决策目标的影响，是一个随机向量，即执行第 i 个决策方案后，决策目标 O_j 取第 k 种值的概率为 P_{ij}^k。

用 $P\left(O_j = O_j^k | S_i,\ C_{now}\right)$ 代替式（3.1）中的 P_{ij}^k，计算所有决策价值节点的取值之和，即该方案的效用，如式（3.2）所示。

$$\gamma(S_i) = \sum_{j=1}^{n} \sum_{k=1}^{q^j} W_j^k \times P(O_j)$$
$$= O_j^k \left| \pi(O_j) \right| \times P(\pi(O_j) | S_i, C_{now}) \qquad (3.2)$$

模型利用决策过程中变量间的条件独立关系以分解决策矩阵，基于贝叶斯网络，实际建模时只需考虑当前节点与其父节点之间的关系即可，以降低参数规模。根据变量特征的不同，节点分为"决策环境节点集合 C、决策选择节点集合 D、决策传递节点集合 E、决策目标节点集合 O 以及决策价值节点集合 V"五个子集，UMM 模型按节点所属子集类型确定模型的有向边方向，决策环境节点属于先验信息，只被其内部要素影响；决策选择节点是进行选择的核心，它以决策环境节点信息为判断依据，同时又和决策环境节点一并影响决策目标节点和决策传递节点；决策传递节点又会影响下一阶段决策选择节点的决定；决策价值节点则只受决策目标节点影响，是决策目标的量化表示（图 3-11）。

（2）重点发展生态系统服务决策模型构建步骤与节点选取

重点发展生态系统服务决策的 UMM 决策模型构建主要步骤包括：一是首先确定决策问题

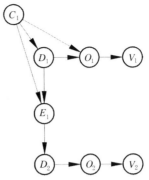

图 3-11 基本 UMM 决策模型网络拓扑结构图
资料来源：蔡志强、孙树栋等. 不确定环境下多阶段多目标决策模型 [J]. 系统工程理论与实践. 2010（9）：1622-1629.

的目标节点集合 O，它们是决策者需要衡量的关键因素；二是确定决策问题的选择节点集合 D，它们是决策者需要做出判断的对象；三是基于目标节点和选择节点集，分析确定决策环境节点集合 C 和决策传递节点集合 E；四是确定决策价值节点集合 V；五是基于节点间的因果依赖关系确定向边，明确模型的网络拓扑结构；六是通过专家咨询或历史统计资料分析等方法，确定模型中各节点的概率参数；七是在步骤五和六的基础上，建立 UMM 决策模型。

重点发展生态系统服务决策模型的节点选取如表 3-17 所示。

（3）网络拓扑结构

根据因果关系建立各节点之间的关联关系，作者认为重点发展生态系统服务决策模型的网络拓扑结构如图 3-12 所示。

（4）概率参数

UMM 模型中，决策环境节点只需确定其先验概率即可；决策选择节点在决策者未进行决策前，默认各具体决策选择等概率分布；对于决策目标节点和决策传递节点，它们均有父节点，必须给出其条件概率分布；决策价值节点则以对应的目标节点可行状态的权重代替概率分布。具体来说，重点发展生态系统服务决策模型中决策环境节点的先验概率与进行决策时的实时情况有关，应在决策前根据不同区域的

重点发展生态系统服务决策模型节点描述　　　　　　　表 3-17

类别	节点	标识	离散状态
决策环境节点	经济条件	C_1	ADVANCE, BACKWARD
	环境承载力	C_2	STRONG, WEAK
决策选择节点	经济贡献大小	D_1	BIG, MID, SMALL
	生态保护强度	D_2	HIGH, LOW
决策传递节点	生态环境变化	E_1	POSITIVE, NEGATIVE
决策目标节点	经济发展	O_1	FAST, MID, SLOW
	生态建设	O_2	GOOD, MID, BAD
	协调效果	O_3	OK, FAULT
决策价值节点	经济效益	V_1	W_1^F, W_1^M, W_1^S
	生态效益	V_2	W_2^G, W_2^M, W_2^B
	协调效益	V_3	W_3^O, W_3^F

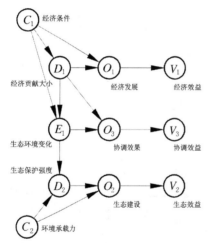

图 3-12　重点发展生态系统服务决策模型网络拓扑结构图

实际状态给出；决策选择节点默认为等概率分布；其他节点概率如下所述。

E_1：生态环境变化

生态环境变化是衡量经济发展对环境影响的主要指标，当在经济贡献大小中选择了追求经济利益最大化（BIG），而当前地区经济条件相对落后时，则极易引起负面（NEGATIVE）的生态环境变化。当选择追求适度（MID）或偏小（SMALL）的经济利益时，地区经济越发达的地区则经济发展对环境的负面影响越小或正面影响越大。生态环境变化概率分布见表 3-18。

O_1：经济发展

经济发展快慢是衡量一个地区经济发展活力的主要指标。经济关系民生，地区经济条件的优劣，往往决定了决策者追求经济利益大小的决心。经济欠发达（BACKWARD）地区，更倾向于在经济贡献大小中选择追求经济利益最大化（BIG），以谋求更快的经济发展。经济发展概率分布见表 3-19。

O_2：生态建设

生态建设优劣是衡量一个地区生态保护效果的主要标准。经济发展对生态环境造成的变化，会影响决策者对生态保护强度的确定。环境承载力大（STRONG）的地区，当其生态保护强度高（HIGH）时，生态建设往往更优（GOOD）；反之，环境承载力小（WEAK）的地区，决策者选择生态保护强度低（LOW）时，往往会带来生态建设差（BAD）的结果。生态建设概率分布见表 3-20。

O_3：协调效果

协调与否是衡量经济发展与生态建设协调效果的主要标准。当决策者选择了追求经

决策传递节点（E_1）：生态环境变化概率分布　　　　　　表 3-18

经济条件	经济贡献大小	生态环境变化	
		POSITIVE	NEGATIVE
ADVANCE	BIG	50%	50%
ADVANCE	MID	75%	25%
ADVANCE	SMALL	100%	0%
BACKWARD	BIG	25%	75%
BACKWARD	MID	50%	50%
BACKWARD	SMALL	75%	25%

决策目标节点（O_1）：经济发展概率分布　　　　　　表 3-19

经济条件	经济贡献大小	经济发展		
		FAST	MID	SLOW
ADVANCE	BIG	100%	0%	0%
ADVANCE	MID	50%	50%	0%
ADVANCE	SMALL	0%	50%	50%
BACKWARD	BIG	100%	0%	0%
BACKWARD	MID	50%	50%	0%
BACKWARD	SMALL	0%	50%	50%

决策目标节点（O_2）：生态建设概率分布　　　　　　表 3-20

环境承载力	生态保护强度	生态建设		
		GOOD	MID	BAD
STRONG	HIGH	100%	0%	0%
STRONG	LOW	0%	25%	75%
WEAK	HIGH	75%	25%	0%
WEAK	LOW	0%	0%	100%

济利益最大化（BIG），生态环境变化为积极（POSITIVE）时，则经济发展与生态建设的协调效果往往表现为协调（OK）；当经济利益偏小（SMALL），生态环境变化为消极（NEGATIVE）时，则经济发展与生态建设肯定不协调（FAULT）。协调效果概率分布见表 3-21。

V_1：经济效益

生态系统服务产业化发展促进经济发展的同时，将带来经济效益，见表 3-22，整个决策问题的经济效益为 $V_1 = \sum_i^{F,M,S} P(O_1 = i) \times W_1^i$。

V_2：生态效益

生态系统服务产业化发展在推动生态建设的同时，将带来生态效益，见表 3-23，整个决策问题的生态效益为 $V_2 = \sum_i^{G,M,B} P(O_2 = i) \times W_2^i$。

V_3：协调效益

协调效益主要由协调效果决定。如表 3-24所示，协调效益为。$V_3 = \sum_i^{O,F} P(O_3 = i) \times W_3^i$

决策目标节点（O_3）：协调效果概率分布 表3-21

经济贡献大小	生态环境变化	协调效果	
		OK	FAULT
BIG	POSITIVE	100%	0%
BIG	NEGATIVE	25%	75%
MID	POSITIVE	75%	25%
MID	NEGATIVE	10%	90%
SMALL	POSITIVE	50%	50%
SMALL	NEGATIVE	0%	100%

决策价值节点（V_1）：经济效益概率分布 表3-22

经济发展	FAST	MID	SLOW
经济效益	W_1^F	W_1^M	W_1^S
	0.3	0.15	0

决策价值节点（V_2）：生态效益概率分布 表3-23

生态建设	GOOD	MID	BAD
生态效益	W_2^G	W_2^M	W_2^B
	0.3	0.15	0

决策价值节点（V_3）：协调效益概率分布 表3-24

协调效果	OK	FAULT
协调效益	W_3^O	W_3^F
	0.4	0

注：以上各表中各概率分布数值和权重系数均采用专家计分法确定

（5）模型建构与求解

所有介质节点的值之和即为重点发展生态系统服务决策模型的最终量化标准，模型求解的目标就是提供一重点发展生态系统服务选择，使得 $\sum_{n=1}^{3} V_n$ 达到最大值。当决策环境节点取值为 $P（C_1=BACKWARD）=1$、$P（C_1=WEAK）=0.6$ 时，根据公式（3.2）计算某产业发展决策方案的效用如式（3.3）所示，计算所得的各决策方案效用如表3-25所示，可见，在当前假定决策环境下，采用第1种发展方案能取得最大的效果，同时由表3-25可见为了更快的经济发展速

度牺牲生态保护，并不能取得更好的发展效果，如$\gamma(S_3)$优于$\gamma(S_2)$。再以拟"重点发展生态系统服务"与"经济贡献大小、生态保护强度"的关联性位依据，最终确定具体重点发展的生态系统服务。

$$\gamma(S_i) = \sum_{j=1}^{3} \sum_{k=1}^{q^j} W_j^k \times P(O_j$$
$$= O_j^k | \pi(O_j)) \times P(\pi(O_j) | S_i, P(C_1 \quad (3.3)$$
$$= BACKWARD)$$
$$= 1, P(C_1 = WEAK) = 0.6))$$

当前决策环境下不同决策方案效用对比　　　　　　　　表 3-25

序号（i）	经济贡献大小	生态保护强度	效应
1	BIG	HIGH	0.753
2	BIG	LOW	0.49
3	MID	HIGH	0.673
4	MID	LOW	0.41
5	SMALL	HIGH	0.503
6	SMALL	LOW	0.255

注：具体计算方法详见蔡志强，孙树栋 等 . 不确定环境下多阶段多目标决策模型 [J]. 系统工程理论与实践 . 2010
（9）：1622-1629.

第4章 三峡库区优先发展生态系统服务产业选择研究

4.1 库区优先发展生态系统服务产业选择工作步骤

如图4-1所示，通过前文研究，本书将三峡库区优先发展生态系统服务的产业选择工作分为以下5个步骤：

步骤1 在"人居环境"语境下，全面梳理库区"居住系统、支撑系统、自然系统"的生态系统服务类型；

步骤2 分析库区"人类系统、社会系统"的相关经济、社会、生态特征和消费习惯，并以区域经济发展的视角，明确区域经济分工和产业集聚趋势；

步骤3 筛选并确定库区优先选择发展的生态系统服务清单；

步骤4 在明确优选生态系统服务市场化实现途径的基础上，遵循其市场化特征，聚焦优选生态系统服务的消费和功能提升，针对性地拟定其涵盖"直接市场、假想市场"两方面的经济价值评估指标体系，甄选"机会成本法、替代成本法"等技术方法，量化其市场价值，同时对优选生态系统服务从消费和功能提升两方面，在"驱动力—压力—状态—影响—响应"（DPSIR）框架上，建立评估指标体系，开展环境影响价值评估，从经济的角度量化其生态价值；

步骤5 在综合经济价值评估的基础上，结合库区生态保护的实际需求，以"空间"为载体，将"生态系统服务市场构建和功能提升"的相关经济行为与"核心生态系统服务功能空间保护和营建"的关联度纳入评估体系，从而完成

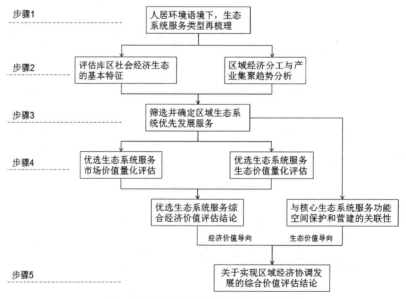

图4-1 生态系统服务综合价值评估工作框架

最有利于推动库区生态与经济协同发展的优先发展生态系统服务产业甄选。

4.2 库区生态系统服务体系梳理与空间特征分析

4.2.1 库区生态系统服务体系梳理

三峡库区是我国整体发展格局中十分重要的自然、经济区域，是长江流域经济和生态建设的重点地区，有着较为完整的生态系统服务体系。

首先，从库区现有产业基础的角度分析。库区有着优越的区位条件和丰富的资源，产业发展有着一定的基础，但受三峡工程前期论证及移民搬迁、工程建设的巨大影响，区域产业发展起步晚，库区特别是腹心地区产业经济发展表现出"一产弱、二产虚、三产不强"的特征[1]。同时，库区产业具有明显的"资源加工型"特点[2]，目前库区主要产业具体包括以水电为主，火电、天然气为辅的能源产业；以钒铁矿资源和天然气资源开发发展起来的重化工工业；以柑橘等农副产品为资源的食品饮料产业；以生物资源开发发展起来的现代中医药产业；以历史文化资源和特色景观资源开发发展起来的旅游产业等。其中，能源产业上游的水资源、煤炭资源、天然气资源属于人居环境自然系统中的生态系统供给服务；重化工工业上游的钒铁矿资源、天然气资源以及速生经济林属于人居环境自然系统中的生态系统供给服务；食品饮料产业上游的柑橘、生猪、梨、奶牛等农产品均属人居环境自然系统中的生态系统供给服务；现代中医药产业上游的中医药材属于人居环境自然系统中的生态系统供给服务；旅游产业的公园、古镇等特定空间载体属于人居环境居住、支撑及自然系统中的生态系统文化服务。

其次，从库区承担的生态保护任务的角度分析。就库区外部来看，三峡库区是我国最大的水利枢纽工程库区，其水环境质量对长江中下游生产生活有着重大影响，有效提升水土保持功能，优化水环境是库区最重要的生态保护任务。就库区内部来说，库区需要增加城镇绿化，提升城镇生态环境品质；以现代园林景观营造的方法，提升绿地空间品质；有效保护和维护湿地等污水、垃圾自然净化空间；营造更具特色的自然文化景观，提升旅游文化产品品质；构建生态空间自发展机制，提高生态空间使用和维护效率等。其中水土保持属于人居环境自然系统中的生态系统调节服务；增加城镇绿化，提升城镇生态环境品质，属于人居环境居住系统中的生态系统调节服务；提升绿地空间品质，属于人居环境居住和支撑系统中的生态系统文化服务；有效保护和维护湿地等污水、垃圾自然净化空间，属于人居环境支撑系统中的生态系统调节服务；构建生态空间自发展机制，属于人居环境自然、居住和支撑系统中生态系统服务的衍生服务。

总体来看，三峡库区人居环境中的自然系统主要提供了生态系统供给服务和调节服务，是库区能源产业、重化工工业、食品饮料产业、现代中医药产业的基础，"水土保持"是实现库区生态保护的核心生态系统服务功能；库区人居环境中的居住系统主要提供了生态系统调节服务和文化服务，库区独特的居住空间形态为旅游产业发展提供了旅游资源基础，库区以"城镇"为主的聚居空间中不断增加的绿地提升了生态系统的调节服务功能，更优美宜人的绿地空间优化了生态系统的文化服务功能；库区人居环境中的支撑系统主要提供了生态系统调节服务和文化服务，其自然净化空间是生态系统调节功能实现的重要载体，支撑系统的绿地空

① 段炼. 三峡区域新人居环境建设研究 [M]. 南京：东南大学出版社. 2011, 3, P129.
② 田代贵 主编. 长江上游经济带协调发展研究 [M]. 重庆：重庆出版社. 2006, 8, P15.

间品质提升也是生态系统文化功能优化的重要保障（图4-2）。

4.2.2 库区生态系统服务功能空间特征分析

（1）空间特征

"山与水"是库区空间的两大典型基础要素，受此影响，库区的生态系统服务具有其独特的空间特征，即"山地"与"流域"特征。

具体来说，库区人居环境自然系统的生态系统供给服务功能空间具有"空间分布相对分散，规模相对较小，空间多随山体起伏，相邻空间利用适应性差异较大"等特征；库区人居环境自然系统的生态系统调节服务功能空间具有"地形起伏大，雨水冲刷强度大"等特征；库区人居环境自然系统的生态系统文化服务功能空间具有"形态丰富多样，时空差异明显"等特征。

库区人居环境居住系统的生态系统调节服务功能空间具有"规模多相对较小，地形起伏大"等特征；库区人居环境居住系统的生态系统文化服务功能空间具有"房屋依山就势，立体空间形态丰富"等特征。

库区人居环境支撑系统的生态系统调节服务功能空间具有"空间破碎程度相对较高，规模多相对较小"等特征；库区人居环境支撑系统的生态系统文化服务功能空间具有"工程与山地结合紧密，规模多相对较大"等特征。

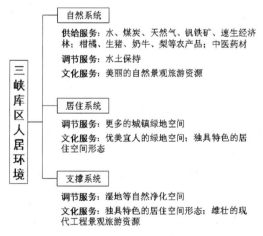

图4-2 三峡库区的主要生态系统服务

（2）山地地形对空间营造的影响

①"远灾险、近路水、择平缓"：山地城镇建设用地选择中的生态导向策略

山地城镇用地选择的核心原则可简单概括为"趋吉避险，因势利导"。早在战国时期，管仲在《管子·乘马第五》中就提出"凡立国都，非于大山之下，必于广川之上；高毋近旱，而水用足；下毋近水，而沟防省；因天材，就地利，故城郭不必中规矩，道路不必中准绳"。《管子·度地第五十七》也记载了"圣人之处国者，必于不倾之地，而择地形之肥饶者。乡山，左右经水若泽。内为落渠之写，因大川而注焉。乃以其天材、地之所生，利养其人，以育六畜"，体现了古人在城镇用地选择时淳朴的"趋吉避险，因势利导"的思想。

山地区域有地质条件复杂，易发地质灾害；空间分割，对外联系困难；平地稀少，建设成本较高等特点，本着"趋吉避险，因势利导"的原则，山地城镇建设用地选择时应远离地质灾害影响区，选择地质条件稳定、对外交通联系相对方便、生活用水用能更为便利、地势较为平坦或缓坡用地。概括来说，即为"远灾险、近路水、择平缓"。随着现代地理信息系统技术的快速发展，我们针对基本原则选择的非唯一性和定量研究缺乏的问题，进一步对城镇用地选址影响因子等进行了细化，并利用地理信息系统技术开展相应的定量研究，但目前影响因子选取和影响权重确定还有待完善。

②"集中—分散"协同：山地城镇空间布局中的生态导向策略

山地城镇的空间布局形态是山地地形、地貌、水文特征决定的必然结果，人类应尊重山地区域自然的生态格局，避免"大填大挖"，避免一味的野蛮的"平山造地"，过分强调城镇建设用地的集中布局。"山—地—城"应共生发展，缺一不可；山地城镇建设用地布局应突出"集中—分散"相协同的布局原则。根据山地自然特征科学确定山地城镇空间布局形态。山地城镇空间布局形态一般分为：集中紧凑型结构、组团型结构、带型结构、绿心结构及混合型结构，其中组团型结构又可分为单中心组团型结构、多中心组团型结构，多中心组团结构再深化和扩张即为星座型结构；绿心结构可分为单中心环绿心生态空间结构、多中心环绿心生态结构；带型结构可分为单中心带型结构和多中心带型结构，随着其发展扩张可衍生出糖葫芦型结构（或称串连式、串珠式）、长藤节瓜型结构等；混合型结构即组团式加带状式，其最典型的形态为指掌型结构和树枝形结构。

同时，山地城镇空间布局结构并非一成不变，它随着该城镇的城镇化进程和经济社会发展而变化，是一个动态的发展变化过程。

③山地城镇道路交通组织中的生态导向策略

山地城镇道路交通组织受地形制约，较平原城市道路组织难度大，建设和维护成本高，且呈现出时空分布不均、复杂多样、立体化特征明显。在多为分散组团式布局的山地城镇建设中，合理、便捷的交通组织显得尤为重要。山地城镇建设在进行道路选线和建设时多从自然地形因素考虑，选线应因地制宜，随山就势，主要道路多顺应地形等高线布置，道路坡度同道路等级呈反比，线形多弯曲蜿蜒，以尽量减少土石方工程量；垂直等高线方向多布置人行步道、缆车或升降电梯。

建设用地布局形态与山地自然地形条件是山地城镇道路交通组织的两大基础，道路建设工程量控制（包括排水管线等配套设施建设工程量控制）、交通量和便捷度需求、城镇景观营造等三要素的权重与平衡是山地道路交通组织形态的决定因素。

④山地城镇景观与绿化营建中的生态导向策略

山地区域自然生态环境中的山体、河流、湖泊、湿地、坡地、田野等自然景观元素，极大地丰富了山地城镇景观与营造特色，山地地形和地表肌理的丰富变化，使得山地城镇景观和绿化具有独特的韵味和美感。山地城镇景观营造中应尊重自然、因借自然[①]。将多样性的山地自然生态要素作为城镇特色景观塑造的基础，通过巧妙的借用和利用区域山体自然景观要素，结合地形地貌特征，丰富城镇景观层次，营造"山—水—城—田"融合一体的山地城镇景观。

⑤山地城镇建筑空间组合形态中的生态导向策略

"在一切产生建筑地区性的因素中，最原始的因素还是生态环境因素，这一因素激发了适应性的经济文化类型与适宜性的技术体系。"[②] 山地地形和地质条件，通过采光、通风、原生建筑材料、接地形态、功能组织等方面对建筑产生了重大影响（图 4-3）。如山体对风和建筑的影响，在迎风坡区，风向垂直于等高线，建筑应多采用平行或斜交等高线布置；在顺风坡区，气流沿等高线方向流动，建筑应多采用斜交等高线布置；在背风坡区，由于存在绕风或涡风现象，一般布置通风要求低的建筑；在涡风区，情况严重时一般只布置不需要通风的建筑；在高压区，由于风压较大，建议不在此布置高楼大厦，以免因提高抗风结构费用而增加建筑建造成本，避免造成建筑背面涡风的加强；在越山风区，建筑建造和布局上应注意冬季防风。

4.3　库区社会经济生态基本特征与生态经济阈值分析

4.3.1　库区社会经济生态基本特征

历经工程性百万移民，三峡工程建设完工，库区进入后三峡时代，当前库区社会经济生态主要呈现以下特征：

① 徐思淑，徐坚.山地城镇规划设计理论与实践 [M].北京：中国建筑工业出版社.2012（8），P98.
② 毛刚.生态视野——西南高海拔山区聚落与建筑 [M].南京：东南大学出版社.2003，P192.

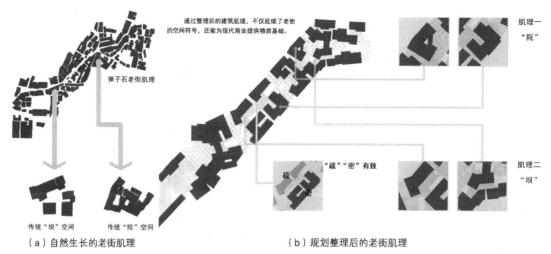

通过整理后的建筑肌理，不仅延续了老街的空间符号，还能为现代商业提供物质基础。

弹子石老街肌理

肌理一 "院"

"疏" "密" 有致

肌理二 "坝"

传统 "坝" 空间　　传统 "院" 空间

（a）自然生长的老街肌理　　　　　　　　　　　　（b）规划整理后的老街肌理

图 4-3　灵活丰富的山地建筑空间肌理

（1）社会特征

三峡库区受限于移民迁建，居住环境和生活方式的大变迁，后三峡时代之初面临着诸多遗留的社会问题，如"移民'返流'、移民'利益群体'形成、社会心态环境脆弱、产业空虚化综合症[①]、贫困放大人口压力、群体性规模集访"等问题并未得到根本上的解决，决定了当前库区社会"基本稳定，但隐患犹存"[②]的基本特征。

（2）经济特征

三峡工程的建设，导致库区经济发展具有明显的"限制发展期、扶持发展期、持续发展期"三阶段特征，目前库区经济发展正处于"扶持发展期"向"持续发展期"过渡的阶段。具体来说，库区在三峡工程建设阶段得益于移民资金和国家政策的大力扶持，整体经济水平有了很大的提高[③]，但受区域经济基础薄弱、产业结构欠合理、综合交通及配套设施建设滞后、产业发展用地资源稀缺等不利因素的影响，"库区贫困的面貌并没有根本的改变、产业结构未冲破低层次框架、投资环境差和产业经济效益低的状况未得到有效改善"[④]，似乎陷入了一个难以打破的"贫困恶性循环"[⑤]（图 4-4），随着国家和地方扶持力度的减弱，库区经济发展走向自我的、可持续的发展正面临着巨大的挑战。

（3）生态特征

三峡库区是我国长江上游重要的生态敏感区（Ecological Sensitive Area），是长江中下游的生态安全屏障，是《全国主体功能区规划》划定的"三峡库区水土保持生态功能区"（涵盖

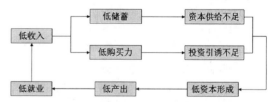

图 4-4　三峡库区"贫困恶性循环"示意图

资料来源：殷洁，张京祥.贫困循环理论与三峡库区经济发展态势 [J].经济地理.2008（7）：631–635.

① 孙元明.三峡库区"后移民时期"若干重大社会问题分析——区域性社会问题凸显的原因及对策建议 [J].中国软科学.2011（6）：24–33.
② 孙元明.三峡库区社会政治稳定风险评估研究 [J].重庆三峡学院学报.2011（2）：1–5.
③ 杨占锋，段海燕.重庆三峡库区经济发展现状分析 [J].郑州航空工业管理学院学报.2012（4）：46–51.
④ 陈孝胜.三峡库区经济发展与生态环境保护问题研究 [J].生态经济（学术版）.2012（5）：83–86.
⑤ 殷洁，张京祥.贫困循环理论与三峡库区经济发展态势 [J].经济地理.2008（7）：631–635.

巴东县、兴山县等 9 县）和"秦巴生物多样性生态功能区"（涵盖巫溪、城口 2 县），其生态环境质量直接关系到三峡工程的综合效益和长江中下游的生态安全。库区的生态环境保护具有"一体性"特征，许多生态环境问题的解决需要库区乃至整个流域的通力合作[①]。库区地貌以山地、丘陵为主，地形起伏大，易发生滑坡、塌方、泥石流等地质灾害，三峡工程运行后，库区河流流速变缓，水体自净能力降低，且随着水污染物排放量的增长，库区水质恶化加剧。建坝后，库区在水域增加的同时，建设用地明显增加，土地利用强度明显增大[②]，林地、湿地面积有所增加，耕地、荒地面积有所减少，其中坡度大于 25 度的耕地面积大幅度减少[③]。

水土保持是库区最重要的生态系统服务功能之一，其土壤侵蚀敏感性呈现库首和库尾较低，库区中部高（高敏感度和极敏感地区主要集中在巴东、巫溪、开县、奉节、云阳和万州等区县）的空间分异特征，究其原因库首和库尾均是高度城镇化地区，受硬化地表率高、地形起伏度较小等因素的影响，故土壤侵蚀敏感度相对较低；而库中敏感度较高则主要受土壤以沙壤质地的紫色土为主、地表硬化率低且林木覆盖质量较差、地形起伏度大等因素的影响。不同土地利用方式的土壤侵蚀强度差异明显，[137]CS 追踪法测试结果显示，土壤侵蚀强度呈现"耕地 > 园地 > 草地 > 荒地 > 林地"的大小顺序，耕地为中度侵蚀，园地、草地和荒地为轻度侵蚀，林地为微度侵蚀[④]。在生态多样性方面，三峡工程建成蓄水后，库区空间环境发展巨大

改变，动植物生境遭受不同程度的破坏或干扰，物种种类、数量、多样性等均与蓄水前明显不同，生物多样性安全受到明显威胁[⑤]，如三峡水库 175 米水位运行时，水库两岸将形成落差达 30 米、面积约 290 平方公里的消落带，并形成"河道型周期性湿地生态系统"[⑥]。还有的研究估算出库区 2008 年的生物量为 1.34×10^8 吨，碳储量为 6.37×10^8 吨[⑦]。

总之，受三峡水库大规模蓄水，大量原滨江空间被淹没的影响，在"水进人退"的过程中，"时空压缩"导致后三峡时代库区生态环境呈现"环境越发脆弱、生态承载压力空前加剧"的特征。

4.3.2　库区生态经济阈值分析

（1）民生导向的经济阈值分析

截至 2013 年底，三峡库区 22 个区（县）地区生产总值达 9657.75 亿元，较上年增长 10.06%，在占全国 0.65% 的土地上，获得了全国 1.71% 的 GDP，但同时存在"城乡差距和地区间差距大"（图 4-5、图 4-6）的问题。库区地区生产总值最低的县是湖北的五峰县，仅为 50.59 亿元，较最高的渝北区的 1001.76 亿元相差近 20 倍；库区城镇居民人均可支配收入为 20870 元，低于全国平均水平 22.57%，库区农村人均纯收入为 7147 元，低于全国平均水平 19.68%，库区农村人均纯收入最低的五峰县仅为 5001 元，较最高的重庆主城区的 13015 元低了约 2.6 倍。以"民生"保障为导向，基于库区乃至全国经济发展的总体趋势，针对库区经济发展面临的"城乡差距和地区间差距大"的问题，

① 罗翀，周志翔等 . 三峡库区生态功能区划研究 [J]. 人民长江 . 2010（4）：27-31.
② 曹银贵，王静 等 . 三峡库区近 30 年土地利用时空变化特征分析 [J]. 测绘科学 . 2007（6）：67-170.
③ Zhang J X，Liu Z J，Sun X X. Changing landscape in the Three Gorges Reservoir Area of Yangtze River from 1977 to 2005：Land use/land cover，vegetation cover changes estimated using multi-source satellite data[J]. International Journal of Applied Earth Observation and Geoinformation，2009（6）：403-412.
④ 董杰，杨达源 等 . [137]Cs 示踪三峡库区土壤侵蚀速率研究 [J]. 水土保持学报 . 2006（6）：1-5.
⑤ 沈国舫 . 三峡工程对生态和环境的影响 [J]. 科学中国人 . 2010（8）：48-53.
⑥ 翟俨伟 . 三峡库区生态环境面临的主要问题及治理对策 [J]. 焦作大学学报 . 2012（1）：90-93.
⑦ 郑冬梅 . 三峡库区森林生物量和碳储量的遥感估测研究 [J]. 遥感信息 . 2013（5）：95-98.

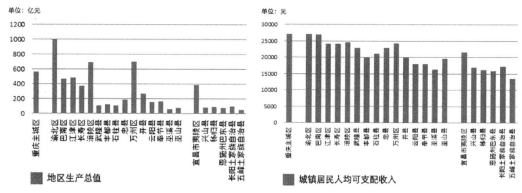

图4-5 三峡库区地区生产总值、城镇居民人均可支配收入地区差异分析图

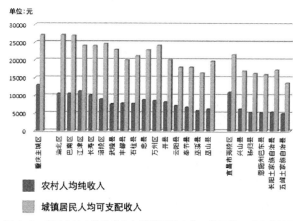

图4-6 库区农村人均纯收入与城镇居民人均可支配收入对比分析图

并参考国外发达国家发展经验，采用专家智爆法，确定库区经济阈值为：

库区整体经济年均增速应不低于7%；当前经济发展相对落后地区经济年均增速不低于10%，且应努力争取快于经济发达地区的经济增速；农村人均纯收入增速应高于城镇居民人均可支配收入增速，且年均增速不低于15%，城镇居民人均可支配收入年均增速不低于10%。

（2）环境承载力导向的生态阈值分析

良好的生态环境是库区实现可持续发展的基础，研究发现要实现生态经济的协调发展，应在明确了库区经济阈值的同时，以环境承载力为导向，明确库区生态阈值。对应经济阈值，其主要考虑指标选取：每万元GDP年均减少的"三废"排量、人均"三废"排放量年均减少量、库区"三废"排放减少总量。

重庆市统计年鉴（2014）数据显示，2013年重庆市GDP达到12656.69亿元，其中工业5249.65亿元。当年工业废水排放33450万吨，工业二氧化硫排放49.44万吨，工业烟（粉）尘排放量17.98万吨，产生工业固体废弃物3208万吨；排放生活污水108937万吨，生活二氧化硫排放5.33万吨，生活烟尘排放0.44万吨。则2013年重庆每万元GDP排放的工业和生活污水约11.25吨，二氧化硫0.0039吨，烟尘0.0015吨，工业固体废弃物0.25吨。2013年重庆市常住人口为2970万人，则当年工业和生活污水人均排放约47.94吨/人，二氧化硫0.018吨/人，烟尘0.006吨/人，工业固体废弃物1.08吨/人。按照国家节能减排的总体部署，并对比全国或发达地区相关数据，确定库区生态阈值为：

库区每万元 GDP 年均减少"三废"排放量不低于 7%；年均减少库区人均"三废"排放量不低于 10%；在 5 年内库区"三废"排放总量减少 40%~50%。

4.4　库区经济分工与产业集聚发展研究

4.4.1　区域发展宏观战略关联分析

库区生态经济协调发展需要科学的区域经济发展战略的指引，区域经济分工与产业集聚趋势是区域经济发展战略的两大核心内容[①]。因库区据长江上游，地处重庆市、湖北省和陕西省三省市交界处，涉及 22 个区（县），面积 6.22 万平方公里，区域间资源配置效率已成为影响库区生态经济协调发展，以及生态系统服务产业化进程的重要因素，需要我们关注库区区域经济分工和产业集聚趋势。

在全球化、市场化、城镇化的影响下，全球市场正在走向整合，"区域经济一体化"已成为增强地区经济竞争力，促进地区经济发展的重要形式[②]，区域经济分工正是其核心内涵之

一（图 4-7）。同时，受追求更多"分工利益"动机的驱使和现代市场竞争环境的影响，规模经济效益正逐渐成为区域分工的主导机制[③]。

区域经济分工与产业集聚受到国家、地方相关宏观发展战略的直接影响。

①在国家层面，加强区域生态保护，特别是水资源保护是三峡库区的重要使命，同时重点推动库区西部重庆主城区为核心的部分地区城镇化发展，以实现带动库区经济整体发展和满足库区人民改善民生的要求。

②在地方层面，依据自身发展实际，制定相应的发展政策，进一步落实国家对库区发展提出的生态保护为先，兼顾切实改善民生的要求。如基于《全国主体功能区规划》，以"主体功能区思想"指导区域发展；基于《国家新型城镇化规划（2014—2020）》，实现城镇化发展转型，突出"以人为本"，"让居民望得见山，看得见水，记得住乡愁"。[④]

4.4.2　库区经济分工与产业集聚趋势判断

经济过程由生产环节、流通环节、消费环节三部分构成，在生态文明语境下，生产又可分为人类主导的工业生产和自然主导的生态系

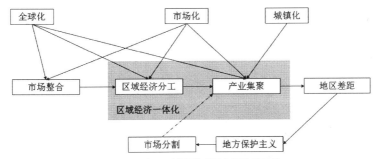

图 4-7　中国区域经济发展的经济学逻辑

资料来源：陆铭，陈钊 . 中国区域经济发展中的市场整合与工业集聚 [M]. 上海：上海人民出版社 .2006，P182.

① 陆铭，陈钊 . 中国区域经济发展中的市场整合与工业集聚 [M]. 上海：上海人民出版社 .2006.
② 王德忠，吴琳，吴晓曦 . 区域经济一体化理论的缘起、发展与缺陷 [J]. 商业研究 .2009（2）：18-21.
③ 孟庆民，杨开忠 . 以规模经济为主导的区域分工 [J]. 区域经济 .2001（12）：95-99.
④ 新玉言 编 . 以人为本的城镇化问题分析：《国家新型城镇化规划（2014—2020）》解读 [M]. 北京：新华出版社 .
　 2015，1，P1.

统服务生产，消费则可分为有形商品消费（包括工业产品消费和生态系统服务消费）和劳务消费，而进入流通环节的商品则包括工业产品类商品和服务类商品（包括生态系统服务商品以及人工服务商品）。由前文的分析可见，6.22万平方公里的三峡库区在特定的地理区位条件和自然生态禀赋限定下，不同地区应有不同侧重的区域经济分工和产业集聚引导，以求在保障生态系统与经济系统耦合的基础上，更好地实现库区的生态保护和民生改善目标。

（1）库区经济分工趋势判断

三峡库区22个区县，本书将从生产、流通和消费三个环节对其各自的区域经济分工作出判断。

判断一：在生产环节，库区将形成以重庆主城区（包括渝中区、沙坪坝区、南岸区、九龙坡区、大渡口区、江北区和高新区）以及渝北区、巴南区为核心，涵盖江津区、长寿区、涪陵区3区，以发展工业生产作为区域经济在生产环节的主要分工，形成"工业生产主导区"；巫山县、巫溪县、奉节县、云阳县、开县、万州区、忠县、石柱县、丰都县、武隆县，宜昌市夷陵区、

兴山县、秭归县，恩施州巴东县、长阳县和五峰县等16个区（县）将以发展生态系统服务生产作为区域经济在生产环节的主要分工，形成"生态系统服务生产主导区"（图4-8）。

判断二：在消费环节，应力争引导库区形成互补的差异化消费区，其中重庆主城区（包括渝中区、沙坪坝区、南岸区、九龙坡区、大渡口区、江北区和高新区）、渝北区、巴南区、江津区、长寿区、涪陵区6区是库区内部人口最集中的区域（占库区总常住人口的55%），也是库区内部的核心消费区和主要的生态系统服务消费市场；万州区、云阳县、开县位于库区中部，万州区更是库区第二大城市，"万—开—云"范围内集中了库区约20%的常住人口，是库区内部次要的生态系统服务消费市场；巫山县、巫溪县、奉节县、忠县、石柱县、丰都县、武隆县，宜昌市夷陵区、兴山县、秭归县，恩施州巴东县、长阳县和五峰县等13个区（县）将以生态保护为先导，积极挖掘生态产品，严格控制人口数量和开发强度，区内以工业产品消费为主（图4-9）。

判断三：在流通环节，研究发现生态经济

图4-8 三峡库区"生产环节"经济分工示意图

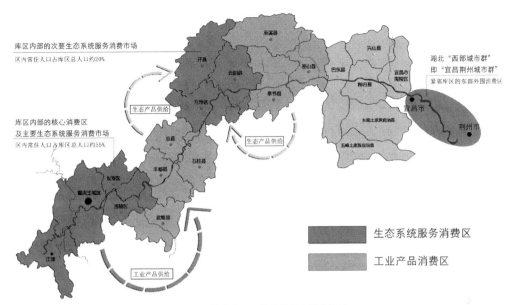

图 4-9　构建库区互补的差异化消费格局

协调发展的关键是实现生态系统服务的商品化，在此基础上，才能通过市场完成其价值显化，构建促进生态保护的、符合市场规律的经济激励机制。在人居环境语境中，库区的重庆主城区（包括渝中区、沙坪坝区、南岸区、九龙坡区、大渡口区、江北区和高新区）、渝北区、巴南区、江津区、长寿区、涪陵区、万州区、云阳县、开县等 9 区（县）应以"城镇"空间形态为核心，主要围绕"居住系统、支撑系统"优化的需求，构建生态系统服务商品供给体系；而巫山县、巫溪县、奉节县、忠县、石柱县、丰都县、武隆县、宜昌市夷陵区、兴山县、秭归县、恩施州巴东县、长阳县和五峰县等 13 个区（县）应以"乡村"空间形态为核心，主要围绕"自然系统、支撑系统"优化的需求，构建生态系统服务商品供给体系（图 4-10）。

（2）库区产业集聚趋势判断

"产业结构转型升级是转变经济发展方式的战略任务，加快发展服务业是产业结构优化升级的主攻方向"[1]。关于库区的三次产业发展和

空间布局的相关研究已有段炼（2011）、柯伟军（2009）等多位学者开展了相关研究，本书在讨论库区产业集聚中，将从生态系统服务产业的视角，聚焦生态系统服务的相关产业，企望形成一点新的见解。首先本书基于前文，将生态系统服务产业分为"生态系统供给服务相关产业、生态系统调节服务相关产业、生态系统支持服务相关产业、生态系统文化服务相关产业、生态系统服务相关衍生产业"等五类。生态系统供给服务相关产业主要包括绿色食品产业、新型循环林业产业、页岩气及其他矿产产业、现代中药产业、丝麻纺织产业、花木产业、烟草业等；生态系统调节服务相关产业主要包括室内空气生态净化产业、污水自然净化及生化处理产业、垃圾生化处理产业、水土保持产业[2]等；生态系统支持服务相关产业主要包括土壤改良产业等；生态系统文化服务相关产业主要包括生态旅游产业、生态教育产业等；生态系统服务相关衍生产业主要包括污染物排放权交易产业、生态空间侵占权交易产业、生态

① 国家新型城镇化规划（2014—2020 年）[Z]. 北京：人民出版社 . 2014, 3, P4.

② 刘海峰 . 水土保持产业和产业化问题浅议 [J]. 水土保持应用技术 . 1999（3）.

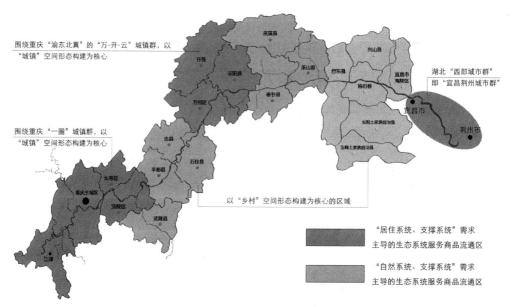

图4-10 库区生态系统服务商品化分工格局图

系统服务金融产业等，而政府对生态系统服务相关衍生产业的管控，是生态系统服务产业生态保护属性得以保证的关键。

1）从"城镇"层面的空间尺度来看。生态系统服务相关衍生产业、生态系统调节服务相关产业、生态系统文化服务相关产业、生态系统供给服务相关产业、生态系统支持服务相关产业整体呈现一种以城镇中心为核心的"由内向外"的集聚趋势（图4-11）。

2）从库区层面的空间尺度来看。生态系统服务相关衍生产业多集中在首位度更高的区域中心城市；生态系统供给服务相关产业视其具体产业的不同，呈现邻近主要城镇和自然资源所在地的趋势；生态系统调节服务相关产业视其具体产业的不同，呈现邻近主要聚居地和影响绩效大的地区；生态系统文化服务相关产业则更多地向生态文化资源过载地聚集；生态系统支持服务相关产业则更多地分布于生态系统支持服务优化的需求地。具体来说，重庆主城区、巴南区、渝北区、江津区将是生态系统相关衍生产业、生态系统调节服务相关产业和生态系统文化服务相关产业的主要集聚区；长寿

区、涪陵区、武隆县、丰都县、石柱县、忠县将是生态系统供给服务相关产业的集聚区；万州区、开县、云阳县将是生态系统相关衍生产业、生态系统供给服务相关产业的集聚区；巫溪县、奉节县、巫山县、巴东县、兴山县、秭归县、长阳县、五峰县将是生态系统调节服务相关产业、生态系统文化服务相关产业、生态系统供给服务相关产业的集聚区；宜昌市将成为库区东部的生态系统相关衍生产业集聚区（图4-12）。

4.5 库区功能分区及分区优先发展生态系统服务筛选

4.5.1 库区功能分区

"发展经济，改善民生；保护生态，美化环境"。"生态保护与经济发展"是后三峡时代库区发展的两大主题，两位一体，互为依托。库区需要以"生态文明"为旗帜，通过将生态系统服务引入市场机制，以实现生态系统服务的产业化为应对生态保护与经济发展冲突的具体"抓手"，紧紧抓住难得的发展机遇，立足自身发展优势，加快发展转型，才能真正做到将"生

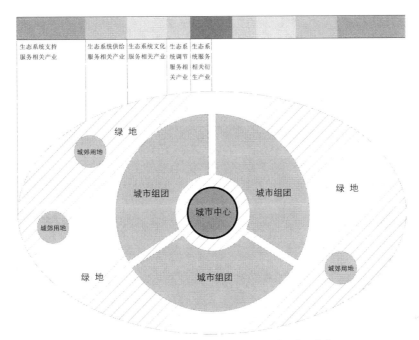

图 4-11　城镇空间中的生态系统服务相关产业集聚趋势

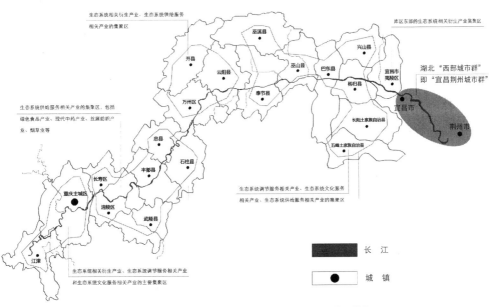

图 4-12　库区空间层面的生态系统服务相关产业集聚趋势

态资源"向"生态优势"的转变，"民生保障与生态保护"的统一，实现以生态经济协调为基础的可持续发展。同时，库区覆盖 6.22 万平方公里的国土面积，涉及重庆市、湖北省 2 个省级市（州）和 22 个区（县）级的行政主体，受

区域经济生态基础差异、经济分工不同等因素的影响，重庆主城区（包括渝中区、沙坪坝区、南岸区、九龙坡区、大渡口区、江北区和高新区）、渝北区、巴南区、江津区、长寿区、涪陵区更多地以经济发展为中心，而巫山县、巫溪县、

奉节县、云阳县、开县、万州区、忠县、石柱县、丰都县、武隆县，宜昌市夷陵区、兴山县、秭归县，恩施州巴东县、长阳县和五峰县等 16 个区（县）则更侧重生态保护。

因此，基于前文分析，本书将三峡库区分为地处库区西部，以重庆主城为核心的"核心经济建设区"；地处库区东部，以奉节县、巫山县、巴东县、秭归县为核心的"核心生态建设区"；地处库区中部，以万州区、开县、云阳县为核心的"中部功能建设区"（图 4-13）。

4.5.2 分区优先发展生态系统服务筛选

①"核心经济建设区"具有人口聚居密度高、城镇建设用地规模大、现代工业企业集聚多的特点，是位于库区西部的，库区内部生态系统服务产品的主要消费区，区域空间以"城镇"空间形态特征为主，因此该区域的优先发展生态系统服务应以"人居环境的居住系统和支撑系统"为核心，以服务城镇建设、现代工业发展为主要对象，选取以"优化空气质量"、"改善城镇小气候"、"美化居住环境"、"营建特色居住空间"为主要服务目标的相关生态系统服务产业为该区域的优先发展生态系统服务产业，

具体包括"室内空气生态净化产业、城镇绿地功能优化产业、城镇绿化植物供给产业、生态化房地产业、生态系统服务关联的金融产业"等，同时搭建"城镇绿地空间流转平台、工业企业污染排放权交易平台"等。

②"核心生态建设区"具有人口聚居密度低、城镇建设用地规模小、现代工业企业布局少的特点，是位于库区东部的，库区内部生态系统服务的主要生产区，区域空间以"乡村"空间形态特征为主，因此该区域的优先发展生态系统服务应以"人居环境的自然系统"为核心，以有效保护自然生态环境，提供优质生态系统服务产品为主要任务，选取以"水土保持"、"清洁能源供给"、"空气净化"、"生物多样性保持"、"生态旅游目的地"、"污水垃圾自然净化"为主要服务目标的相关生态系统服务产业为该区域的优先发展生态系统服务产业，具体包括"水土保持产业、清洁能源产业、生态旅游产业、新型循环林业产业、绿色食品饮料产业"等，同时建设和管护"污水垃圾自然净化工程"。

③"中部功能建设区"是"核心经济建设区"与"核心生态建设区"的过渡区域，区内有着

图 4-13 三峡库区功能分区

一定的城镇建设规模、人口聚集规模、现代工业企业布局和较好的自然生态环境，区域空间兼具"城镇"与"乡村"空间形态特征，因此该区域的优先发展生态系统服务应以"人居环境的居住系统和自然系统"为核心，兼顾服务城镇建设、现代工业发展以及自然生态环境保护的任务，构建服务"核心经济建设区"和"核心生态建设区"的功能，选取以"绿色食品供给"、"绿色建材生产"、"绿色中药材种植"、"水土保持"、"优化空气质量"、"美化居住环境"为主要服务目标的相关生态系统服务产业为该区域的优先发展生态系统服务产业，具体包括"绿色食品饮料产业、绿色建材产业、医药产业、纺织产业、烟草产业、水土保持产业、农业旅游产业"等，同时大力发展"土壤改良产业"为相关产业更好发展提供支撑（表4-1）。

4.6　库区拟优先发展生态系统服务综合经济价值评估

4.6.1　市场价值量化评估

（1）"核心经济建设区"拟优先发展的生态系统服务产业有"室内空气生态净化产业、城镇绿地功能优化产业、城镇绿化植物供给产业、生态化房地产业、生态系统服务关联的金融产业"等4项，其中"室内空气生态净化产业"涉及生态系统服务的供给服务和调节服务；"城镇绿地功能优化产业"涉及生态系统服务的调节服务和文化服务；"城镇绿化植物供给产业"涉及生态系统服务的供给服务；"生态化房地产业"涉及生态系统服务的供给服务和文化服务；"生态系统服务关联的金融产业"则是推动生态系统服务产业化发展的"经济助推器"，是生态系统服务产业良好发展的保障，其发展也受生态系统服务产业发展质量的影响，其本身不属于生态系统服务。

1）"室内空气生态净化产业"，随着我国城镇化进程的进一步推进，更多的人们将生活在人均30平方米的钢筋混凝土盒子里，室内空气质量的改善已成为人们改善生活环境的一项重要需求，但目前多采用"花盆"、"花台"等简单的引入方式，存在净化效率低、干扰室内活动、维护麻烦等一系列问题，影响到相关市场的增长，但随着工业技术的进步，开发出净化效率更高、使用维护更方便、干扰极小的"室内空气生态净化模块"等产品，随着人们需求的增加，"室内空气生态净化产业"将有更大的发展。其客观市场价值评估中实际市场价值评估指标

三峡库区分区优先发展生态系统服务筛选　　表4-1

分区	区域特征	主要服务目标	优先发展的生态系统服务产业	关联举措
核心经济建设区	人口聚居密度高、城镇建设用地规模大、现代工业企业集聚多	优化空气质量、改善城镇小气候、美化居住环境、营建特色居住空间	室内空气生态净化产业、城镇绿地功能优化产业、城镇绿化植物供给产业、生态化房地产业、生态系统服务关联的金融产业	搭建"城镇绿地空间流转平台、工业企业污染排放权交易平台"
核心生态建设区	人口聚居密度相对较低、城镇建设用地规模小、现代工业企业布局少	水土保持、清洁能源供给、空气净化、生物多样性保持、生态旅游目的地、污水垃圾自然净化	水土保持产业、清洁能源产业、生态旅游产业、新型循环林业产业、绿色食品饮料产业	建设和管护"污水垃圾自然净化工程"
中部功能建设区	有着一定的城镇建设规模、人口聚集规模、现代工业企业布局和较好的自然生态环境	绿色食品供给、绿色建材生产、绿色中药材种植、水土保持、优化空气质量、美化居住环境	绿色食品饮料产业、绿色建材产业、医药产业、纺织产业、烟草产业、水土保持产业、农业旅游产业	大力发展"土壤改良产业"

选取替代商品的市场单价和市场销售数量，潜在市场价值评估指标选取参照商品市场单价和潜在市场需求数量；主观市场价值评估指标选取参照产业从业人员人均年收入、库区人均年收入、参照产业企业的资本年收益率、参照产业企业的经营风险、是否有利于和谐社会建设、预期的 GDP 贡献率、预期新增就业人口等。

2）"城镇绿地功能优化产业"，进入生态文明时代以来，在城镇等聚居空间中建设更多的绿地已成为人们改善人居环境生态质量的一项重要举措，规划中相应地出现了"绿地率、绿化覆盖率"等控制指标，在城镇规模快速增长的过程中，从"数量"上有效地保证了城镇绿地建设的规模，但对绿地的"质量"较少关注。随着城镇规模的不断扩大，土地增量趋紧已成必然，对城镇土地"存量"的"提质升档"迫在眉睫，而"城镇绿地功能优化产业"就是指以"景观营造"、"噪声隔离"、"空气净化"、"蓄存水体"等生态系统服务功能为导向的城镇绿地再优化的相关产业。"城镇绿化植物供给产业"，库区在城镇绿地营建、个人绿化植物需求及其他相关产业均需要大量绿化植物的供给，这给包括花木产业、鲜花产业在内的城镇绿化植物供给产业提供了良好的发展机遇。

3）"生态化房地产业"，库区居民对生产生活环境改善的诉求将是一项长期存在的主要诉求，随着生态文明理念的深入人心，房地产业已渐渐不再是简单地解决为人们修建一栋房子的问题，而应提供给人们追求更好生产生活环境的可能，帮助不同需求的人们实现他们各自的居住理想。随着库区城镇化进程进一步推进，房地产业的生态化发展已成为一个重要趋势，以"景观房产"、"度假房产"、"养老房产"等为代表的新兴房地产业业态，将成为库区"核心经济建设区"房地产业发展新的助推器。

4）"城镇绿地空间流转平台、工业企业污染排放权交易平台"，这些平台虽然不是单独的"产业"，而是"现代服务业"的具体形式，但其服务的巨大市场却不容忽视，是实现生态系统服务价值市场显化的重要经济政策。其中"城镇绿地空间流转平台"是对"总体规划"或"控制性详细规划"等宏观规划阶段确定的"非约束性（弹性）"绿地空间，在"修建性详细规划"等具体建设阶段进行适度调整，而建立的一种市场调控机制，其市场规模视城镇绿地流转指标单价和流转规模的影响；"工业企业污染排放权交易平台"则是涵盖"碳排放权交易"在内的"排放权交易平台"，库区的重庆市更是 2011 年国家发展改革委《关于开展碳排放权交易试点工作的通知》确定的首批碳交易七个试点省市之一，交易平台构建的核心是"总量限制（CAP）"和"指标交易（TRADE）"，其市场规模受"污染排放权指标单价"和"污染排放权指标数量"的影响。

5）"生态系统服务关联的金融产业"，在当前市场经济环境中，库区生态系统服务产业的健康发展离不开金融产业的支撑，随着生态系统服务相关产业的发展，生态系统服务关联的金融产业也将随之共同发展。

在"核心经济建设区"优先发展生态系统服务产业市场价值评估的过程中，我们不难发现"室内空气生态净化产业、城镇绿地功能优化产业、城镇绿化植物供给产业、生态化房地产业、城镇绿地空间流转平台、工业企业污染排放权交易平台"均有着较高的市场价值，但其市场规模具有较大的不确定性，需要政府在其发展过程中加强激励、引导，并进一步规范市场。其中"室内空气生态净化产业"还有较大的技术难关需要克服，亟需同现代工业技术进一步结合，推出更加迎合市场的生态商品；"城镇绿地功能优化产业"的发展，需要政府相关职能部门加强城镇绿地功能的质量监管，制定相应的考核标准和奖惩机制，有效激发城镇绿地所有者对优化绿地功能的积极性，扩大市场需求；"生态化房地产业"的发展，需要加大生态文明理念的宣传，让更多的人树立在更优美生态环境中生活和生产的追求，使之成为我们社会文化不可分割的重要组成部分；"城镇绿地空间流转平台、生态企业污染排放权交易平台"则更需要政府在其发展的前期，出台相应的优惠和激励政策，推动或引导制定相关的市场"规则"，推动相关平台尽快度过艰难的发展起步期，进入健康的市场主导下的自我发展阶段。

最终经评估，其结论显示"生态化房地产业"市场规模＞"城镇绿地功能优化产业"市场规模＞"城镇绿地空间流转平台"市场规模＞"室内空气生态净化产业"市场规模＞"城镇绿化植物供给产业"市场规模＞"工业企业污染排放权交易平台"市场规模；而其主观市场价值权重则是"生态化房地产业"＞"城镇绿地功能优化产业"和"工业企业污染排放权交易平台"＞"室内空气生态净化产业"＞"城镇绿地空间流转平台"＞"城镇绿化植物供给产业"（详细评估过程见附录 A）。

（2）"核心生态建设区"拟优先发展的生态系统服务产业有"水土保持产业、清洁能源产业、生态旅游产业、新型循环林业产业、绿色食品饮料产业"等 5 项，其中"水土保持产业"涉及生态系统服务的调节服务；"清洁能源产业"涉及生态系统服务的供给服务；"生态旅游产业"涉及生态系统服务的文化服务；"新型循环林业产业"涉及生态系统服务的供给服务；"绿色食品饮料产业"涉及生态系统服务的供给服务。

1）"水土保持产业"，水土保持是三峡库区在全国层面最重要的生态功能，为提高库区的水土保持功能，国家长期以来投入了大量的建设资金和补偿性财政支持，但受库区幅员面积广阔、地形条件复杂、库区居民生产生活影响大等因素的影响，近年来库区"水土保持功能减弱，土壤侵蚀量和入库泥沙量大增"[①]，也从

一个侧面说明了库区的水土保持生态系统服务功能仅靠政府主导的有限的"补偿机制"是难以得到有效保护的，需要在市场条件下，适时推动水土保持事业的产业化发展，在市场规律的作用下，引导更多社会资金进入水土保持工作中，激励人们从事更多有利于水土保持的活动，遏制"越穷越垦，越垦越穷"的恶性循环现象，从而实现库区水土保持功能的有效保护和提升。目前水土保持产业的发展还处于探索阶段，研究发现其可采用在政府完成前期的水土保持工程建设后，在保证单位土地"水土保持"功能的基础上，将单位土地的"再利用权利"引入市场，在政府的管控下，以"承包经营"的方式，依托单位土地优良的生态资源，通过采用"主题生态公园"、"农家乐"、"丛林生态度假区"等适当的经营方式，实现资源保护与利用的统一。但目前水土保持产业仍以工程建设为主，因此，其市场价值受其"水土保持工程建设单价、水土保持工程建设年规模、承包经营权价格、承包经营权数量"决定。

2）"清洁能源产业"，三峡地区富集以水电为代表的清洁能源资源，目前世界最大的水电站三峡水利枢纽工程建成后总装机容量达 2250 万千瓦，"三峡地区将成为中国最大的水电能源基地和供电中心"[②]。随着生态文明、可持续发展理念的不断深入人心，清洁能源消费由于其无污染特性而不断增长，较伴生大量污染的传统化石能源消费有着不容忽视的增长潜力，在此背景下，三峡库区应充分挖掘其清洁能源资源潜力，"据估算，三峡地区的水能理论蕴藏量在 40000 兆瓦以上，可开发的水能资源高达 35000 兆瓦，……已开发水能资源在 14% 左右"[③]，但由于受工程技术的影响，目前水电站建设带来了一系列负面影响，制约了水能资

---

① 全国主体功能区规划 [Z]. 北京：人民出版社. 2015，1，P72.

② 张建一. 中国长江三峡区域经济开发研究 [M]. 武汉：武汉大学出版社. 2006，P134.

③ 何伟军. 三峡区域特色产业集群研究 [M]. 北京：中国社会科学出版社. 2009，9，P127–128.

源的进一步开发，如何更高效、安全地利用水力发电成为摆在我们面前亟待攻克的一道难题。同时，库区由于相对封闭的地理环境和丰富的生物资源，有着发展生物能（沼气）利用的天然条件，在后三峡时代，随着清洁能源消费的兴起，生物能（沼气）的消费也将成为不可忽视的重要市场需求。其市场规模主要受"清洁能源消费价格、清洁能源年均消费规模、清洁能源工程建造价格、清洁能源工程建造年规模"等指标的影响。

3）"生态旅游产业"，随着我国社会经济的发展，人民生活水平的提高，近年来旅游产业进入了发展快车道，据重庆市旅游局公布数据显示，2014年重庆市共接待海内外游客3.49亿人次，同比增长13.2%；旅游总收入2003.37亿元，增长13.1%。而三峡库区特别是"核心生态建设区"有着"长江三峡"等丰富的生态旅游资源，其旅游产业发展的前景更是一片大好，同时，生态旅游业的发展对保护区域自然环境和维护本地居民生活产生了积极的影响。可见，以可持续发展理念为旗帜，大力发展生态旅游产业，将成为实现"核心生态建设区"产业结构转型升级的重要抓手。其市场规模主要受"年均旅游接待人次、旅游人均消费额、旅游设施建设费用、旅游设施建设年规模"等指标的影响。

4）"新型循环林业产业"，三峡库区气候温暖湿润，降雨充沛，适宜林木生长，自古以来奉节县、巫山县等"核心生态建设区"均有着丰富的林业资源，需要在不对区域生态环境造成破坏性影响的前提下，利用林业资源促进地区经济发展。新型循环林业是随着"林业循环经济研究"的深入发展，而逐渐形成的一种新型林业发展模式，其核心内涵是森林资源的

循环利用，要求从林业生产的各个环节实现物质资源的多级利用，提高林木资源的利用效率，并减轻环境污染和生态破坏[①]。如在森林培育与采伐过程中，产生的树枝、树杈、树皮及树根等副产品或废弃物，均可在木材资源加工及林产化工业中用于纤维板、造纸以及刨花等各类生产原材料；而林业造纸企业中产出的包含大量木素的制浆黑液又可用于配制刺激植物生长的药剂或土壤改良、生产氮肥等制剂，并运用于林木种植中[②]。其市场规模主要受"林业产品价格、林业产品消费规模"等指标的影响。

5）"绿色食品饮料产业"，三峡库区"核心生态建设区"有着较好的特色农副产品生产优势，柑橘、茶叶更是全国有名，蚕桑、中药材、烟草、奶牛、蜂蜜种养也有较好的基础，在越来越讲求健康生活的当下，绿色健康的食品饮料需求会快速增长，紧跟市场需求，挖掘区域绿色食品饮料资源的潜力，加快产业化发展是推动区域经济发展的必然选择。其市场规模主要受"绿色食品饮料价格、绿色食品饮料消费规模"等指标的影响。

6）"污水垃圾自然净化工程"的建设和管护，自然生态系统有自然净化污染物的能力，在"核心生态建设区"工业污染极少的情况下，为保护自然水体和生态环境，没有必要修建大规模的垃圾和污水处理设施，可借鉴美国纽约上游流域综合保护计划[③]，充分利用生态系统的自我净化能力，引导区域有限的污染控制资金开展有效的"污水垃圾自然净化工程"建设，建立长效的管护机制，并为其长期有效运行提供资金支持。这将为区域污染净化，及如果污染未处理带来严重后果的应对节约大量建设资金，是具有很大经济效益的。其市场规模受"污

① 张金环.产业层面循环林业模式研究[D].北京林业大学.2010，P22.
② 石相杰.新型循环林业模式探析[J].北京农业.2011（5）：158.
③ 格蕾琴·C·戴利，凯瑟琳·埃利森 著.新生态经济：使环境保护有利可图的探索[M].上海：上海科技教育出版社.2005，12，P63-88.

水垃圾处理年费用、污水垃圾设施建设费用、污水垃圾自然净化工程建设费用、污水垃圾自然净化年费用"等指标的影响。

"核心生态建设区"是库区在后三峡时代生态保护的"主战场",人口外迁、产业结构的生态化转型是该区域发展的两大趋势,"水土保持产业、清洁能源产业、生态旅游产业、新型循环林业产业、绿色食品饮料产业"及"污水垃圾自然净化工程"的建设和管护均有其在该地区发展的优势,但通过对其各自市场价值的具体评估,其中"水土保持产业"亟待打破政府"一力包办"的局面,需要创新思路,挖掘资源潜力,尝试建立"承包经营权保护机制",通过市场的力量,调动社会资源,有效提升和保护水土保持功能;"清洁能源产业"的发展则需要克服如水电利用带来的生态环境负面影响,生物能源(沼气)利用中面临的效率低、使用过于繁琐等技术问题,从而迎来一波新的大发展;"生态旅游产业"的发展需要依托高品质的生态旅游资源,如何提升区域生态旅游资源品质,丰富旅游产品种类,建立和提升区域生态旅游品牌,做大旅游市场,则是摆在我们面前需要完成的任务;"新型循环林业产业"的发展需要实现循环经济与传统林业的真正融合,这需要我们进一步拓宽思路,从减少环境影响和提高经济效益两方面有新的突破;"绿色食品饮料产业"是生态文明中人们讲求健康生活的必然选择,"核心生态建设区"应充分利用自身生态环境优势,大力推广绿色食品饮料原材料种养,延伸产业链,经营培育相关品牌,提高产品经济附加值;结合区域自身的生态经济特点,大力推动"污水垃圾自然净化工程"建设和管护模式的实践应用,有效提高污水垃圾收集处理率,减少污水垃圾处理的经济压力,为保护更多自然生态绿地提供更大的支撑。

最终经评估,其结论显示"生态旅游产业"市场规模>"清洁能源产业"市场规模>"绿色食品饮料产业"市场规模>"水土保持产业"市场规模>"新型循环林业产业"市场规模>"污水垃圾自然净化工程";而其主观市场价值权重则是"污水垃圾自然净化工程">"生态旅游产业"和"绿色食品饮料产业">"清洁能源产业">"水土保持产业">"新型循环林业产业"(详细评估过程见附录A)。

(3)"中部功能建设区"拟优先发展的生态系统服务产业有"绿色食品饮料产业、绿色建材产业、医药产业、纺织产业、烟草产业、水土保持产业、农业旅游产业"等7项,同时需大力发展"土壤改良产业"。其中"绿色食品饮料产业"涉及生态系统服务的供给服务;"绿色建材产业"涉及生态系统服务的供给服务;"医药产业"涉及生态系统服务的供给服务;"纺织产业"涉及生态系统服务的供给服务;"烟草产业"涉及生态系统服务的供给服务;"水土保持产业"设计生态系统服务的调节服务;"农业旅游产业"涉及生态系统服务的文化服务。

1)"绿色食品饮料产业","中部功能建设区"不管是在绿色食品种养还是在食品加工方面均有着较好的条件,同时紧邻"核心经济建设区"这一主要消费市场,区位优势明显,有着做大做强"绿色食品饮料产业"的先天基础优势。在讲求健康生活的当下,绿色食品饮料需求快速增长,进一步挖掘区域绿色食品饮料资源的潜力,培育品牌,拓展市场,加快产业化发展是推动区域经济发展的必然选择。其市场规模主要受"绿色食品饮料价格、绿色食品饮料消费规模"等指标的影响。

2)"绿色建材产业",绿色建材指健康、环保、安全的建筑材料,是无污染、不会对人体造成伤害的建筑材料,绿色建材市场的兴起是生态文明时代的必然选择。建材产业历来是"中部功能建设区"的传统支柱产业,并有着良好的原材料供应基础,后三峡时代,应以市场需求为导向,加快产业技术升级改造,加快产品推陈出新,实现传统建材产业的绿色转型。"绿色建筑材料产业"的市场规模主要受"绿色建筑材料价格、绿色建筑材料消费规模"等指标的影响。

3)"医药产业",三峡库区有着丰富的生物资源,是天然的医药材宝库,"医药产业"有着良好的发展基础,历来是"中部功能建设区"的支柱产业之一。进入后三峡时代,需要继续加大相关投资,加快"医药产业"的产业体系建设、上规模的龙头企业的培育,持续做大做强"医药产业"①,为库区的经济腾飞提供有力的支撑。其市场规模主要受"医药产品价格、医药产品消费规模"等指标的影响。

4)"纺织产业",是三峡库区的重点传统产业之一,"中部功能建设区"中的万州区更是重庆市最大的棉纺织生产加工基地,进入后三峡时代,应进一步加强优势产业发展,积极承接东部纺织产业转移,做大"纺织产业"规模,提高产业对区域经济的带动能力。其市场规模主要受"纺织产品价格、纺织产品消费规模"等指标的影响。

5)"烟草产业",是重庆市和湖北省的重要传统产业之一,更被重庆市委、市政府确定为五大农业支柱产业之一。"中部功能建设区"应依托天然的烟草种植优势和较好的产业发展基础,进一步提升烟草产业发展水平。其市场规模主要受"烟草产品价格、烟草产品消费规模"等指标的影响。

6)"水土保持产业",水土保持是三峡库区的核心生态任务,"中部功能建设区"也需提升水土保持功能,而发展"水土保持产业"对于提高区域水土保持功能具有重要作用,在"中部功能建设区"推动"水土保持产业"发展也是库区整体生态保护工作的重要内容。其市场价值受"水土保持工程建设单价、水土保持工程建设年规模、承包经营权价格、承包经营权数量"决定。

7)"农业旅游产业",随着我国产业结构的转型升级,第三产业的大发展时期已悄然来临,其中在交通条件快速改善的促进下,旅游业的快速兴起趋势极为显著。"中部功能建设区"位于库区中部,不仅有着三峡独有的高山与平湖,同时也有着与大地景观紧密结合的大量极富特色的农业景观与农村空间,以及深厚的农耕文化,均是不可多得的高品质农业旅游资源。进入后三峡时代,随着周边乃至全国城镇居民旅游热情的持续增长,"中部功能建设区"立足自身优势农业旅游资源,打造更有特色、品质更高更丰富的农业旅游产品,做大农业旅游产业,带动服务业乃至农业的整体发展,对于推动区域经济整体发展具有不容忽视的作用。其市场规模主要受"年均旅游接待人次、旅游人均消费额、旅游设施建设费用、旅游设施建设年规模"等指标的影响。

8)"土壤改良产业",三峡库区是典型的山地地形地貌,同时库区的蓄水淹没的大量原本最适宜种植的土地,相对较差的土壤质量,对于库区发展农业及涉农产业,乃至景观营造均带来了一定的制约作用。随着人们改造自然能力的提升,针对土壤的不良质地和结构,人们已可以采取相应的物理、生物或化学措施,改善土壤性状,优化土壤环境。进入后三峡时代,随着库区经济的起飞,库区特别是农业及涉农产业相对发达的"中部地区",对于改良土壤的需求将有着较大规模的增长。其市场规模主要受"单位土壤改良费用、土壤改良规模"等指标的影响。

"中部功能建设区"有着以"万州—开县—云阳"为核心的库区第二大城市区,是"渝东北翼"区内人口的主要集聚区,有着较好的农业及涉农产业的发展基础,应利用位于"核心经济建设区"和"核心生态建设区"之间的区位优势,明确"立足两区服务,拓展服务全国"

---

① 2013年万州区出台的《关于加强医药产业发展的意见》提出"建立现代医药产业体系的规划,5年内全行业累计固定资产投入将达到30亿元,到2017年实现医药总产值60亿元,建立起以现代特色中药、生物制药、化学制药、保健品和药用辅料及配套为支柱的现代医药产业体系"。

的产业发展思路,找准自身的区域定位,完善区域服务功能,助推库区经济整体腾飞。通过对"绿色食品饮料产业、绿色建材产业、医药产业、纺织产业、烟草产业、水土保持产业、农业旅游产业"等优先发展生态系统服务产业及"土壤改良产业"的评估,其中"绿色食品饮料产业"需要进一步丰富产品体系,延伸产业链,培育品牌,做大龙头企业;"绿色建材产业"需要加快提升技术水平,夯实产业发展基础;"医药产业"需要继续加大相关投资,加快产业体系建设,强化品牌和龙头企业培育;"纺织产业"需要积极承接东部产业转移,做大产业规模,加快产业技术革新;"烟草产业"需要进一步提升烟草种植、烟草烘烤水平,优化烟草及成品烟品质;"农业旅游产业"需要进一步优化农业旅游资源,加大对外宣传力度,培育优质旅游品牌,提升市场认可度,完善旅游服务环境;"土壤改良产业"的核心"改良土壤",在库区土壤相对贫瘠的条件制约下,是区域其他相关产业持续发展以及人居环境改善的保障,应得到广泛的重视,以产业化发展的方式,促进区域土壤改良工作的有效推进。

最终经评估,其结论显示"农业旅游产业"市场规模>"绿色食品饮料产业"市场规模>"医药产业"市场规模>"绿色建材产业"市场规模>"纺织产业"市场规模>"烟草产业"市场规模>"水土保持产业"市场规模>"土壤改良产业";而其主观市场价值权重则是"烟草产业">"农业旅游产业"和"土壤改良产业">"绿色食品饮料产业"和"医药产业">"绿色建材产业"和"水土保持产业">"纺织产业"(详细评估过程见附录 A)。

4.6.2　生态价值量化评估

(1)"核心经济建设区",采用上文所述的评估方法,经评估,其结论显示"室内空气生态净化产业"的年均外部效益达到约 5 亿元~10 亿元,"城镇绿地功能优化产业"的年均外部效益达到约 20 亿元~50 亿元,"城镇绿化植物供给产业"的年均外部效益达到约 2.5 亿元~5 亿元,"生态化房地产业"的年均外部效益达到约 50~100 亿元,"城镇绿地空间流转平台"的年均外部效益达到约 10 亿元~50 亿元,"工业企业污染排放权交易平台"的年均外部效益达到 3000 万元~7000 万元(详细评估过程见附录 B)。

(2)"核心生态建设区",采用上文所述的评估方法,经评估,其结论显示"水土保持产业"的年均外部效益达到约 0.5 亿元~2 亿元,每年可节省相关公共财政支出约 8 亿元~25 亿元;"清洁能源产业"的年均节省污染物处置费用达到约 5 亿元~10 亿元,且水电站建设伴生的防洪等效用能带来难以估量的巨大外部效益,但由于如水库建设对生态环境负面影响的不确定性,也存在大额的额外支出可能;"生态旅游产业"的年均外部支出达到约 5 亿元~10 亿元;"新型循环林业产业"的年均外部效益达到 1 亿元~5 亿元;"绿色食品饮料产业"的年均外部效益达到约 2 亿元~5 亿元;"污水垃圾自然净化工程"的建设和管护的年均外部效益达到约 0.5 亿元~2 亿元(详细评估过程见附录 B)。

(3)"中部功能建设区",采用上文所述的评估方法,经评估,其结论显示"绿色食品饮料产业"的年均外部效益达到约 3 亿元~8 亿元;"绿色建材产业"的年均外部效益达到约 2.5 亿元~7 亿元;"医药产业"的年均可节省污染物处置或净化的相关公共支出约 2 亿元~5 亿元;"纺织产业"的年均可节省污染物处置或净化的相关公共支出 1 亿元~3 亿元;"烟草产业"的年均可节省污染物处置或净化的相关公共支出 0.5 亿元~1 亿元;"水土保持产业"的年均外部效益达到约 0.5 亿元~1 亿元,每年可节省相关公共财政支出约 3 亿元~8 亿元;"农业旅游产业"的年均外部支出达到约 6 亿元~12 亿元,每年可节省污染物处置或净化的相关公共支出约 2 亿元~5 亿元;"土壤改良产业"没有外部效益及外部支出(详细评估过程见附录 B)。

4.7 产业与核心生态系统服务功能空间的关联度评价

4.7.1 库区分区核心生态系统服务分析

（1）"核心经济建设区"具有"人口聚居密度高、城镇建设用地规模大、现代工业企业集聚多"等特征，区域生态系统的主要服务目标为"优化空气质量、改善城镇小气候、美化居住环境、营建特色居住空间"，其对应的生态系统服务分别为"调节服务"的"空气质量优化"、"气候调节"，以及"文化服务"的"美学载体"、"文化遗产和地方感载体"，这4个具体生态系统服务即为"核心经济建设区"生态系统的核心服务。

（2）"核心生态建设区"具有"人口聚居密度相对较低、城镇建设用地规模小、现代工业企业布局少"等特征，区域生态系统的主要服务目标为"水土保持、清洁能源供给、空气净化、生物多样性保持、生态旅游目的地、污水垃圾自然净化"，其对应的生态系统服务分别为"调节服务"的"侵蚀控制"、"空气质量优化"、"水净化和废物处理"，以及"供给服务"的"能源供给"和"文化服务"的"休闲娱乐和生态旅游载体"，这5个具体生态系统服务即为"核心生态建设区"生态系统的核心服务。

（3）"中部功能建设区"具有"有着一定的城镇建设规模、人口聚集规模、现代工业企业布局和较好的自然生态环境"等特征，区域生态系统的主要服务目标为"绿色食品供给、绿色建材生产、绿色中药材种植、水土保持、优化空气质量、美化居住环境"，其对应的生态系统服务分别为"供给服务"的"食物"、"建材"、"药材"，以及"调节服务"的"侵蚀控制"、"空气质量优化"和"文化服务"的"美学载体"，这6个具体生态系统服务即为"中部功能建设区"生态系统的核心服务（图4-14）。

4.7.2 库区分区核心生态系统服务功能空间分析

（1）"核心经济建设区"位于库区西部，为平行岭谷区，区内有着"中央直辖市"、"国际大都市"、"中西部水、陆、空综合交通枢纽"的重庆主城，具有"大山、大水、大城市"的空间形态特征，该区域的核心生态系统服务包括"空气质量优化"、"气候调节"、"美学载体"、"文化遗产和地方感载体"等4项，其中"空气质量优化"、"气候调节"核心生态服务的功能空间形态主要包括公共空间中的公园绿地、防护绿地、生产绿地、附属绿地、其他绿地等，

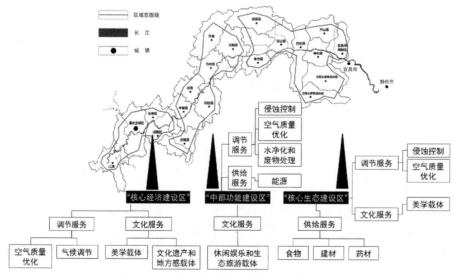

图4-14 库区各功能区核心生态系统服务体系图

和非公共空间的附属绿地、农林种植地、牧草地、水域等；"美学载体"核心生态服务的功能空间形态主要包括公园绿地、附属绿地、水域等，非公共空间的附属绿地、水域、依附于构筑物的各类立体绿化以及各种室内绿化等；"文化遗产和地方感载体"核心生态服务的功能空间形态主要有公共空间和非公共空间建设范围内独有的、具有符号特征的典型地形地貌、名木古树、特有动植物生境等（表4-2）。

（2）"核心生态建设区"位于库区东部，为大巴山皱褶带向长江中下游平原过渡地区，区内有着"古夔州州治"所在的奉节县、"战国巫郡"所在的巫山县、"古巴子国"所在的巴东县、"屈原故里"秭归县等县（区），具有"山高、水阔、城挤"的空间形态特征，该区域的核心生态系统服务包括"侵蚀控制"、"空气质量优化"、"水净化和废物处理"、"能源供给"、"休闲娱乐和生态旅游载体"等5项，其中"侵蚀控制"核心生态服务的功能空间形态包括非硬

化地面上的各类绿化空间，并受用地上绿化覆盖情况的直接影响；"空气质量优化"核心生态服务的功能空间形态主要包括公共空间中的公园绿地、防护绿地、生产绿地、附属绿地、其他绿地等，和非公共空间的附属绿地、农林种植地、牧草地、水域等；"水净化和废物处理"核心生态服务的功能空间形态主要包括规模较大、生物群落丰富的湿地以及原生森林等，服务功能单元建设和污染物输入量控制是该类功能空间保护利用的关键；"能源供给"核心生态服务的功能空间形态包括水能利用依托的大江大河、风能利用依托的沟谷河滩等，而埋藏地底的矿物能源采集一般对原始地表空间形态有极大破坏作用；"休闲娱乐和生态旅游载体"核心生态服务的功能空间形态包括富集生态旅游资源，承载生态旅游活动的各类空间，如森林公园、旅游景区等（表4-3）。

（3）"中部功能建设区"位于库区中部腹心地带，为大巴山山地、巫山山地、武陵山山

"核心经济建设区"核心生态系统服务功能空间形态分析　　表4-2

核心服务	服务类别	所属空间类别	功能空间形态	备注
空气质量优化	调节服务	公共空间	所有城乡绿地空间形态，包括公园绿地、防护绿地、生产绿地、附属绿地和其他绿地等	绿化形式以乔木为主的功能空间，其服务效果一般更优，林木老化会影响服务
		非公共空间	包括各类非公共空间的附属绿地、农林种植地、牧草地、依附于构筑物的各类立体绿化以及各种室内绿化	
气候调节	调节服务	公共空间	所有城乡绿地空间形态，包括公园绿地、防护绿地、生产绿地、附属绿地、其他绿地、水域等	森林、湿地等规模相对较大的功能空间服务效果一般更优
		非公共空间	包括室外各类非公共空间的附属绿地、农林种植地、牧草地、水域等	
美学载体	文化服务	公共空间	主要包括公园绿地、附属绿地、水域等	景观设计与营建程度高，其空间服务效果一般更优
		非公共空间	主要包括非公共空间的附属绿地、水域、依附于构筑物的各类立体绿化以及各种室内绿化等	
文化遗产和地方感载体	文化服务	公共空间	公共空间建设范围内独有的、具有符号特征的典型地形地貌、名木古树、特有动植物生境等	利用区域特有的、变化丰富的山地地形地貌，以及独特的本地植物，营造富有地方感的城乡空间形态
		非公共空间	非公共空间建设范围内独有的、具有符号特征的典型地形地貌、名木古树、特有动植物生境等	

注：本表名词提法多采用自《城市绿地分类标准》（CJJ/T 85-2002），《村镇规划用地分类指南》（2014）。

"核心生态建设区"核心生态系统服务功能空间形态分析　　　　表4-3

核心服务	服务类别	所属空间类别	功能空间形态	备注
侵蚀控制	调节服务	公共空间	非硬化地面上的各类绿化空间,以乔木为主或位于小流域主要汇水线区域的绿化空间,其服务功能重要性较高	该服务功能主要受用地上绿化覆盖情况的影响
		非公共空间	非硬化地面上的各类绿化空间,以农田为代表的"间绿"空间,在"非绿"状态下,服务功能会出现不同程度的缺失	
空气质量优化	调节服务	公共空间	所有城乡绿地空间形态,包括公园绿地、防护绿地、生产绿地、附属绿地和其他绿地等	绿化形式以乔木为主的功能空间,其服务效果一般更优,林木老化会影响服务
		非公共空间	包括各类非公共空间的附属绿地、农林种植地、牧草地、依附于构筑物的各类立体绿化以及各种室内绿化	
水净化和废物处理	调节服务	公共空间	主要包括规模较大、生物群落丰富的湿地以及原生森林等,服务功能单元建设和污染物输入量控制是主要任务	保证服务效果的稳定性是该类功能空间保护利用的关键
		非公共空间	—	
能源供给	供给服务	公共空间	为提高能源供给效率,特定能源利用对空间有着特殊要求,如水电利用要求空间高程落差大,风电利用要求空间收束等	埋藏地底的化石能源采集一般对原始地表空间形态有极大破坏作用
		非公共空间	—	
休闲娱乐和生态旅游载体	文化服务	公共空间	富集生态旅游资源,承载生态旅游活动的各类空间,如森林公园、旅游景区等	旅游活动对服务功能空间有明显影响作用
		非公共空间	—	

地、大娄山余脉等构成的四川盆地盆周中低山区,区内有着"长江上游区域中心城市"万州区、"2013中国休闲小城"开县、"库区文物分布第一县"云阳等区(县),具有"山多、地少、人密、水系发达"的空间形态特征,该区域的核心生态系统服务包括"食物供给"、"建材供给"、"药材供给"、"侵蚀控制"、"空气质量优化"、"美学载体"等6项,其中"食物供给"核心生态服务的功能空间形态主要包括农林用地、非公共水域等;"建材供给"核心生态服务的功能空间形态主要包括采石场、采沙场、采泥场、林场等,需尽可能减少资源利用过程中对自然生态环境的负面影响;"药材供给"核心生态服务的功能空间形态主要包括药材种植用地等,生长环境决定了药材供给服务功能的优劣;"侵蚀控制"

核心生态服务的功能空间形态包括非硬化地面上的各类绿化空间,并受用地上绿化覆盖情况的直接影响;"空气质量优化"核心生态服务的功能空间形态主要包括公共空间中的公园绿地、防护绿地、生产绿地、附属绿地、其他绿地等,和非公共空间的附属绿地、农林种植地、牧草地、水域等;"美学载体"核心生态服务的功能空间形态主要包括公园绿地、附属绿地、水域等,非公共空间的附属绿地、水域、依附于构筑物的各类立体绿化以及各种室内绿化等(表4-4)。

4.7.3 空间关联度评价

生态系统服务产业的发展,可能对承载生态系统服务的功能空间带来不容忽视的影响,需要在考虑"市场、生态"因素的基础上,将

"中部功能建设区"核心生态系统服务功能空间形态分析 表 4-4

核心服务	服务类别	所属空间类别	功能空间形态	备注
食物供给	供给服务	公共空间	—	功能空间的服务效果受气候、土壤等自然环境因素的影响明显
		非公共空间	包括农林用地、非公共水域等	
建材供给	供给服务	公共空间	—	在服务过程中，对自然生态环境有着不容忽视的影响
		非公共空间	采石场、采沙场、采泥场、林场等	
药材供给	供给服务	公共空间	—	药材受生长环境的影响明显
		非公共空间	药材种植用地等	
侵蚀控制	调节服务	公共空间	非硬化地面上的各类绿化空间，以乔木为主或位于小流域主要汇水线区域的绿化空间，其服务功能重要性较高	该服务功能主要受用地上绿化覆盖情况的影响
		非公共空间	非硬化地面上的各类绿化空间，以农田为代表的"间绿"空间，在"非绿"状态下，服务功能会出现不同程度的缺失	
空气质量优化	调节服务	公共空间	所有城乡绿地空间形态，包括公园绿地、防护绿地、生产绿地、附属绿地和其他绿地等	绿化形式以乔木为主的功能空间，其服务效果一般更优，林木老化会影响服务
		非公共空间	包括各类非公共空间的附属绿地、农林种植地、牧草地、依附于构筑物的各类立体绿化以及各种室内绿化	
美学载体	文化服务	公共空间	主要包括公园绿地、附属绿地、水域等	景观设计与营建程度高，其空间服务效果一般更优
		非公共空间	主要包括非公共空间的附属绿地、水域、依附于构筑物的各类立体绿化以及各种室内绿化等	

"空间"因素也综合纳入生态系统服务评价体系，通过产生有利或不利影响的经济行为分析，从而完成生态系统服务产业发展与功能空间的关联性评价。

（1）"核心经济建设区"拟优先发展生态系统服务产业与功能空间的关联性评价（表 4-5）

（2）"核心生态建设区"拟优先发展生态系统服务产业与功能空间的关联性评价（表 4-6）

（3）"中部功能建设区"拟优先发展生态系统服务产业与功能空间的关联性评价（表 4-7）

由以上关联性评价可知，核心经济建设区中发展"城镇绿地功能优化产业、生态化房地产业"对于区域核心生态系统服务的功能空间最有利；核心生态建设区中发展"水土保持产业"对于区域核心生态系统服务的功能空间最有利，其次为"生态旅游产业"和"污水垃圾自然净

化产业"；中部功能建设区中发展"绿色食品饮料产业、农业旅游产业、水土保持产业"对于区域核心生态系统服务的功能空间最有利。

4.8 库区生态系统服务综合价值评估结论认知

4.8.1 A 价值主线（Y 轴）：经济激励因素考量

市场经济环境下，资本已成为引导劳动力流动的主要"指挥棒"，而中国特色市场经济的最大特征是政府对核心资本具有绝对控制权，对主体资本具有强力的引导权。生态经济协调发展面临的主要问题"生态资源保护与利用的主体缺失"之一，其产生源头和解决之道正是受"政府指挥资本，资本指挥劳动力"这一市

"核心经济建设区"拟优先发展生态系统服务产业与功能空间的关联性评价   表 4-5

产业	行为		作用的功能空间	关联度指标（赋值/权重值）			影响的核心服务
室内空气生态净化产业	有利行为	产业发展必然要求进行相关生产绿地的建设	相关生产绿地	增加绿地营建的规模	5/25	15	空气质量优化、气候调节
				增加绿地的质量	10/15		
	不利行为	—		是否可恢复	—		
				恢复难度及周期	—		
城镇绿地功能优化产业	有利行为	各类城镇绿地功能优化行为	各类城市绿地	影响强度	20/25	45	空气质量优化、气候调节、美学载体
				影响范围	15/20		
				影响时效	10/15		
	不利行为	—		是否可恢复	—		
				恢复难度及周期	—		
城镇绿化植物供给产业	有利行为	相关生产绿地的建设	相关生产绿地	增加绿地营建的规模	15/25	25	空气质量优化、气候调节
				增加绿地的质量	10/15		
	不利行为	—		是否可恢复	—		
				恢复难度及周期	—		
生态化房地产业	有利行为	人们营建更具生态特征的生产生活环境的相关行为	相关附属绿地	影响强度	20/25	45	空气质量优化、气候调节、美学载体、文化遗产和地方感载体
				影响范围	10/20		
				影响时效	15/15		
	不利行为	—		是否可恢复	—		
				恢复难度及周期	—		

注：因"生态系统服务关联的金融产业、城镇绿地空间流转平台、工业企业污染排放权交易平台"不与具体的功能空间产生直接的关联，故未将其纳入本评价表。

"核心生态建设区"拟优先发展生态系统服务产业与功能空间的关联性评价   表 4-6

产业	行为		作用的功能空间	关联度指标（赋值/权重值）			影响的核心服务
水土保持产业	有利行为	以水土保持林为代表的相关防护绿地的建设行为	以相关防护绿地为主的非硬化地面上的各类绿化空间	影响范围	15/20	40	侵蚀控制、空气质量优化
				增加绿地营建的规模	20/25		
				增加绿地的质量	15/15		
	不利行为	人类相关经济活动伴生的负面影响	相关防护绿地	是否可恢复	−5/−10		
				恢复难度及周期	−5/−20		
清洁能源产业	有利行为	清洁能源使用或生产过程中减少污染排放的相关行为	各类城乡绿地	影响强度	20/25	15	空气质量优化、能源供给
				影响范围	15/20		
				影响时效	10/15		
	不利行为	天然气、页岩气等化石能源的开采行为；水能利用对地表空间的改变等	资源埋藏地的地表绿地、水库淹没的绿地	是否可恢复	−10/−10		
				恢复难度及周期	−20/−20		

续表

产业		行为	作用的功能空间	关联度指标（赋值／权重值）			影响的核心服务
生态旅游产业	有利行为	生态旅游资源的保护和建设行为	具有旅游资源特征的相关绿地，如公园、湿地等	影响强度	20/25	35	侵蚀控制、空气质量优化、休闲娱乐和生态旅游载体
				影响范围	15/20		
				影响时效	15/15		
	不利行为	人类相关旅游活动伴生的负面影响	具有旅游资源特征的相关绿地	是否可恢复	−5/−10		
				恢复难度及周期	−10/−20		
新型循环林业产业	有利行为	提高林木资源利用效率，减轻环境污染、生态破坏的相关行为	生产绿地、林地	影响强度	15/25	25	侵蚀控制、空气质量优化、水净化和废物处理
				影响范围	5/20		
				影响时效	5/15		
	不利行为	—	—	是否可恢复	—		
				恢复难度及周期	—		
绿色食品饮料产业	有利行为	绿色食品生产	农林用地、水域	影响强度	10/25	20	空气质量优化、水净化和废物处理
				影响范围	5/20		
				影响时效	5/15		
	不利行为	—	—	是否可恢复	—		
				恢复难度及周期	—		
污水垃圾自然净化产业	有利行为	污水垃圾自然净化功能单元建设	湿地、原生森林以及相关绿地	影响范围	10/20	40	空气质量优化、水净化和废物处理
				增加绿地保护和建设的规模	15/25		
				增加绿地的质量	15/15		
	不利行为	—	—	是否可恢复	—		
				恢复难度及周期	—		

"中部功能建设区"拟优先发展生态系统服务产业与功能空间的关联性评价

表 4-7

产业		行为	作用的功能空间	关联度指标（赋值／权重值）			影响的核心服务
绿色食品饮料产业	有利行为	绿色食品生产	农林用地、水域	影响强度	20/25	35	食物供给、空气质量优化
				影响范围	10/20		
				影响时效	5/15		
	不利行为	—	—	是否可恢复	—		
				恢复难度及周期	—		
绿色建材产业	有利行为	绿色建材生产和使用	工矿用地、林场等	影响强度	15/25	10	建材供给、空气质量优化
				影响范围	10/20		
				影响时效	10/15		
	不利行为	建材采集对原始地表空间的破坏	工矿用地	是否可恢复	−10/−10		
				恢复难度及周期	−15/−20		

131

产业		行为	作用的功能空间	关联度指标（赋值/权重值）			影响的核心服务
医药产业	有利行为	中药材种植	农林用地	影响强度	10/25	25	药材供给、空气质量优化
				影响范围	10/20		
				影响时效	5/15		
	不利行为	—	—	是否可恢复	—		
				恢复难度及周期	—		
纺织产业	有利行为	蚕桑种植等	农林用地	影响强度	10/25	20	空气质量优化
				影响范围	5/20		
				影响时效	5/15		
	不利行为	—	—	是否可恢复	—		
				恢复难度及周期	—		
烟草产业	有利行为	烟草种植等	农林用地	影响强度	10/25	20	空气质量优化
				影响范围	5/20		
				影响时效	5/15		
	不利行为	—	—	是否可恢复	—		
				恢复难度及周期	—		
水土保持产业	有利行为	以水土保持林为代表的相关防护绿地的建设行为	以相关防护绿地为主的非硬化地面上的各类绿化空间	影响范围	10/20	30	侵蚀控制、空气质量优化
				增加绿地营建的规模	15/25		
				增加绿地的质量	15/15		
	不利行为	人类相关经济活动伴生的负面影响	相关防护绿地	是否可恢复	−5/−10		
				恢复难度及周期	−5/−20		
农业旅游产业	有利行为	农业旅游资源的建设行为	具有旅游资源特征的相关农林用地	影响强度	20/25	30	空气质量优化、美学载体
				影响范围	10/20		
				影响时效	15/15		
	不利行为	人类相关旅游活动伴生的负面影响	具有旅游资源特征的相关农林用地	是否可恢复	−5/−10		
				恢复难度及周期	−10/−20		

注：因"土壤改良产业"不与具体的功能空间产生直接的关联，故未将其纳入本评价表。

场逻辑的影响。"经济激励"正是资本指挥劳动力流动的主要手段，在前文各要素评价分析的基础上，本书将以"经济激励强度 = 预期年均市场规模 × 主观市场价值权重 + 产业发展带来的外部收益 − 产业发展伴生的外部支出"公式，明确各生态系统服务产业的经济激励强度。

①"核心经济建设区"建议优先发展"室内空气生态净化产业、城镇绿地功能优化产业、城镇绿化植物供给产业、生态化房地产业、城镇绿地空间流转平台、工业企业污染排放权交易平台"等 6 项，其经济激励强度分别为"26.5~139、64~226、26.8~53.6、878~1388、18.4~117.2、0.56~1.36"亿元。

②"核心生态建设区"建议优先发展"水

土保持产业、清洁能源产业、生态旅游产业、新型循环林业产业、绿色食品饮料产业、污水垃圾自然净化工程"等 6 项，其经济激励强度分别为"9.4~28.7、95~145、723~1355、14.2~22.6、56.6~96、3.26~6.6"亿元，其中"水土保持产业"的经济激励未将政府公共财政纳入，而目前水土保持建设主要为财政投入，对于每年可节省的约 8 亿元 ~25 亿元相关公共财政支出也未体现。

③ "中部功能建设区"建议优先发展"绿色食品饮料产业、绿色建材产业、医药产业、纺织产业、烟草产业、水土保持产业、农业旅游产业、土壤改良产业"等 8 项，其经济激励强度分别为"93~188、55.3~95、74~113、44~54.6、14.3~37.8、4.9~14.2、451~721、0.91~1.82"亿元，其中"水土保持产业"也未将政府公共财政投入计入，对于每年可节省的约 3 亿元 ~8 亿元相关公共财政支出也未体现；"土壤改良产业"是"升级需求"的体现，在当前库区经济较为落后的背景下，虽有此需求，但市场规模应不大，随着库区经济实力的增长，此需求未来会有大的增长（表 4-8）。

库区拟优先发展生态系统服务产业经济激励强度表　　表 4-8

分区	优先发展生态系统服务	经济激励强度	
		市场规模（亿元）	级别
核心经济建设区（Ⅰ）	室内空气生态净化产业（Ⅰ$_a$）	26.5~139	一级
	城镇绿地功能优化产业（Ⅰ$_b$）	64~226	一级
	城镇绿化植物供给产业（Ⅰ$_c$）	26.8~53.6	二级
	生态化房地产业（Ⅰ$_d$）	878~1388	一级
	城镇绿地空间流转平台（Ⅰ$_e$）	18.4~117.2	一级
	工业企业污染排放权交易平台（Ⅰ$_f$）	0.56~1.36	三级
核心生态建设区（Ⅱ）	水土保持产业（Ⅱ$_a$）	9.4~28.7	二级
	清洁能源产业（Ⅱ$_b$）	95~145	一级
	生态旅游产业（Ⅱ$_c$）	723~1355	一级
	新型循环林业产业（Ⅱ$_d$）	14.2~22.6	二级
	绿色食品饮料产业（Ⅱ$_e$）	56.6~96	二级
	污水垃圾自然净化工程（Ⅱ$_f$）	3.26~6.6	三级
中部功能建设区（Ⅲ）	绿色食品饮料产业（Ⅲ$_a$）	93~188	一级
	绿色建材产业（Ⅲ$_b$）	55.3~95	二级
	医药产业（Ⅲ$_c$）	74~113	一级
	纺织产业（Ⅲ$_d$）	44~54.6	二级
	烟草产业（Ⅲ$_e$）	14.3~37.8	二级
	水土保持产业（Ⅲ$_f$）	4.9~14.2	三级
	农业旅游产业（Ⅲ$_g$）	451~721	一级
	土壤改良产业（Ⅲ$_h$）	0.91~1.82	三级

注：以市场规模上限为判断标准，100 亿元及以上为"一级"，20 亿元 ~100 亿元为"二级"，20 亿元及以下，为"三级"。

4.8.2 B价值主线（X轴）：功能空间关联度考量

生态系统服务产业发展通过"有利行为"和"不利行为"对功能空间产生了干预效用，研究选取了"增加绿地营建的规模、增加绿地的质量、影响强度、影响范围、影响时效"等5个因素作为"有利行为"的评价因子，其权重值分别为"25、15、25、20、15"；选取了"是否可恢复、恢复难度及周期"2个因素作为"不利行为"的评价因子，其权重值分别为"-10、-20"。在此基础上，通过对库区优先发展生态系统服务产业与功能空间的关联性评价，得到以下结论。

①"核心经济建设区"建议优先发展"室内空气生态净化产业、城镇绿地功能优化产业、城镇绿化植物供给产业、生态化房地产业、城镇绿地空间流转平台、工业企业污染排放权交易平台"等6项，因"城镇绿地空间流转平台、工业企业污染排放权交易平台"不与具体的功能空间产生直接的关联，故并未进行关联性评价。其中"室内空气生态净化产业"主要关联的功能空间为"相关生产绿地"，关联度指标选取"增加绿地营建的规模、增加绿地的质量"，关联度评分为15；"城镇绿地功能优化产业"主要关联的功能空间为"各类城市绿地"，关联度指标选取"影响强度、影响范围、影响时效"，关联度评分为45；"城镇绿化植物供给产业"主要关联的功能空间为"相关生产绿地"，关联度指标选取"增加绿地营建的规模、增加绿地的质量"，关联度评分为25；"生态化房地产业"主要关联的功能空间为"相关附属绿地"，关联度指标选取"影响强度、影响范围、影响时效"，关联度评分为45。

②"核心生态建设区"建议优先发展"水土保持产业、清洁能源产业、生态旅游产业、新型循环林业产业、绿色食品饮料产业、污水垃圾自然净化工程"等6项，其中"水土保持产业"主要关联的功能空间为"以相关防护绿地为主的非硬化地面上的各类绿化空间"，关联度指标选取"影响范围、增加绿地营建的规模、增加绿地的质量"，不利行为主要关联的功能空间为"相关防护绿地"，关联度指标有"是否可恢复、恢复难度及周期"，综合关联度评分为40；"清洁能源产业"主要关联的功能空间为"各类城乡绿地"，关联度指标选取"影响强度、影响范围、影响时效"，不利行为主要关联的功能空间为"资源埋藏地的地表绿地、水库淹没的绿地等"，关联度指标有"是否可恢复、恢复难度及周期"，综合关联度评分为15；"生态旅游产业"主要关联的功能空间为"具有旅游资源特征的相关绿地"，关联度指标选取"影响强度、影响范围、影响时效"，不利行为主要关联的功能空间为"具有旅游资源特征的相关绿地"，关联度指标有"是否可恢复、恢复难度及周期"，综合关联度评分为30；"新型循环林业产业"主要关联的功能空间为"生产绿地、林地"，关联度指标选取"影响强度、影响范围、影响时效"，关联度评分为25；"绿色食品饮料产业"主要关联的功能空间为"农林用地、水域"，关联度指标选取"影响强度、影响范围、影响时效"，关联度评分为20；"污水垃圾自然净化产业"主要关联的功能空间为"湿地、原生森林以及相关绿地"，关联度指标选取"影响范围、增加绿地保护和建设的规模、增加绿地的质量"，关联度评分为40。

③"中部功能建设区"建议优先发展"绿色食品饮料产业、绿色建材产业、医药产业、纺织产业、烟草产业、水土保持产业、农业旅游产业、土壤改良产业"等8项，因"土壤改良产业"不与具体的功能空间产生直接的关联，故并未进行关联性评价，其中"绿色食品饮料产业"主要关联的功能空间为"农林用地、水域"，关联度指标选取"影响强度、影响范围、影响时效"，关联度评分为30；"绿色建材产业"主要关联的功能空间为"工矿用地、林场等"，关联度指标选取"影响强度、影响范围、影响时

效"，不利行为主要关联的功能空间为"工矿用地"，关联度指标有"是否可恢复、恢复难度及周期"，综合关联度评分为10；"医药产业、纺织产业、烟草产业"主要关联的功能空间为"农林用地"，关联度指标选取"影响强度、影响范围、影响时效"，关联度评分分别为25、20、20；"水土保持产业"主要关联的功能空间为"相关防护绿地为主的非硬化地面上的各类绿化空间"，关联度指标选取"影响范围、增加绿地营建的规模、增加绿地的质量"，不利行为主要关联的功能空间为"相关防护绿地"，关联度指标有"是否可恢复、恢复难度及周期"，综合关联度评分为30；"农业旅游产业"主要关联的功能空间为"具有旅游资源特征的相关农林用地"，关联度指标选取"影响强度、影响范围、影响时效、

是否可恢复、恢复难度及周期"，综合关联度评分为30（表4-9）。

4.8.3　评估结论的认识象限图分析

（1）"核心经济建设区"拟优先发展生态系统服务的认识象限图分析

由象限分析图可见（图4-15），"生态化房地产业"（I_d）的综合价值最高，"城镇绿地功能优化产业"（I_b）次之，"城镇绿化植物供给产业"（I_c）与"室内空气净化产业"（I_a）之间的A、B评价结论在X轴和Y轴上存在反向特征，其综合价值的大小，需利用"辅助决策模型"再分析。

（2）"核心生态建设区"拟优先发展生态系统服务的认识象限图分析

库区优先发展生态系统服务产业功能空间关联度表　　　　表4-9

分区	优先发展生态系统服务	空间关联度强度	
		关联度评分	级别
核心经济建设区（I）	室内空气生态净化产业（I_a）	15	三级
	城镇绿地功能优化产业（I_b）	45	一级
	城镇绿化植物供给产业（I_c）	25	二级
	生态化房地产业（I_d）	45	一级
核心生态建设区（II）	水土保持产业（II_a）	40	一级
	清洁能源产业（II_b）	15	三级
	生态旅游产业（II_c）	35	一级
	新型循环林业产业（II_d）	25	二级
	绿色食品饮料产业（II_e）	20	二级
	污水垃圾自然净化工程（II_f）	40	一级
中部功能建设区（III）	绿色食品饮料产业（III_a）	35	一级
	绿色建材产业（III_b）	10	三级
	医药产业（III_c）	25	二级
	纺织产业（III_d）	20	二级
	烟草产业（III_e）	20	二级
	水土保持产业（III_f）	30	二级
	农业旅游产业（III_g）	30	二级

注：经研判取舍，本表取35分及以上为"一级"，15~35分为"二级"，15分及以下，为"三级"。

由象限分析图可见（图4-16），"生态旅游产业"（Ⅱ$_c$）综合价值高于"新型循环林业产业"（Ⅱ$_d$）、"绿色食品饮料产业"（Ⅱ$_e$）、"清洁能源产业"（Ⅱ$_b$），但与"水土保持产业"（Ⅱ$_a$）、"绿色垃圾自然净化工程"（Ⅱ$_f$）之间的A、B评价结论在X轴和Y轴上存在反向特征，其综合价值的大小，需利用"辅助决策模型"再分析。

（3）"中部功能建设区"拟优先发展生态系

统服务的认识象限图分析

由象限分析图可见（图4-17），"绿色食品饮料产业"（Ⅲ$_a$）综合价值高于"水土保持产业"（Ⅲ$_f$）、"医药产业"（Ⅲ$_c$）、"纺织产业"（Ⅲ$_d$）、"烟草产业"（Ⅲ$_e$）、"绿色建材产业"（Ⅲ$_b$），但与"农业旅游产业"（Ⅲ$_c$）之间的A、B评价结论在X轴和Y轴上存在反向特征，其综合价值的大小，需利用"辅助决策模型"再分析。

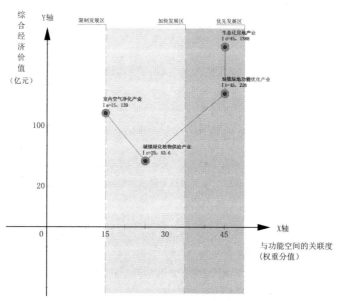

图4-15　核心经济建设区拟优先发展生态系统服务综合价值评估结论象限分析图

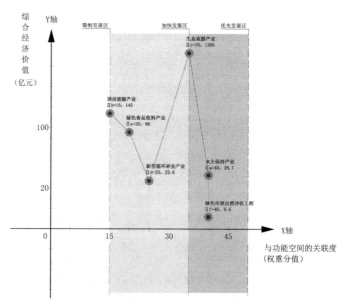

图4-16　核心生态建设区拟优先发展生态系统服务综合价值评估结论象限分析图

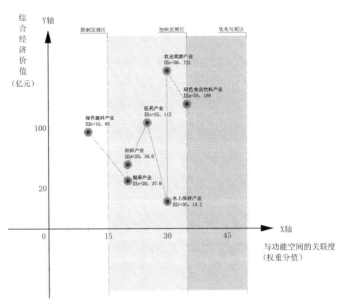

图 4-17　中部功能建设区拟优先发展生态系统服务综合价值评估结论象限分析图

4.8.4　库区生态系统服务产业选择决策建议

采用本书第 3 章构建的辅助决策模型，结合库区发展实际，尝试对库区分区生态系统服务产业选择决策提出明确的建议。

（1）库区辅助决策模型节点选取（表 4-10）

（2）"核心经济建设区"的辅助决策模型建构与求解

1）决策环境节点取值

"核心经济建设区"具有良好的经济条件，但环境承载力相对较低的特点，本书将决策环境节点取值为 $P(C_1=ADVANCE)=0.8$，$P(C_2=WEAK)=0.5$。

2）模型建构与求解

库区生态系统服务辅助决策模型节点选取　　　　　　　　　　　　　　表 4-10

类别	节点	标识	离散状态
决策环境节点	经济条件	C_1	ADVANCE, BACKWARD
	环境承载力	C_2	STRONG, WEAK
决策选择节点	经济贡献大小	D_1	BIG, MID, SMALL
	生态保护强度	D_2	HIGH, LOW
决策传递节点	生态环境变化	E_1	POSITIVE, NEGATIVE
决策目标节点	经济发展	O_1	FAST, MID, SLOW
	生态建设	O_2	GOOD, MID, BAD
	协调效果	O_3	OK, FAULT
决策价值节点	经济效益	V_1	W_1^F, W_1^M, W_1^S
	生态效益	V_2	W_2^G, W_2^M, W_2^B
	协调效益	V_3	W_3^O, W_3^F

$$\gamma(S_i) = \sum_{j=1}^{3} \sum_{k=1}^{q^j} W_j^k \times P(O_j)$$

$$= O_j^k \big| \pi(O_j)) \times P(\pi(O_j) \big| S_i, P(C_1$$

$$= BACKWARD) = 1, P(C_2 = WEAK) = 0.6))$$

根据以上数学模型，依据第3章明确的各节点状态概率参数，计算得到以下不同决策方案效用（表4-11）。

结论1：

"室内空气净化产业"（Ⅰ$_a$）的"经济贡献大小"状态指标为BIG（D$_1$），"生态保护强度"状态指标为LOW（D$_2$）；"城镇绿化植物供给产业"（Ⅰ$_c$）的"经济贡献大小"状态指标为MID（D$_1$），"生态保护强度"状态指标为HIGH（D$_2$）。由表4-11可见，在"核心经济建设区"的决策环境下，优先发展"城镇绿化植物供给产业"（Ⅰ$_c$）对于促进生态经济协调发展有更大的效应。

（3）"核心生态建设区"的辅助决策模型建构与求解

1）决策环境节点取值

"核心生态建设区"具有经济条件差，环境承载力高的特点，本书将决策环境节点取值为 P（C$_1$=BACKWARD）=0.6，P（C$_2$=STRONG）=0.8。

2）模型建构与求解

$$\gamma(S_i) = \sum_{j=1}^{3} \sum_{k=1}^{q^j} W_j^k \times P(O_j)$$

$$= O_j^k \big| \pi(O_j)) \times P(\pi(O_j) \big| S_i, P(C_1$$

$$= BACKWARD) = 1, P(C_2 = WEAK) = 0.6))$$

根据以上数学模型，依据第3章明确的各节点状态概率参数，计算得到以下不同决策方案效用（表4-12）。

结论2：

由表4-12可见，从促进区域生态经济协调效用最大化的角度出发，"生态旅游产业"（Ⅱ$_c$）优先于"水土保持产业"（Ⅱ$_a$）优先于"新型循环林业产业"（Ⅱ$_d$）、"绿色垃圾自然净化工程"（Ⅱ$_f$）优先于"清洁能源产业"（Ⅱ$_b$）优先于"绿色食品饮料产业"（Ⅱ$_e$）。

（4）"中部功能建设区"的辅助决策模型建构与求解

1）决策环境节点取值

"中部功能建设区"具有经济条件较好，环境承载力较高的特点，本书将决策环境节点取值为 P（C$_1$=ADVANCE）=0.5，P（C$_2$=STRONG）=0.6。

2）模型建构与求解

$$\gamma(S_i) = \sum_{j=1}^{3} \sum_{k=1}^{q^j} W_j^k \times P(O_j)$$

$$= O_j^k \big| \pi(O_j)) \times P(\pi(O_j) \big| S_i, P(C_1$$

$$= BACKWARD) = 1, P(C_2 = WEAK) = 0.6))$$

"核心经济建设区"决策环境下不同决策方案效用 表4-11

序号（i）	经济贡献大小	生态保护强度	效应
方案1	BIG	HIGH	0.571
方案2	BIG	LOW	0.44
方案3	MID	HIGH	0.499
方案4	MID	LOW	0.368
方案5	SMALL	HIGH	0.351
方案6	SMALL	LOW	0.22

注：功能空间关联度评分25分及以上为HIGH，25分以下为LOW；经济贡献100亿元及以上为BIG，15亿元及以下为SMALL，15亿元~100亿元为MID。

"核心生态建设区"决策环境下不同决策方案效用　　表 4-12

序号（i）	经济贡献大小	生态保护强度	效应
方案 1	BIG	HIGH	0.525
方案 2	BIG	LOW	0.315
方案 3	MID	HIGH	0.477
方案 4	MID	LOW	0.267
方案 5	SMALL	HIGH	0.375
方案 6	SMALL	LOW	0.165

注：功能空间关联度评分 25 分及以上为 HIGH，25 分以下为 LOW；经济贡献 100 亿元及以上为 BIG，15 亿元及以下为 SMALL，15 亿元~100 亿元为 MID。

根据以上数学模型，依据第 3 章明确的各节点状态概率参数，计算得到以下不同决策方案效用（表 4-13）。

结论 3：

由表 4-13 可见，从促进区域生态经济协调效用最大化的角度出发，"绿色食品饮料产业"（Ⅲₐ）、"农业旅游产业"（Ⅲ_c）、"医药产业"（Ⅲ_c）优先于"水土保持产业"（Ⅲ_f）优先于"纺织产业"（Ⅲ_d）、"烟草产业"（Ⅲ_e）以及"绿色建材产业"（Ⅲ_b）。

"中部功能建设区"决策环境下不同决策方案效用　　表 4-13

序号（i）	经济贡献大小	生态保护强度	效应
方案 1	BIG	HIGH	0.43
方案 2	BIG	LOW	0.273
方案 3	MID	HIGH	0.41
方案 4	MID	LOW	0.253
方案 5	SMALL	HIGH	0.318
方案 6	SMALL	LOW	0.161

注：功能空间关联度评分 25 分及以上为 HIGH，25 分以下为 LOW；经济贡献 100 亿元及以上为 BIG，15 亿元及以下为 SMALL，15 亿元~100 亿元为 MID。

第5章 三峡库区生态系统服务产业化发展策略研究

5.1 库区生态系统服务产业化发展战略分析与总体发展策略

5.1.1 库区生态系统服务产业化发展分析因素拟定

（1）分析因素拟定

围绕实现库区"生态保护与经济建设协调发展"的目标，在对三峡库区进行SWOT分析时，本书将先从建立"生态经济耦合系统"的视角，分"生态系统、经济系统、系统耦合"三方面，梳理优势和劣势的关联因素；分别从"国际、全国、区域"三个层面和"区域协同、利益主体、客观发展条件"三方面，理清机遇和挑战的关联因素。

1）优势因素（S）

通过实地调研与分析，研究发现三峡库区在生态系统方面的优势主要由"人力资源相对丰富、社会发展积极健康、历史文化资源富集、居住环境相对宜人且山地特色明显、基础设施发展迅猛"等因素体现；经济系统方面的优势主要由"良好的生态系统服务功能空间、巨大的生态系统服务消费潜在市场"等因素体现；系统耦合方面的优势主要由"适宜生态系统服务产业发展、旅游业发展基础良好、特色生态农业发展优势明显、生态系统服务衍生市场发展潜力大"等因素体现，具体见表5-1。

2）劣势因素（W）

通过实地调研与分析，研究发现三峡库区在生态系统方面的劣势主要由"人力资源结构有待优化、社会网络有待重构、居住空间内部

三峡库区优势因素 　　　表5-1

方面	因素集	备注
生态系统	人力资源相对丰富、社会发展积极健康、历史文化资源富集、居住环境相对宜人且山地特色明显、基础设施发展迅猛	涵盖"人居环境"五个子系统
经济系统	良好的生态系统服务功能空间、巨大的生态系统服务消费潜在市场	涵盖"生产、消费"两方面
系统耦合	适宜生态系统服务产业发展的环境、生态旅游发展基础良好、特色生态农业发展优势明显、生态系统服务衍生市场发展潜力大	重在生态系统服务产业化发展

的生态服务功能有待提升、住宅建设的空间适应度有待提高、环保环卫处理类基础设施建设滞后、农业用地资源紧缺且质量整体较差、生态环境脆弱环境约束大"[①]等因素体现；经济系统方面的劣势主要由"整体经济基础相对薄弱、地区经济发展水平差异大"等因素体现；系统耦合方面的劣势主要由"生态系统服务市场有待扩展和优化、生态系统服务产业化发展的配套政策有待完善"等因素体现（表5-2）。

3）机遇因素（O）

通过资料收集、整理与分析，研究发现三峡库区生态经济协调发展的机遇主要体现在"国际、全国、区域"三个层面。其中国际层面主要由"以《京都议定书》正式生效为标志的，推动实现'体现自然价值的经济体系'（格蕾琴·戴利、凯瑟琳·埃利森，2005）建立的各项全球行动、国际相关生态和扶贫组织的活跃

---

① 苏伟豪，杨占峰，孙建.重庆三峡库区产业发展SWOT分析与对策研究[J].特区经济.2009（7）：198-200.

等因素体现；全国层面主要由"'一带一路'战略规划的实施、进一步推动长江经济带建设、西部大开发战略的持续深入实施、生态补偿机制的不断完善和'生态扶贫'战略的实施、生态系统服务需求日趋旺盛"等因素体现；区域层面主要由"国家关于三峡库区移民后期扶持政策与《三峡后期工作规划》、住建部编制的《全国城镇体系规划纲要（2010-2020）》中明确重庆为五个国家中心城市之一、重庆'主体功能区规划'的实施、湖北的《湖北长江经济带开放开发总体规划（2009-2020）》的实施"等因素体现，见表5-3。

4）挑战因素（T）

通过资料收集、整理与分析，研究发现三峡库区生态经济协调发展面临的挑战主要来自"区域协同、利益主体、客观发展条件"三方面，

其中区域协同方面的挑战主要由"统筹协调区域各行政主体发展定位、建立高效的合作机制"等因素体现；利益主体方面的挑战主要由"城乡居民发展观念的转变、各级地方政府管理做出适应性调整、引导企业积极参与生态系统服务产业发展"等因素体现；客观发展条件的挑战主要由"前期发展建设资金紧缺[①]、生态系统服务外部性内部化的技术支撑有待强化"等因素体现，见表5-4。

（2）SWOT因素权重与战略分析

1）SWOT因素权重、概率及评分

优势和劣势因素中某一因素的影响力由权重值和评价分数决定；机遇和挑战因素中某一因素的影响力由概率值和评价分数决定。经上文分析，组织多位专家经讨论，形成以下权重、概率和评分赋值（表5-5）。

三峡库区劣势因素　　　　　　　　　　表5-2

方面	因素集	备注
生态系统	人力资源结构有待优化、社会网络有待重构、居住空间内部的生态服务功能有待提升、住宅建设的空间适应度有待提高、环保环卫处理类基础设施建设滞后、农业用地资源紧缺且质量整体较差、生态环境脆弱环境约束大	涵盖"人居环境"五个子系统
经济系统	整体经济基础相对薄弱、地区经济发展水平差异大	地区间人均GDP差距最大达14.62倍[②]
系统耦合	生态系统服务市场有待扩展和优化、生态系统服务产业化发展的配套政策有待完善	重在生态系统服务产业化发展

三峡库区机遇因素　　　　　　　　　　表5-3

层面	因素集	备注
国际	以《京都议定书》正式生效为标志的，推动实现"体现自然价值的经济体系"（格蕾琴·戴利、凯瑟琳·埃利森，2005）建立的各项全球行动、国际相关生态和扶贫组织的活跃	
全国	"一带一路"战略规划的实施、国务院对进一步推动长江经济带建设的要求、西部大开发战略的持续深入实施、生态补偿机制的不断完善和"生态扶贫"战略的实施、生态系统服务需求日趋旺盛	
区域	国家关于三峡库区移民后期扶持政策与《三峡后期工作规划》、住建部编制的《全国城镇体系规划纲要（2010-2020）》中明确重庆为五个国家中心城市之一、重庆《主体功能区规划》的实施、湖北的《湖北长江经济带开放开发总体规划（2009-2020）》的实施	

① 何微微.三峡库区产业发展的SWOT分析及对策研究[J].安徽农业科学.2010（7）：10324-10326.
② 2012年，重庆主城7区人均GDP为85010元/年，云阳县人均GDP仅为9417元/年。

三峡库区挑战因素　　　　　表5-4

方面	因素集	备注
区域协同	协调区域各行政区利益，建立高效合作机制	
利益主体	城乡居民发展观念的进一步转变、各级地方政府管理做出适应性调整、引导企业积极参与生态系统服务产业发展	
客观发展条件	前期发展建设资金紧缺、生态系统服务外部性内部化的技术支撑有待强化	

库区生态系统服务产业化发展的 SWOT 因素赋值　　　　　表5-5

类别	评价因素	权重值/概率值	评分
优势（S）	人力资源相对丰富（S_1）	0.5	9.3
	社会发展积极健康（S_2）	0.7	8.3
	历史文化资源富集（S_3）	0.8	9.5
	居住环境相对宜人且山地特色明显（S_4）	0.8	7.6
	基础设施发展迅猛（S_5）	0.6	6.8
	良好的生态系统服务功能空间（S_6）	0.9	8.1
	巨大的生态系统服务消费潜在市场（S_7）	0.9	7.3
	适宜生态系统服务产业发展的环境（S_8）	0.9	8.5
	旅游业发展基础良好（S_9）	0.8	8.2
	特色生态农业及农副产品加工快速发展（S_{10}）	0.8	8.5
	生态系统服务衍生市场发展潜力大（S_{11}）	0.8	7.2
劣势（W）	人力资源结构有待优化（W_1）	0.6	6.5
	社会网络有待重构（W_2）	0.5	7.2
	居住空间内部的生态服务功能有待提升（W_3）	0.7	7.8
	住宅建设的空间适应度有待提高（W_4）	0.7	7.2
	环保环卫处理类基础设施建设滞后（W_5）	0.8	5.5
	农业用地资源紧缺且质量整体较差（W_6）	0.8	5.2
	生态环境脆弱，环境约束大（W_7）	0.8	6.5
	整体经济基础相对薄弱（W_8）	0.7	6.5
	地区经济发展水平差异大（W_9）	0.6	7.3
	生态系统服务市场有待扩展和优化（W_{10}）	0.9	4.5
	生态系统服务产业化发展的配套政策有待完善（W_{11}）	0.8	4.2
机遇（O）	各项相关全球行动的推进（O_1）	0.8	7.0
	国际相关生态和扶贫组织的活跃（O_2）	0.7	7.5
	"一带一路"战略规划的实施（O_3）	0.9	7.6
	国务院对进一步推动长江经济带建设的要求（O_4）	0.9	8.2
	西部大开发战略的持续深入实施（O_5）	0.9	8.5
	生态补偿机制的不断完善和"生态扶贫"战略的实施（O_6）	0.8	7.8
	生态系统服务需求日趋旺盛（O_7）	0.8	8.8

类别	评价因素	权重值 / 概率值	评分
机遇（O）	国家关于三峡库区的后续发展规划（O_8）	0.9	8.2
	重庆的"国家中心城市"建设（O_9）	0.9	8.0
	重庆"主体功能区规划"的实施（O_{10}）	0.9	8.5
	湖北的"长江经济带"建设（O_{11}）	0.9	8.2
挑战（T）	协调区域各行政区利益，建立高效合作机制（T_1）	0.7	7.3
	"后移民期"的社会稳定风险（T_2）	0.4	8.3
	库区城乡居民发展观念的进一步转变（T_3）	0.5	8.5
	各级地方政府管理做出适应性调整（T_4）	0.3	6.5
	引导企业积极参与生态系统服务产业发展（T_5）	0.4	6.2
	前期发展资金紧缺，基础建设工程量大（T_6）	0.6	5.6
	生态系统服务外部性内部化的技术支撑有待强化（T_7）	0.7	5.2

注：权重值、概率值取 0~1 之间，评分取 10 分为满分。

2）SWOT 因素战略分析

①影响力度计算

采用袁牧（2007）等人的计算公式，针对 SWOT 各要素，分别求和，可以得出 SWOT 影响力度，计算结果如下[①]：

第 i 个因素的优势力度 S_i= 权重值 × 评分值，则

总优势（S）力度：

$$S = \sum_{i=1}^{n} \frac{S_i}{nS} = \sum_{i=1}^{11} \frac{S_i}{nS} = \sqrt{\frac{1}{n}\sum_{i=1}^{n} S_i} = 2.5$$

第 j 个因素的劣势力度 W_j= 权重值 × 评分值，则

总劣势（W）力度：

$$W = \sum_{j=1}^{n} \frac{W_j}{nW} = \sum_{j=1}^{11} \frac{W_j}{nW} = \sqrt{\frac{1}{n}\sum_{j=1}^{n} W_j} = 2.09$$

第 k 个因素的机遇力度 O_k= 概率值 × 评分值，则

总机遇（O）力度：

$$O = \sum_{k=1}^{n} \frac{O_k}{nO} = \sum_{k=1}^{11} \frac{O_k}{nO} = \sqrt{\frac{1}{n}\sum_{k=1}^{n} O_k} = 2.62$$

第 l 个因素的挑战力度 T_l= 概率值 × 评分值，则

总挑战（T）力度：

$$T = \sum_{l=1}^{n} \frac{T_l}{nT} = \sum_{l=1}^{11} \frac{T_l}{nT} = \sqrt{\frac{1}{n}\sum_{l=1}^{n} T_l} = 1.86$$

②战略四边形构建

建立 SWOT 要素坐标系，并根据上文计算的各要素力度值，构建三峡库区生态经济协调发展战略四边形。

四边形重心坐标 $P(X, Y) = (\sum\frac{X_i}{4}, \sum\frac{Y_i}{4}) = (0.12，0.19)$（图 5-1）

③战略类型选择

根据战略方位 θ（$tg\theta = \frac{y}{x}$，其中 $0 \leqslant \theta \leqslant 2\pi$）的大小，对照表 5-6，明确后三峡时代库区生态经济协调发展的总体战略类型为"机会型"，这表示后三峡时代正处于实现库区生态经济协调发展的战略机会期，要求我们以大胆开拓的精神，积极推进库区生态系统服务产业化发展战略。

---

① 袁牧，张晓光，杨明. SWOT 分析在城市战略规划中的应用和创新 [J]. 城市规划 .2007（4）：53-58.

战略方位 θ 与战略类型的对应表　　　表 5-6

第一象限		第二象限		第三象限		第四象限	
开拓型战略期		争取型战略区		保守型战略区		抗争型战略区	
特征	方位域	特征	方位域	特征	方位域	特征	方位域
实力型		进取型		退却型		调整型	
机会型		调整型		回避型		进取型	

资料来源：袁牧等 . SWOT 分析在城市战略规划中的应用和创新 [J]. 城市规划 . 2007（4）：53-58.

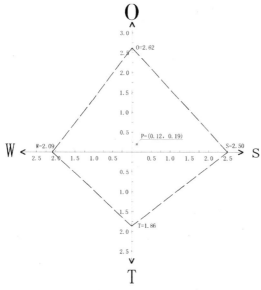

图 5-1　库区生态系统服务产业化发展战略四边形

5.1.2　态势要素交叉分析与总体发展策略

（1）SO 交叉分析与发展策略

① SO 要素交叉分析

即自身优势（S）与外部机遇（O）各要素间的交叉分析，以制定利用外部机遇，发挥自身优势的策略。由上文分析可知，后三峡时代库区 SO 所处战略区具有"外部机遇主导"的特征。

具体来说，后三峡时代库区不仅自身人居环境的五大系统具有诸如"人力资源相对丰富、社会发展积极健康、历史文化资源富集、居住环境相对宜人且山地特色明显、基础设施发展迅猛、良好的生态系统服务功能空间、巨大的生态系统服务消费潜在市场、适宜生态系统服务产业发展的环境、旅游业发展基础良好、特色生态农业及农副产品加工快速发展、生态系统服务衍生市场发展潜力大"等优势，外部更是在"国际、国内、地方"等不同层面有着"各项相关全球行动的推进、国际相关生态和扶贫组织的活跃、'一带一路'战略规划的实施、国务院对进一步推动长江经济带建设的要求、西部大开发战略的持续深入实施、'生态补偿'机制的不断完善和'生态扶贫'战略的实施、生态系统服务需求日趋旺盛、国家关于三峡库区的后续发展规划的实施、重庆的'国家中心城市'建设、重庆'主体功能区规划'的实施、湖北的'长江经济带'建设"等机遇，在"生态文明建设"的大背景下，库区在后三峡时代亟待明确"如何利用外部机遇？"以及"如何发挥自身优势？"，以有力地推动库区生态经济协调发展。

② SO 发展策略建议

a. 遵循"利用外部机遇,发挥自身优势"的原则,以外部机遇的新要求为导向,基于库区自身发展优势,明确库区生态经济协调发展的"推—拉"力;

b. 牢牢把握新时期良好的外部发展机遇,努力整合更多外部积极力量,构建外部机遇发展的主导作用,助推库区生态经济协调发展;

c. 发挥库区自身生态资源优势,加快探索生态系统服务市场化、产业化发展道路,推动资源优势向产业优势的转化。

(2) ST 交叉分析与发展策略

① ST 要素交叉分析

即自身优势(S)与外部挑战(T)各要素间的交叉分析,以制定发挥自身优势,应对外部挑战的策略。由上文分析可知,后三峡时代库区 ST 所处战略区具有"挑战较易应对"的特征。

具体来说,后三峡时代库区自身有着较大的发展优势的同时,也面临着一定的挑战,如"协调区域各行政区利益,建立高效合作机制;'后移民期'的社会稳定风险;库区城乡居民发展观念的进一步转变;各级地方政府管理做出适应性调整;引导企业积极参与生态系统服务产业发展;前期发展资金紧缺,基础设施建设工程量大;生态系统服务外部性内部化的技术支撑有待强化"等,且经前文分析,库区生态经济协调发展面临的挑战总体难度较小,完全具有"发挥自身优势,应对外部挑战"的能力。

② ST 发展策略建议

a. 充分发挥库区生态系统服务产业化发展的资源优势和"后发优势",以开放的、创新的态度,积极克服发展的起步困境;

b. 发挥我国社会主义政治制度和特色社会主义市场经济制度的优势,积极搭建区域协同发展平台,将库区的区位优势转化为发展优势;

c. 充分利用库区现有相关产业良好的发展基础,挖掘生态系统服务消费潜在市场,丰富和完善生态系统服务市场体系,提升生态系统服务产业的支撑能力。

努力扩大生态系统服务的产业化发展受益群体的范围,吸引更多的企业参与到生态系统服务产业化发展大潮中,让人们在"受益"中转变发展观念。

(3) WO 交叉分析与发展策略

① WO 要素交叉分析

即自身劣势(W)与外部机遇(O)各要素间的交叉分析,以制定利用外部机遇,克服自身劣势的策略。由上文分析可知,后三峡时代库区 WO 所处战略区具有"劣势较易克服"的特征。

具体来说,后三峡时代库区面对诸多发展机遇的同时,也需要克服库区自身的发展劣势,如"人力资源结构有待优化、社会网络有待重构、居住空间内部的生态服务功能有待提升、住宅建设的空间适应度有待提高、环保环卫处理类基础设施建设滞后、农业用地资源紧缺且质量整体较差、生态环境脆弱环境约束大、整体经济基础相对薄弱、地区经济发展水平差异大、生态系统服务市场有待扩展和优化、生态系统服务产业化发展的配套政策有待完善"等劣势,经前文分析,库区虽然呈"优势明显,劣势突出"的特征,但较库区的发展机遇来看,其劣势仍相对容易克服,这需要我们制定相应的发展策略,以"利用外部机遇,克服自身劣势"。

② WO 发展策略建议

a. "借力使力"策略,即通过政策、项目等的创新,从更高层面、更大范围地整合各种建设力量,以克服库区目前自身发展能力欠缺的问题;

b. 积极对接国家发展战略,争取中央更多资金、政策的支持;

c. 根据重庆市、湖北省的相关总体规划,找准自身定位,转变发展思路,积极推动生态系统服务市场建设,寻找各自的发展道路,缩小地区经济发展水平差异;

d. 出台适应地方实际的相关政策,并采用

"PPP（Public—Private—Partnership）"等新型的建设模式，引导投资向环保环卫处理类基础设施建设倾斜。

（4）WT交叉分析与发展策略

① WT要素交叉分析

即自身劣势（W）与外部挑战（T）各要素间的交叉分析，以找出最具有紧迫性的问题根源，采取相应发展策略来克服自身劣势，应对挑战。由上文分析可知，后三峡时代库区WT所处战略区具有"劣势限制主导"的特征，即库区生态经济协调发展面临的问题更多的是自身劣势的问题。

② WT发展策略建议

a. 生态系统服务产业化发展与生态系统服务功能提升共进策略，即通过生态系统服务产业的发展提升地区经济总量，同时经济激励更多的人投入到生态系统保护中；

b. 生态经济协调的"软、硬"发展环境共建策略；

c. 生态经济协调发展中的"三统一"策略，即国家战略布局与地方发展需求的统一，公共利益与个人利益的统一，生态价值与市场价值的统一；

d. 库区生态功能提升助推库区新型城镇化发展策略。

（5）交叉分析结论与核心策略建议

① SWOT要素交叉分析结论

经后三峡时代库区生态经济协调发展的SWOT要素交叉分析，结合前文战略方位的判断，后三峡时代是库区实现生态经济协调发展的战略机会期，"利用外部机遇，克服自身劣势"，"发挥自身优势，应对外部挑战"，实现生态经济的协调发展是后三峡时代库区的历史使命。以"生态文明"为旗帜，通过将生态系统服务引入市场机制，以实现生态系统服务的产业化为推动库区生态经济协调发展的重要"抓手"，紧紧抓住难得的发展机遇，立足自身发展优势，加快发展转型，才能真正做到将"生态资源"向"生态优势"的转变，"民生保障与生态保护"的统一，以及库区的持续发展。

② 基于SWOT要素交叉分析的核心策略建议

a. 生态系统保护与生态系统服务市场培育的目标一致性策略；

b. 生态系统服务"商品化"与市场体系建构策略；

c. 库区经济发展诉求的生态系统服务产业化发展响应策略；

d. "经济激励"主导的生态系统服务功能提升策略。

5.2 生态破坏威胁加剧问题典型城市：长寿区规划策略研究

"库区经济加速发展带来生态破坏威胁加剧的问题"是"核心经济建设区"生态经济协调发展困境面临的主要问题，因长寿区在重庆主城区"退二进三"产业结构调整战略中，承接了以化工、钢铁为代表的大量高污染、高能耗转移产业，地区经济的快速发展带来的生态破坏现象极为明显，因此，本书选取其作为分析研究"库区经济加速发展带来生态破坏威胁加剧问题"的典型城市。

5.2.1 长寿区生态系统服务产业化发展背景分析

（1）重庆主城区"退二进三"推动长寿经济加速发展

长寿区地处库区西部，离重庆主城区车程仅50余分钟，属于重庆"一小时经济圈"，也是主体功能区中"重点开发区域"的重要组成部分，地跨东经106°49′22″至107°43′30″，北纬29°43′30″至30°12′30″，幅员面积142363.36公顷。

长寿区作为重庆市新时期工业化、城镇化的主战场之一，聚集了大规模的新增产业和人口，近年社会经济加速发展。特别是总投资达

350 亿元的大型化工一体化工程（重庆 MDI 一体化项目）落户长寿；年产值 15 亿元的重庆钢铁集团环保搬迁至长寿等利好极大地推动了长寿的工业发展，仅 2014 年长寿的化工、装备制造、新材料工业产值就较 2013 年分别增长了 23%、30% 和 28%，长寿已发展成为重庆东部的化工、钢铁卫星城。良好的工业发展给长寿区经济注入了强劲动力，长寿经济技术开发区更是获得了商务部 2014 年中国开发区"最具投资价值奖"和"最具发展潜力奖"两项殊荣。

（2）不尽合理的经济发展方式加剧区域生态破坏

以化工、钢铁为代表的大型工业项目的接连上马，使长寿经济在很短的时间内就走上了快车道，城乡居民和地方财政收入快速增长，城市基础设施建设加快发展，人们享受到了经济发展带来的福利。但蕾切尔·卡森在《寂静的春天》这本书里描绘的影像很快就照进了现实，似乎长寿区的空气不再那么清新，时常弥漫着一股"臭鸡蛋味"；似乎长寿区的河流水体不再那么清澈，鱼儿虾蟹已慢慢绝迹；似乎长寿区的人们比以前更容易生病，癌症似乎也不再离大家那么遥远。保护环境的呼声开始慢慢高涨，人们越发深刻地认识到"绝不以牺牲环境为代价去换取一时的经济增长（习近平，2013）"的必要性（图 5-2）。

根据重庆市环保局公布数据，截至 2014 年长寿区共有"企业突发环境事件风险等级"评定的"重大环境风险单位"和"较大环境风险单位"38 家，其中 24 家"重大环境风险单位"占到超过全重庆的 20%，长寿发展面临不容回避的生态环境压力。

长寿区政府高度重视生态环境保护工作，明确提出"以产业转型升级推动污染源头治理；以完善环保基础设施推动面源污染治理；以环保'六大行动'推动环保突出问题治理；以贯彻新《环保法》为契机加强依法治理；切实将环保主体责任落到实处"的环保工作思路，出台了《重庆市长寿区环境保护局重大环境污染和生态破坏事故灾难应急预案》，明确"在区委、区政府的统一领导下，成立长寿区环境保护局环境污染事故应急处置领导小组，负责组织指挥环境污染事故应急处置工作"。在招商引资方面，坚持环保一票否决制，据重庆长寿区常务副区长左永祥介绍，2015 年长寿因为生态环保方面不过关，拒绝的项目就有 16 个，投资总额将近 10 亿元。经济结构朝着有利于生态环境保护的方面持续优化，统计资料显示长寿区国民经济三次产业比由 2013 年的 9∶60.5∶30.5 调整优化为 2014 年的 8.3∶59.7∶32，第一产业、第二产业在 GDP 总量增长和结构优化中降低占比，加快提升第三产业占比。可见，长寿

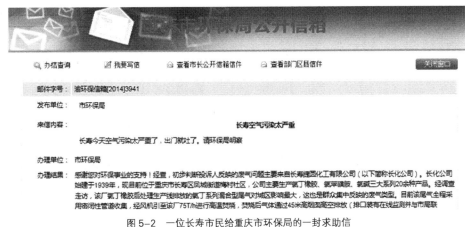

图 5-2　一位长寿市民给重庆市环保局的一封求助信
资料来源：重庆市环保局公开信箱，http：//www.cq.gov.cn/publicmail/citizen

区的生态保护工作也是生态经济的协调工作正在全面开展。

但"2010年9月重庆长寿化工有限责任公司碳氢相储槽发生燃爆事故,造成危化品泄露;2012年、2013年的长寿区桃花溪河流重度污染(图5-3);2015年2月长寿经济开发区南区闸门附近晏家河水色异常"等环境事件也在时刻提醒着我们,长寿区正面临着不容忽视的"经济发展冲击引发的生态破坏问题",需要我们拓宽思路,尝试更多更有效的应对方法。

(3)当前长寿区采取的主要应对举措

举措一:推动"化工、钢铁"等主导产业的转型升级,加强"污染源头控制"。在这方面长寿区开展了"四大抓手"的工作,一是抓延链补短,全力做大做强重钢、川维、MDI等主导产业链,深入谋划了MDI→聚氨酯组合料→建筑材料、熔融炼铁→板材→汽车家电用钢等10余条主产业链,促进产品附加值向中高端提升;二是抓项目引进,严把项目引进关,"高技术、高度环保、市场前景和效益看好"和"完善生产要素保障"成为"引进促升级"的主要方向;三是抓技改升级,多措并举地大力支持重钢、川维厂等实施技改升级;四是抓节能减排,通过节能减排硬性指标倒逼企业转型发展,如川维厂采取项目废水循环利用技术实现年工业取水总量减少了851万吨,年COD排放量减少了515吨。

举措二:加快和完善环保基础设施建设,推动"面源污染治理"。一是推动完成长寿经济开发区各污水处理厂升级改造和雨污分流系统建设,保证重点工业企业实现水污染物稳定达标排放;二是建成火电、水泥、钢铁等重点燃煤企业的粉尘在线监测系统;三是实施农村环境连片整治示范项目,着力推进街镇污水处理设施和配套污水收集管网建设,采用"户集、村收、镇归、区运输、区处理"的农村垃圾集中收运处置模式,建立覆盖更多村庄的农村垃圾集中收运网络。

举措三:针对"突出环境保护问题",实施环保"六大行动"。一是针对"臭气"扰民的"清新"行动,落实企业环保主体责任,推进企业环保标准化建设,强化监管,促进深度治理,减少臭气污染扰民;二是针对"扬尘($PM_{2.5}$和PM_{10})"的"蓝天"行动,强化扬尘污染控制,推动扬尘控制示范工地和扬尘控制示范道路等具体措施的实施建设,力争城区空气质量优良天数达到320天;三是针对"水脏"的"碧水"行动,地方财政安排资金3000万元,专项用于境内三条次级河流(龙溪河、桃花溪河、玉临河)综合整治,实施上游水源涵养和沿河污染治理;四是针对"噪声"的"宁静"行动,加强对噪声扰民的排查和治理;五是针对"绿少"的"绿地"行动,加强造林护林和生态恢复工作,力

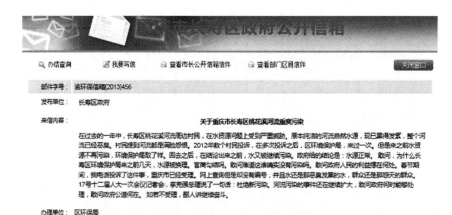

图5-3 长寿桃花溪河重度污染严重影响到周边居民的生活
资料来源:长寿区政府,http://www.cq.gov.cn/publicmail/citizen/ViewReleaseMail.aspx?intReleaseid=458092

争全区森林覆盖率达到 45.1%，建成区绿地保持率达到 100%；六是针对"养殖污染"的"田园"行动，落实畜禽养殖"禁养区"划定，加强对规模养殖的排污监管。

举措四：以贯彻新《环境保护法》为契机，加强"环境保护法制建设"。一是严格环境执法，贯彻落实新《环境保护法》，实施环境行政执法与刑事司法联动；二是严保环境权益，坚持以民生为导向，着力解决影响群众健康和制约经济社会发展的突出环境问题，保障群众环境权益；三是严守安全底线，在长寿区重化工企业达 50 余家的特殊产业定位下，严格落实环境风险防范措施，完善"政府—部门—园区—企业"四级应急联防联控体系建设和经济技术开发区"装置级、工厂级、片区级、经开区级和流域级"五级事故污水风险防控体系。

举措五：实施推行工业企业"环境保护主体责任"标准化制度。自 2010 年 9 月以来，为建设安全保障型化工园区，探索实施了工业企业环境保护主体责任制度，实现了企业安全管理标准化和隐患排查治理常态化。

举措六：启动桃花溪河整治、长化环保搬迁、长寿湖流域生态保护等重大环境保护项目。

（4）推动生态系统服务产业化发展能够弥补当前工作的不足

近年来长寿区为应对"经济发展冲击引发的生态破坏问题"，政府牵头采取了一系列、大力度应对举措，也取得了一定的效果。在"污染源头控制方面"，长寿区重在推动"化工、钢铁"等主导产业的转型升级，但此过程并非一帆风顺，如重钢集团自 2011 年首次出现亏损以来，长寿区政府仅 2014 年、2015 年就对其财政补贴 2.5 亿元（其中 2014 年 1.52 亿元，2015 年 9995 万元）；在"污染治理方面"，就如《长寿湖流域生态环境保护总体实施方案（2014–2018）》拟定 32.3 亿元资金投入，国家资金支持

占到 44.6%，其余为地方投入，不难看出长寿区目前采用的应对举措更多地将生态环境保护视为经济发展过程中的"纯支出项"，良好的污染治理效果需要政府主体的大规模投资的支撑。"政府投资主体化"成为长寿区在应对生态经济协调发展困境时的典型特征，这不但加大了公共财政的负担，其实施效果的长效性难以保证。

而推动生态系统服务产业化发展，能够进一步推动生态资源的价值挖掘，进一步激发"市场"的作用，完善生态保护事业的市场激励机制建设，让"理性的经济选择"更多地成为人们环保行为的动机，由"单一政府行为"向"政府行为与市场规则的共同作用"转变，从"资金来源、行为主体、管理引导"三大要素方面分别对当前工作予以补充和完善（图 5-4）。

5.2.2 长寿区优先发展生态系统服务产业选择建议

研究表明，"核心经济建设区"优先发展的生态系统服务产业主要有"室内空气生态净化产业、城镇绿地功能优化产业、城镇绿化植物供给产业、生态化房地产业、生态系统服务关联的金融产业"，以及需要积极搭建的"城镇绿地空间流转平台、工业企业污染物排放权交易平台"，并综合价值评估，从促进生态经济协调发展有更大效用的角度看，"生态化房地产业"优于"城镇绿地功能优化产业"优于"城镇绿化植物供给产业"优于"室内空气净化产业"。

长寿区作为"核心经济建设区"的重要组成部分，"将成为重庆未来工业化、城镇化的主战场"[①]之一，大量产业的进驻将带来大量人口的集聚，居住需求将会增加，发展"生态化房地产业"有明显的现实需求；长寿是重庆东部的化工、钢铁卫星城，"化工、钢铁"等主导产业的发展给地区生态环境带来的压力在短期内将居高不下，如何利用有限的"生态功

---

① 中共重庆市委组织部 牵头组织编写 . 聚焦重庆：五大功能区域建设 [M]. 重庆：重庆大学出版社 . 2014，10，P53.

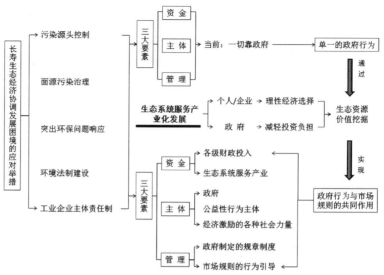

图5-4 生态系统服务产业化发展是长寿的必然选择

能空间"，发挥更大的生态系统服务效果，需要通过"城镇绿地功能优化产业"的发展予以促进；长寿区室外空气改善需要长期的努力，发展"室内空气生态净化产业"有助于满足人们快速改善有限室内空间空气的需求，是具有"高技术、市场前景广阔"的朝阳产业。同时，工业企业在长寿区高度聚集的特征，需要进一步加快和完善"工业企业污染物排放权交易平台"的建设，对于污染排放总量控制、倒逼工业企业技术升级以及拓宽生态环境保护资金来源渠道有着积极的作用。因此，本书结合第4章的评估结论，建议选择"生态化房地产业、城镇绿地功能优化产业、室内空气生态净化产业"和"工业企业污染物和气体排放权交易平台"作为长寿区生态系统服务产业化发展的工作重点（表5-7）。

长寿区优先发展生态系统服务产业选择判断 表5-7

序号	驱动力	需求	关联产业	生态经济协调发展效用
1	工业化、城镇化的快速发展，会集聚更大规模的人口	生活居住	生态化房地产业	1）通过附属绿地的形式，建设更多建设、维护主体明确的非公共空间的生态绿地，有利于提升区域生态系统服务空间的整体品质； 2）在解决基本居住需求的前提下，产业的发展有利于用更少的公共资源，获取更大的生态效益
2	大的环境污染压力状态将长期存在	污染净化	城镇绿地功能优化产业	1）通过全面界定区域内不同生态系统服务空间的主体功能，明确其各自的营建目标，有利于更高效地利用有限的"生态功能空间"； 2）分阶段的、有限目标的确定，以及责任主体和权责的明确是亟待解决的两大关键问题
3	室外空气污染风险大，室内空气净化需求增加	空气净化	室内空气生态净化产业	1）积极响应"室内空气净化"的市场需求，加快引进或开发出更为生态、更为便捷、更为高效的"室内空气生态净化产品"，其使用与推广将有利于区域整体空气质量改善； 2）制约其发展的关键在于技术难关的攻克
4	大量"化工、钢铁"等工业企业集聚发展，排污压力大	污染排放总量控制	工业企业污染排放权交易平台	1）便于管理部门控制区域污染排放总量； 2）将倒逼工业企业加快技术升级，遏制污染源； 3）对拓宽生态环境保护资金来源渠道有着积极作用； 4）实现对工业企业污染排放的全面监测，规避市场投机行为是目前制约平台建设的主要问题

具体来说，推动这四大生态系统服务产业发展，对于保障长寿可持续发展有以下重要意义。

（1）推动区域房地产市场结构优化，加快城乡居住环境的生态转型

房地产是城镇建设的重要推动力，引导房地产生态化发展，优化区域房地产市场结构，提升生态化房地产业的规模占比，对于实现城乡居住环境的生态转型极为重要。这要求长寿区为促进生态化房地产业发展，出台一系列优惠政策，如土地供应优先保证生态化房地产建设、适当减免或返还生态化房地产项目部分开发税费、减免生态化房地产项目的房屋购置税、减免生态化房地产项目的房产税等，鼓励开发商积极开发生态化房地产、购房者优先购买生态化房地产项目。同时，什么样的房地产项目属于生态化房地产？清晰界定享受生态化房地产优惠政策的项目范畴，是有效推进长寿区生态化房地产业健康发展的基础。

通过推动生态化房地产业发展，加强附属绿地及立体绿化的生态营建。生态化房地产项目开发前，需对开发用地承担的生态系统服务功能任务予以明确，以此为导向，通过采取针对性的建设开发措施，特别是加强附属绿地及相关建筑立体绿化的生态营建，有目的地提升用地开发后其生态系统服务功能效用。生态化房地产开发关联的生态功能空间主要包括"附属绿地"和"建筑的立体空间"，通过推动生态化房地产业发展，可对长寿区城镇建设中相关附属绿地和立体绿化的生态营建产生有效的促进作用，提升相关用地提升生态系统服务功能。

（2）界定城镇绿地空间主体功能，构建绿地功能长效优化机制

城镇绿地是城镇建设用地的重要组成部分，也是保障城镇人居环境生态品质的重要空间载体，优化其生态系统服务功能，对于改善城镇生态环境品质极为重要。通过全面分析长寿区城镇的生态系统服务需求，科学地界定城镇绿地空间主体功能，以此为优化建设的导向，拟定分阶段

的、可实现的有限目标体系，在明确责任主体及其权责范围的基础上，构建城镇绿地功能优化长效机制，有效推动城镇绿地在生态系统服务功能体系语境中，由过去单一的"美化"功能载体，向承载更全面的、侧重"调节、供给、文化、支持"等不同生态系统服务功能的空间载体转变，全面提升长寿区城镇绿地营建的生态品质。

由于过去城镇绿地营建缺乏方向性指引，其发挥的生态系统服务效用有限，通过推动长寿区城镇绿地功能优化产业发展，明确不同城镇绿地承担的生态系统服务主体功能，在"景观营造"、"噪声隔离"、"空气净化"、"蓄存水体"等生态系统服务功能的建设导向下，将有利于人们更高效地利用有限的城镇生态功能空间，创造更优良的城镇生态环境，从而实现对长寿区城镇绿地营建生态品质的全面升级。

（3）打造室内空气生态净化产品研发基地，抢占新兴产业发展高地

空间分"室外空间"和"室内空间"，空气作为充满于空间中的基质，其质量的改善也需从"室外"和"室内"两方面着手。面对长寿区短期内居高不下的室外空气污染风险，人们在自己"力所能及"范围内，改善相对"私人"的室内空气质量的需求明显增加，在全国乃至世界范围内，这种趋势也正在变得越来越明显，相关市场需求已显现，市场前景广阔。长寿区应具有前瞻性地打造室内空气生态净化产品研发基地，吸引人才、集聚资源，攻关核心技术，加快引进或开发出更为生态、更为便捷、更为高效的"室内空气生态净化产品"，抢占此新兴产业发展高地，在不久的将来，该产业也许就发展成为未来引领长寿经济发展的支柱产业之一。同时，人们在产品使用的过程中，其外部效应积少成多，也将对区域整体空气质量改善起到不容忽视的促进作用。可见，从"污染源控制"和"空气污染净化"两方面，室内空气生态净化产业的发展均有积极作用，产业发展将利于促进区域空气质量的整体改善。

（4）加快工业企业污染监测体系建设，完善平台建设，活跃交易市场

通过推动工业企业污染排放权交易平台建设，有效促进区域污染排放总量的缩减。借鉴国外经验，污染排放权交易平台的建设既便于管理部门控制区域污染排放总量，也将倒逼工业企业加快技术升级，有效遏制污染源，还对拓宽生态环境保护资金来源渠道有着积极作用。因此，我国当前正以"碳排放权交易试点"建设为示范，尝试将构建"工业企业污染排放权交易平台"作为政府控制污染排放总量的一项重要公共政策进行推广。但在实践中，由于污染监测还存在较大漏洞，严重的市场投机现象极大地打击了那些自愿减排工业企业的积极性，平台建设的实际效果离预期差距大。针对问题，长寿应加快建设完善的工业企业污染监测体系，堵住投机漏洞，并加快平台交易制度和基础设施建设，营造良好的交易环境，刺激交易市场活跃，切实发挥污染排放权交易平台在区域污染总量控制方面不可替代的效用。

区域污染排放总量的控制不是简单的一道行政指令可以实现的，需要我们拓宽思路，创新管理方式，利用经济的杠杆"四两拨千斤"，激发工业企业减少排污的动力。而推动长寿区工业企业污染排放权交易平台建设，将其作为长寿区控制污染排放总量的重要措施，有效促进区域污染排放总量的缩减是其核心目标。

5.2.3 长寿区生态系统服务产业化发展规划策略建议

（1）产业1：推动生态化房地产业发展的几点规划策略建议（表5-8）

①规划策略SS1：编制完成符合长寿区实际的生态化房地产认定标准。

遵循"CAP-TRADE"原则，通过针对性限定的设置，引导特定市场的培育。什么样的房地产建设项目属于生态化房地产？什么样的生态化房地产更有利于区域生态环境保护？这两个问题的解答都需要通过制定符合长寿区实际的生态化房地产认定标准来解答，其中所谓的符合长寿区实际，指的是以长寿区社会经济生态现实条件为制定标准的依据。生态化房地产不应一概而论，可采用分级认定标准，以指导政策向更有利于区域生态环境保护的房地产项目倾斜（表5-9）。认定标准的科学制定是指导具体城乡规划编制的重要依据。

②规划策略SS2：在城（镇）总体规划层面，形成生态房地产用地布局指引及保障措施。

城（镇）总体规划作为战略性的发展规划，是城乡规划主管部门对规划区内建设活动依法行政的重要依据。城市存在于环境之中，通过地质、水文、气候、土壤、地貌、动植物等因素，环境在不同方面以不同方式影响着城市建设用地的发展，包括选址布局、规模与空间组织、开发强度等[①]。生态化房地产作为长寿区未来

推动长寿区生态化房地产业发展的规划策略建议 表5-8

优先发展产业	方面	规划策略建议
生态化房地产业（S）	市场培育（SS）	SS1：编制完成符合长寿区实际的生态化房地产认定标准
		SS2：在城（镇）总体规划层面，形成生态房地产用地布局指引及保障措施
		SS3：在控制性详细规划层面，结合生态化房地产发展目标，明确约束性、引导性要求
	功能提升（SG）	SG1：依据生态化房地产认定标准，制定《长寿区生态化房地产开发建设技术指南》
		SG2：制定《长寿区生态化房地产项目设计标准图集》

---

① 李浩. 生态导向的规划变革——基于"生态城市"理念的城市规划工作改进研究 [M]. 北京：中国建筑工业出版社. 2013，1，P138.

认定级别	可选取的分级要素建议	备注
一级	1）区位，生态区位度越重要，其级别越高；	区域生态系统服务主体功能是指导生态化房地产认定的重要依据
二级	2）调节服务要素，如水文特征，对生态影响越小，水文特征越接近开发前，其级别越高[①]；空气净化效用，对城市空气净化越有利，其级别越高；小气候调节效用，越有利于宜人的城市小气候营造，其级别越高；	
三级	3）文化服务要素，如文化内涵，承载的文化内涵越丰富、越重要，其级别越高；美学价值越高，更能愉悦人们的建设项目，其级别越高； 4）与区域生态系统服务主体功能的一致度，一致度越高，其级别越高	

生态化房地产认定标准建议　　　　　　　　　　　　表 5-9

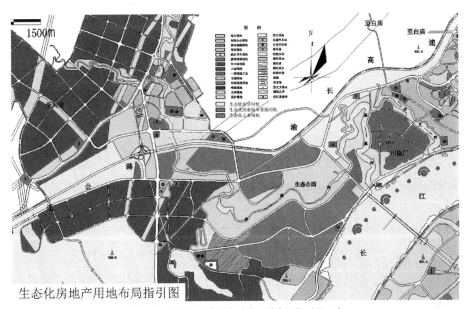

图 5-5　长寿区生态化房地产用地布局指引图示意

提高城镇建设生态水平的重要措施之一，需要在城（镇）总体规划层面，依据城市用地适宜性评价等生态环境分析结论，以利于生态保护为导向，在城市用地总体布局的基础上，进一步形成生态化房地产用地布局指引，以指导生态化房地产用地的战略布局，为保障生态化房地产发展对城镇建设生态环境改善的效用提供技术支撑（图 5-5）。

推动生态化房地产发展是一项复杂的系统工程，为确保总体规划拟定的各项相关工作的顺利落实，离不开政府推动必要的、配套的保障措施实施的支持，这要求在总体规划制定过程中，结合长寿生态化房地产发展的需要，从"政

策保障、资金保障、组织保障、土地保障、机制保障"等方面明确相关保障措施（表 5-10）。

③规划策略 SS3：控制性详细规划层面，结合生态化房地产发展目标，明确约束性、引导性要求。

在控制性详细规划阶段，以街区为单元，进一步明确长寿区生态化房地产发展规模目标的上、下限，并以此为依据，在街区和地块两个层面的控制内容中，体现生态化房地产用地布局的约束性和引导性要求。首先在街区层面，将生态化房地产用地规模目标以上、下限的形式，作为约束性指标进行刚性要求，如街区 I 建设用地总规模为 200 公顷，刚性要求生态化

---

① 低影响开发雨水系统是住房与城乡建设部推广"海绵城市"建设模式的主要目标。

长寿区生态化房地产保障措施建议　　　　　　　　　　　　　　表 5-10

序号	保障类型	保障措施建议
1	政策保障	加快研究生态化房地产扶持政策，对进行生态化房地产开发的企业给予一定扶持，对购买生态化房地产商品的消费者给予一定的税费优惠
2	资金保障	争取各级财政每年安排一定规模资金作为生态化房地产发展的引导资金，重点用于示范性项目建设
3	组织保障	加强组织领导，有关行政主管部门要将加快生态化房地产业发展作为当前和今后一个时期推动城乡建设的重要内容来抓，成立专门的生态化房地产建设管理工作机构，实行统一领导、统一规划、统一建设、统一标准、统一管理，做到领导到位、组织到位、措施到位。加强宣传，提高社会各界对发展生态化房地产业的认识
4	土地保障	实施土地利用计划差别管理，分类安排土地利用计划，优先保障生态化房地产项目用地需求
5	机制保障	健全生态化房地产项目实施监控机制，实现对生态化房地产项目建设的全过程监督，出现问题及时反馈整改，确保生态化房地产项目各项规划目标落实到位

房地产用地规划达到 20~50 公顷，其中生态居住用地 10~22 公顷，生态化商业服务设施用地 4~8 公顷；并按用地规模目标上限在用地布局图上予以引导性标示。其次在地块层面，将生态化房地产用地规模目标以不低于下限的形式，作为约束性指标进行刚性要求，如地块 Ⅱ 分图图则中，刚性要求生态化房地产用地规模不低于 1.5 公顷，并在图则中将建议作为生态化房地产开发的用地布局以引导性控制的方式予以标示。

④规划策略 SG1：依据生态化房地产认定标准，制定《长寿区生态化房地产开发建设技术指南》。

生态化房地产项目建设不同于一般的房地产开发，它的核心目的在于通过引导城镇建设方式的生态化转变，提高用地开发后具有的生态系统服务功能品质。为保障生态化房地产建设落到实处，需要依据《绿色建筑评价标准》、《海绵城市建设技术指南》等国家技术标准规范，借鉴国内外生态化房地产项目建设的实践经验，结合长寿区实际，制定《长寿区生态化房地产开发建设技术指南》（以下简称《技术指南》），提出长寿区生态化房地产开发的基本原则，完成规划控制目标分解、落实及其技术框架的构建，明确城市规划、工程设计、建设、维护及管理过程中的生态化营建相关内容、要

求和方法。《技术指南》的具体内容可以主要包括"前言、总则、生态化房地产开发与生态系统服务功能提升、规划、设计、工程建设、维护管理"等 7 个章节。目前国家正在重点推进的"海绵城市建设"，正是以特定生态系统服务功能提升为导向的新型城市建设模式探索（图 5-6、图 5-7）。

⑤规划策略 SG2：紧扣生态系统服务功能提升目标，制定《长寿区生态化房地产项目设计标准图集》。

紧扣《技术指南》拟定的生态系统服务功能提升目标，根据不同类型用地生态化房地产开发的实际需求，保障长寿区生态化房地产工

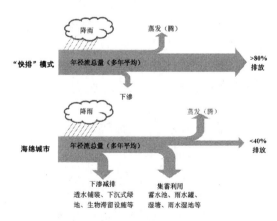

图 5-6　海绵城市年径流总量控制率目标概念示意图
资料来源：住房和城乡建设部．海绵城市建设技术指南——低影响开发雨水系统构建（试行）[Z]. 2014, 10, P10.

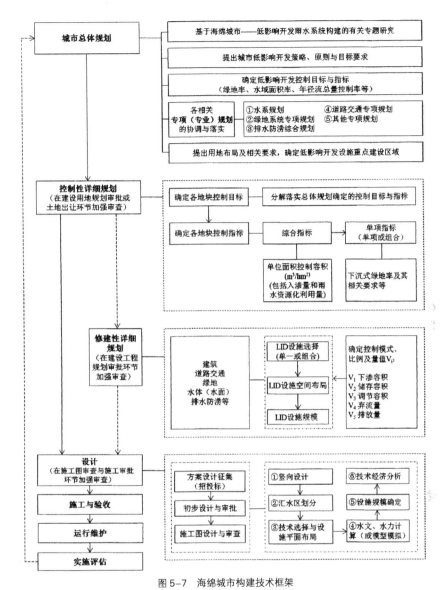

图 5-7　海绵城市构建技术框架

资料来源：住房和城乡建设部. 海绵城市建设技术指南——低影响开发雨水系统构建（试行）[Z]. 2014，10，P19.

程建设的标准化推进，需要梳理现有相关规划设计技术方法，并结合长寿实际和生态系统服务功能提升的需求完成相关优化设计，最终制定《长寿区生态化房地产项目设计标准图集》（以下简称《设计标准图集》）。《设计标准图集》的制定将为长寿区生态化房地产建设提供必要的技术支撑，其不仅可以保证设计质量，有利于提高工程质量，也有利于采用和推广新技术，加快设计速度，也便于实行构配件生产工厂化、

装配化和施工机械化，以提高建设效率；同时，也有利于节约建设材料，降低工程造价，提高经济效益（表 5-11、图 5-8、图 5-9）。

（2）产业 2：推动城镇绿地功能优化产业发展的几点规划策略建议（表 5-12）

市场培育（CS），城镇绿地功能优化产业市场的形成，关键在于城镇绿地生态系统服务主体功能优化长效机制的建立和由此激发的城镇绿地功能优化需求（图 5-10）。

山地城市减少地形干预的挖填方模式 表 5-11

类型	分区		建设控制引导
填方区	1	填方深度小于5米	可适量开展建设活动，建筑基础应作专门设计
	2	填方深度大于5米，小于15米	严格限制建设大体量建筑，以建设小体量景观用房为主
	3	填方深度大于15米	禁止建设大体量建筑，可少量建设小体量景观用房
挖方区	4	山体厚度小于50米	如无特殊需要，建议整体挖方平地，进行建设
	5	山体厚度大于50米，小于100米	根据建设强度和规模，可灵活选择挖方方式
	6	山体厚度大于100米	建议以分层梯度建设方式进行建设

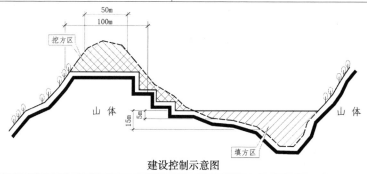

建设控制示意图

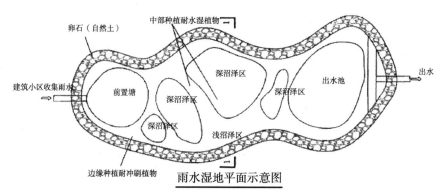

雨水湿地平面示意图

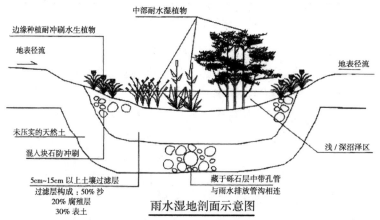

雨水湿地剖面示意图

图 5-8 海绵城市的雨水湿地设计图

资料来源：南宁市海绵城市建设技术——低影响开发雨水控制与利用工程设计标准图集（试行）[Z]. 2015，7.

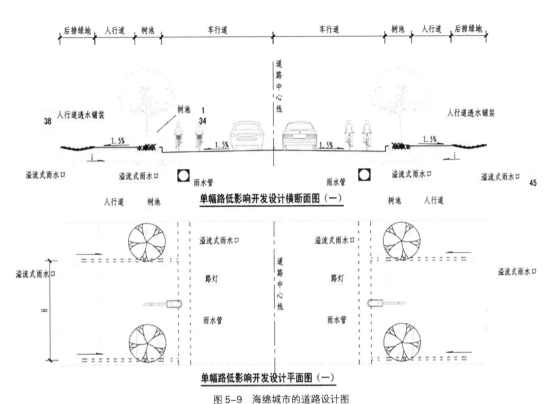

图 5-9 海绵城市的道路设计图

资料来源：南宁市海绵城市建设技术——低影响开发雨水控制与利用工程设计标准图集（试行）[Z]. 2015, 7.

推动长寿区城镇绿地功能优化产业发展的规划策略建议 表 5-12

优先发展产业	方面	规划策略建议
城镇绿地功能优化产业（C）	市场培育（CS）	CS1：基于城镇建设用地布局，科学划定长寿区城镇绿地空间主体功能区，并明确城镇绿地的责任主体及其权责范围
		CS2：完成长寿区城镇绿地主体功能效用现状评价，并结合规划时限，拟定分阶段的、可实现的有限优化目标体系
		CS3：针对未来可能的城镇绿地优化阶段目标完成的不同情况，拟定符合长寿实际的奖惩措施，对责任主体形成约束和激励
	功能提升（CG）	CG1：制定《长寿区城镇绿地生态系统服务主体功能优化技术指南》
		CG2：编制相应的《城镇绿地生态系统服务功能优化设计》

①规划策略 CS1：基于城镇建设用地布局，科学划定长寿区城镇绿地空间主体功能区，并明确城镇绿地的责任主体及其权责范围。

基于长寿区城镇建设用地布局，首先通过空间分析，明确其"生态压力"的空间来源、类型及强度；其次，以减缓或释放"生态压力"为导向，全面分析城镇绿地空间不同营建形式对"生态压力"的积极响应强度；再次，从"空间类型"、"用地权属"等方面系统分析长寿区城镇绿地空间体系，并在全面提升城镇空间"生态承载力"的城镇绿地功能优化总体目标导向下，科学划定长寿区城镇绿地空间主体功能区；最后，依据城镇绿地"用地权属"和"管理所辖"的不同，确定不同城镇绿地主体功能区生态系统服务功能优化的责任主体及其权责范围。

②规划策略 CS2：完成长寿区城镇绿地主

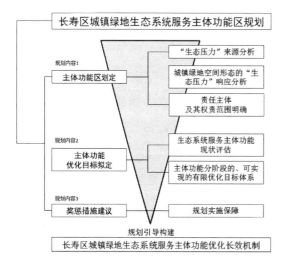

图 5-10　长寿区城镇绿地生态系统服务主体功能区规划建议

体功能效用现状评价，并结合规划时限，拟定分阶段的、可实现的有限优化目标体系。

规划构建生态系统服务功能效用评估方法，在生态系统服务语境下，从"供给、调节、支持、文化"四大服务类型的角度，完成长寿区各城镇绿地主体功能区的生态系统服务功能效用现状评价，遵循总体规划明确的整体发展战略，结合规划时限，对各主体功能区、不同类型城镇绿地空间拟定分阶段的、可实现的有限优化目标体系，以此为下一步具体的长寿区城镇绿地生态系统服务主体功能优化行为实践指明方向。

③规划策略 CS3：针对未来可能的城镇绿地优化阶段目标完成的不同情况，拟定符合长寿实际的奖惩措施，对责任主体形成约束和激励。

规划实施并建立长寿区城镇绿地生态系统服务主体功能优化长效机制，要求针对未来可能的城镇绿地优化阶段目标完成的不同情况，规划拟定符合长寿发展实际的奖惩措施建议，并纳入政府的行政管理工作中，从而对相关责任主体形成有效的约束和激励，以保障规划目标的实现。

生态系统服务功能提升（CG），发展城镇绿地功能优化产业的核心目的推动城镇绿地空间承载的主体生态系统服务功能优化，从而提高城镇空间的生态承载力，改善城镇人居环境。

④规划策略 CG1：制定《长寿区城镇绿地生态系统服务主体功能优化技术指南》。

针对长寿区城镇绿地生态系统服务功能提升的普适性技术问题，为指导不同责任主体选择适宜的生态系统服务主体功能优化技术路线，需要根据相关国家或上级技术法规，结合长寿区实际，制定《长寿区城镇绿地生态系统服务主体功能优化技术指南》，以保障长寿区生态系统服务主体功能优化建设的有序推进。

⑤规划策略 CG2：编制相应的《城镇绿地生态系统服务功能优化设计》。

依据《长寿区城镇绿地生态系统服务主体功能区规划》和《长寿区城镇绿地生态系统服务主体功能优化技术指南》的相关要求，在修建性详细规划层面，针对不同的城镇绿地及其不同的生态系统服务主体功能优化需求，专门编制相应的《城镇绿地生态系统服务功能优化设计》，科学指导相关建设活动，保障相关城镇绿地主体生态系统服务功能提升目标的实现，从而全面提升长寿区城镇绿地营建的生态品质。

（3）产业 3：推动室内空气生态净化产业发展的几点规划策略建议（表 5-13）

市场培育（KS），室内空气生态净化产业市场培育的关键在于技术攻关和符合市场需求的产品开发，围绕这两大关键问题，可通过编制相关产业发展规划，综合运用各种理论分析工具，从长寿实际状况出发，充分考虑国际国内及区域经济发展态势，从发展定位、产业结构、产业链、空间布局、经济社会环境影响、实施方案等多方面，系统地拟定推动室内空气生态净化产业发展的科学计划（图 5-11）。

①规划策略 KS1：基于对西南地区和重庆市的区域经济发展态势分析，科学界定长寿区发展室内空气生态净化产业的定位与目标。

②规划策略 KS2：明确长寿区推动室内空气生态净化产业发展的重点工作内容，并以产品研发基地建设为核心，拟定可行的实施方案计划。

推动长寿区城镇室内空气生态净化产业发展的规划策略建议　　　　表 5-13

优先发展产业	方面	规划策略建议
室内空气生态净化产业（K）	市场培育（KS）	KS1：基于对西南地区和重庆市的区域经济发展态势分析，科学界定长寿区发展室内空气生态净化产业的定位与目标
		KS2：明确长寿区推动室内空气生态净化产业发展的重点工作内容，并以产品研发基地建设为核心，拟定可行的实施方案计划
		KS3：围绕长寿区室内空气生态净化产业发展平台建设，从用地布局和空间营建等方面提供规划保障和技术支撑
	功能提升（KG）	KG1：编制《长寿区室内空气生态净化产业发展基地建设规划》

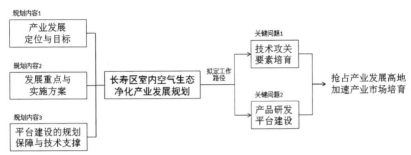

图 5-11　长寿区室内空气生态净化产业发展规划建议

③规划策略 KS3：围绕长寿区室内空气生态净化产业发展平台建设，从用地布局和空间营建等方面提供规划保障和技术支撑。

生态系统服务功能功能提升（KG），室内空气生态净化产业发展的生态系统服务功能提升目标是"促进区域空气质量整体改善"，其作用途径在于"污染源控制"和"空气污染净化"，是"产业结构调整"与"室内空气净化产品使用"发挥的效用，与空间的关联度较小。

④规划策略 KG1：编制《长寿区室内空气生态净化产业发展基地建设规划》。

随着相关产业发展有可能出现一定规模的"生产绿地"和"附属绿地"，但规模较小，可通过编制《长寿区室内空气生态净化产业发展基地建设规划》，在满足产业发展的空间环境营造需求基础上，在现有技术条件下，尽可能优化其空间承载的生态系统服务功能。

（4）产业 4：推动工业企业污染排放权交易平台建设的几点规划策略建议（表 5-14）

市场培育（GS），当前我国工业企业污染排放权交易市场具有"市场规模小，交易活动活跃度不高"等特征，市场化程度还有待提升。究其原因，污染监测体系建设的不完善，导致严重的市场投机现象是主因。结合长寿区未来

推动长寿区工业企业污染排放权交易平台建设的规划策略建议　　　　表 5-14

优先发展产业	方面	规划策略建议
工业企业污染排放权交易平台（G）	市场培育（GS）	GS1：完善工业企业污染排放监测体系构建
		GS2：系统制定工业企业污染排放权交易平台建设实施方案
		GS3：编制相关的空间规划以提供技术保障
	功能提升（GG）	与空间不发生直接关联

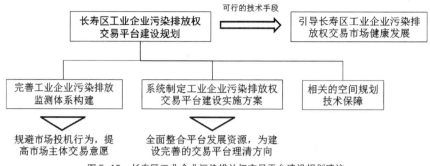

图 5-12　长寿区工业企业污染排放权交易平台建设规划建议

工业企业的规模化、集约化、园区化发展趋势，可通过编制《长寿区工业企业污染排放权交易平台建设规划》，以完善污染监测体系构建和交易平台建设为主要规划内容，科学地、系统地拟定长寿区工业企业污染排放权交易平台建设计划（图 5-12）。

①规划策略 GS1：完善工业企业污染排放监测体系构建。

基于长寿区工业企业空间布局分析，全面梳理现阶段污染排放监测技术手段和特征，以园区污染排放监控为核心，系统规划污染排放监测体系建设方案，拟定分期、分阶段可实现的建设目标。

②规划策略 GS2：系统制定工业企业污染排放权交易平台建设实施方案。

围绕工业企业污染排放监测体系构建，以规避市场投机行为，防止不正当竞争，提高市场公平、公正、公开程度为目标导向，并在科学拟定阶段性工业企业污染排放总量控制目标的基础上，系统全面地制定长寿区工业企业污染权排放交易平台建设的实施方案。

③规划策略 GS3：编制相关的空间规划以提供技术保障。

污染排放监测体系和交易平台建设均需要空间载体的支撑，规划最后应通过完成相关内容的制定，对其予以技术保障。

生态系统服务功能提升（GG），"工业企业污染排放权交易平台"建设是政府为加强区域污染排放总量控制的一种通过"市场"来产生作用的公共管理策略，其与空间不发生直接关联。因此，其不存在相关的生态系统服务功能提升的规划应对需求。

5.3　生态安全隐患增多问题典型城市：巫山县规划策略研究

"库区生态安全隐患增多制约区域经济发展的问题"是"核心生态建设区"生态经济协调发展困境面临的主要问题，因巫山县生态环境具有"生态敏感度高，环境承载力低"的特征，三峡工程建设引发的生态环境变化和影响在巫山县表现得相对更为明显，因此，本书选取其作为分析研究"库区生态安全隐患增多制约区域经济发展的问题"的典型城市。

5.3.1　巫山县生态系统服务产业化发展背景分析

（1）巫山县境内用地生态环境敏感脆弱，约束高

巫山县地处库区东部，位于重庆市和湖北省的交界处，溯长江而上距重庆主城区约 480公里，顺长江而下，距湖北省宜昌市 167 公里，距三峡大坝不足 100 公里，幅员面积 2956.78平方公里。截至 2014 年底，巫山县户籍人口为 64.64 万人，常住人口 46.6 万人，城镇化率35.84%。根据《全国主体功能区规划》，巫山县属于"三峡库区水土保持生态功能区"；在 2015年重庆市实施的新的区域发展战略"主体功能

区规划"中，巫山县属于"限制开发区"，该区域以"生态涵养和环境保护"为首要任务，强调"着力涵养保护好三峡库区的青山绿水"[①]。

巫山县地处四川盆地东部边缘山地，大巴山和鄂西山地接壤地带，大巴山屏于西北，七曜山位于中部，巫山环于东南，长江横贯东西，大宁河、抱龙河等 7 条支流呈南北向强烈下切，同时由于巫山县境内地层以石灰岩和紫色的沙泥岩为主，山体在地质新构造运动中长期受到间隙性差异抬升、侵蚀、溶蚀作用的强烈影响，形成了深谷和中低山相间为主要特征的典型喀斯特地貌，地形起伏大，坡度陡，海拔最高点和最低点相对高差 2605 米（县境北部大巴山南坡的海拔 2688 米的太平山为海拔最高点，东部田家乡海拔 73.1 米的鳊鱼溪为海拔最低点）。复杂的地形地貌（图 5-13），导致巫山县耕地稀少，且质量差，全县仅有耕地 4 万公顷，占全县幅员面积的 13.5%，耕地 90% 为旱地，水田仅有 0.42 万公顷，人均耕地占有量不足 1 亩。巫山县生态环境具有"生态敏感性高，环境承载力较低"的特征，受此影响，三峡工程建设引发的生态环境变化在巫山县更是明显。

巫山县还是"移民大县"，作为重庆库区首淹首迁县，全县共被淹没陆地面积 49.3 平方公里，涉及 15 个乡镇，动迁人口近 10 万人，巫山县城更是进行了整体搬迁（图 5-14）。

（2）三峡巨变增加区域生态安全隐患

一是加剧了水土流失的隐患。巫山县是渝东北片区最大的岩溶地区，也是"国家级水土流失重点监督区"之一"三峡库区监督区"的主要组成，全县 93.1% 的土地均为岩溶地貌；巫山县雨量充沛，年均降雨量可达 1049.3 毫米，且降雨时间相对集中，暴雨频率较高。岩溶山区单薄的土层，加上高频次的暴雨冲刷，巫山历来就面临着较为严峻的水土流失形势（图 5-15）。随着三峡库区蓄水运营，上涨的水面，挤占了大量原本临江的、地形相对平缓的、更适宜人类居住和生活的土地，在"水进人退"

图 5-13 巫山县复杂的地形地貌

图 5-14 巫山新老县城空间对比

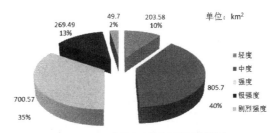

图 5-15 巫山县水土流失面积及程度图
资料来源：苑涛.水土保持生态补偿机制研究——以重庆巫山为例 [D]. 西南大学 . 2012，5，P27.

[①] 中共重庆市委组织部　牵头组织编写.聚焦重庆：五大功能区域建设 [M]. 重庆：重庆大学出版社 . 2014，10，P67.

中、城镇、耕地等生态干扰大的建设活动开始"上山"，导致被称为"造成库区水土流失主要原因（郭宏忠、冯明汉等，2010）"的坡耕地更多的出现，客观上加剧了巫山水土流失的隐患，其中最为典型的变化是巫山县石漠化土地规模的增加，根据《重庆日报》2014年10月14日的相关报道，截至2013年，巫山县石漠化土地面积已达120.49万亩，占全县总面积的27.4%，潜在石漠化土地面积132.58万亩，占全县总面积的29.9%。

二是提高了空气污染和极端天气出现频率增加的隐患。库容最大达390亿立方米的水库生态系统的出现，给包括巫山县在内的库区生态系统构成造成了巨大改变，空气湿度增加导致大气扩散条件变差，空间挤占导致森林和湿地等重要生态空间的大规模减少，客观上增加了巫山县空气污染和极端天气的风险隐患。2015年4月巫山县出现4月飞雪现象，为近35年来首次；近年来，巫山县或邻近的库区区（县）往往是重庆市最早出现40℃以上极端天气的地区，也是37℃以上高温天数最多的地区。

三是减弱了水体自净化能力，增加了水体污染的风险隐患。三峡库区成库后，河流生态系统转变为水库生态系统，水体流速放缓，水体内含氧量减少，有机物降解作用减小，水体自净能力有较大程度下降，如遇污染，更易爆发水体污染事件，近年来巫山县境内长江及官渡河、大宁河等河流的较大规模水华、垃圾漂

浮物爆发事件时有发生，水库水体的低速流动特性，决定了其水质一旦发生污染，将极大地影响周边人民群众的用水安全。2014年8月13日，巫山县千丈岩水库受湖北一洗矿场直排废水而严重污染，造成周边4乡镇5万余名群众饮水困难（图5-16），巫山县水生态环境的脆弱可见一斑。

四是生存空间被压缩和激化的人地矛盾，增加了毁林开荒等人类活动破坏自然生境的风险。三峡库区成库后，人们的生存空间被压缩，同时由于区域人口压力释放缓慢，区域现代产业体系建设滞后，还有相当规模的农业人口，人地矛盾被进一步激化，导致库区"毁林开荒"现象的屡禁不止，天然森林存在严重的被盗砍盗伐风险（图5-17）。

（3）当前巫山县采取的主要应对举措

巫山县作为"全国生态文明示范工程试点县"，当前将生态涵养和环境保护作为首要任务，结合实际，针对问题，采取了一系列应对措施。

举措一：针对水土流失加剧，实施了石漠化综合治理工程和坡耕地水土流失综合治理项目。针对水土流失严重的生态隐患，为避免过量泥沙淤积对三峡大坝造成重大危害，作为大坝上游主要的泥沙来源地，巫山县在2009年编制了《重庆市三峡库区巫山县水土保持总体规划（2009-2030）》，规划以"坡改梯、水保林、经果林、种草、封山育林、保土耕作"为主要治理措施，规划明确了到2030年治理水土流失面积2029.32平方公

图5-16 巫山千丈岩水库污染影响5万多人饮水

图5-17 巫山官渡镇天然森林被盗伐

里的总体目标。据巫山县政府公布数据显示，仅2014年一年，巫山县就开展石漠化治理20平方公里，治理水土流失36.2平方公里。

举措二：针对污染风险提升，实施了"蓝天、碧水、宁静、绿地、田园"五大环保行动。其中"蓝天"行动，重点在控制燃煤及工业废气污染、控制城市扬尘污染、控制机动车尾气污染、控制餐饮油烟及挥发性有机物污染、增强大气污染监管能力等"四控一增"的方面开展了相关工作。"碧水"行动，重点在治理城乡饮用水源地水污染、治理工业企业水污染、治理次级河流及湖库水污染、治理城镇污水垃圾污染、保护三峡库区水环境安全等"四治一保"的方面开展了相关工作；"宁静"行动，重点在减少社会生活噪声、减缓交通噪声、减少建筑施工噪声、减少工业噪声、噪声源头预防等"四减一防"的方面开展了相关工作；"绿地"行动，重点在实施生态红线划定与重点生态功能区建设工程、城乡土壤修复、城乡绿化工程等"三项工程"；"田园"行动，重点在开展农村生活污水整治、农村生活垃圾整治、禽畜养殖污染综合整治等"三项整治"的方面开展了相关工作。

举措三：针对自然生态空间缩减，实施了三峡水库生态屏障区植被恢复、退耕还林等工程。其中在三峡水库生态屏障区植被恢复工程方面，数据显示仅2014年巫山县就通过生态公益造林、经济林造林、生态林低效林改造、经济林低效林改造、封山育林等方式为库区添绿77755.2亩，总投资达5000万元。在退耕还林工程方面，巫山县早在2002就已开展相关工作，并于2015年11月出台了《巫山县人民政府办公室关于新一轮退耕还林的实施意见》，明确了在遵循"农民自愿，政府引导；尊重规律，因地制宜；严格范围，稳步推进；突出效

益，规模经营；精准扶贫，优先安排；加强监管，确保质量"等基本原则的前提下，到2020年，全县规划实施25度以上坡耕地、重要水源地15~25度坡耕地退耕还林20万亩的总体目标。

举措四：针对自然生境破坏风险加大，实施了天然林保护工程和"人口下山、产业上山"战略，并落实了生态补偿政策。其中在天然林保护工程方面，根据《巫山县天然林保护工程实施方案（2000-2010）》，2001-2005年间，巫山县每年管护森林资源面积193万亩，完成公益林建设21.2万亩，2006-2010年间，森林管护面积达到234万亩，生态公益林建设规模达到41.2万亩。到2014年巫山县完成了全县近250万亩集体性质国家重点公益林和地方公益林的管护工作，指导国有林场开展了26.8万亩国有林的管护工作。巫山实施了"人口下山、产业上山"战略，大力推进"整乡生态扶贫搬迁"，截至2013年底，巫山县共搬迁3.4万人，建成农村集中安置点35个，恢复森林植被6万亩；2014年完成了官渡万梁村和竹贤药材村4社、铜鼓葛家村8社整体搬迁。促进了居民生产，改善了贫困地区居民落后的生活水平[1]，同时也保护了生态环境。在落实生态补偿政策方面，巫山县出台了《巫山县森林生态效益补偿工作实施意见》和《巫山县生态效益补偿工作实施方案》，到2013年9月底前，巫山县完成生态效益补偿兑现资金1972万元，2014年巫山县落实森林生态效益补偿228万亩、退耕还林直补28.9万亩、森林抚育补贴3万亩。

举措五：推动生态GDP发展，加快巫山国际红叶节、大昌湖湿地公园等发展项目建设。其中巫山国际红叶节已具有一定的国际影响力，自2007年11月首届三峡红叶节在巫山开幕，当天接待游客超万人，在招商引资会上，引进

---

① 如位于五里坡市级自然保护区、小小三峡源头的巫山县庙堂乡，与湖北神农架为邻，山上村民集体搬迁后可打造"小三峡—庙堂—神农架"大自然生态旅游。同时，搬迁后的宅基地、土地，栽植高寒经济林木，集中发展中药材，"人口下山产业上山，生态效益和经济效益均十分可观"，据统计搬迁前原庙堂乡人均纯收入只有2650元，搬迁后当年村民人均纯收入达3580元，增长35%。

资金 16.5 亿元。截至 2015 年底，巫山已连续成功举办了 9 届巫山国际红叶节，打造了良好的生态旅游产品品牌。巫山大昌湖湿地公园规划 1464.73 公顷，其中一期花卉园规划面积 420 亩，预计总投资 4319 万元，2014 年 3 月 1 日，花卉园正式开园迎客，仅 3 月 8 日单日接待游客就达 8000 多人。

（4）推动生态系统服务产业化发展能够更好地支撑"生态立县"战略

近年来巫山县为应对"库区生态安全隐患增多制约区域经济发展的问题"，在政府主导下采取了一系列的应对举措，取得了一定的效果。但由于目前相关生态工程投资绝大部分为政府投资，资金来源渠道单一，资金缺口大，在很大程度上制约了生态工程的建设效果和建设规模，后期的管理维护也存在较多问题。面对这一老大难问题，巫山县在实施生态立县战略的过程中，重视促进经济社会发展与资源环境相协调，转变产业发展思路，依托特色生态资源，发展生态、绿色经济，将特色效益农业、精品旅游业作为近年来发展的重点；另外巫山县也已意识到生态工程建设需要与产业引导相结合，需要注重效益，如巫山县明确要求在退耕还林工程的实施过程中注重与农村产业结构调整相结合，与农民增收、林业增效相结合，在树种选择上以经果林为主，大力发展脆李、核桃两大林果产业，逐步形成"一棵苗"带动群众增收致富，"一片林"助推生态文明建设的新格局；除此之外巫山县还明确提出造林要与旅游相结合，造林要与种养相结合等生态经济协调发展措施。可见，巫山县面对发展困境，大胆创新，在"公益"的基础上，敢于利用市场，挖掘生态资源价值，探索生态、经济双赢的建设模式，在一定程度上缓解了生态工程建设力量不足和加快民生改善的问题。但还不够，需要通过进一步推动生态系统服务的产业化发展，构建市场激励机制，扩大市场对生态保护的积极影响，从而更好地支撑生态立县战略的深入实施（图 5-18）。

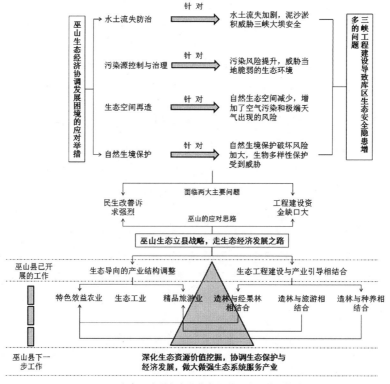

图 5-18　生态系统服务产业化发展是巫山县的必然选择

5.3.2　巫山县优先发展生态系统服务产业选择建议

研究表明，"核心生态建设区"的优先发展生态系统服务产业主要有"水土保持产业、清洁能源产业、生态旅游产业、新型循环林业产业、绿色食品饮料产业"，以及需要优先建设和管护的"污水垃圾自然净化工程"，并经综合价值评估，从促进生态经济协调发展有更大效用的角度看，"生态旅游产业"优于"水土保持产业"优于"新型循环林业产业"优于"绿色垃圾自然净化工程"优于"清洁能源产业"优于"绿色食品饮料产业"。

巫山县作为"核心生态建设区"的重要组成部分，"将把生态涵养和环境保护作为首要任务，把生态文明建设放在更加突出的地位，着力涵养保护好三峡库区的青山绿水"[①]，随着我国城镇化战略的深入实施，人口由农村向城市流动、由欠发达地区向发达地区流动、由生态保护优先地区向经济发展优先地区流动的趋势越发明显，随着库区人口再分布的完成，位于"人口疏散区"的巫山县县域人口规模将有一定的缩减（图 5-19），目前人多地少、人类活动干

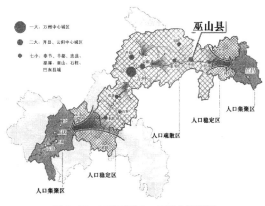

图 5-19　三峡区域人口再分布指引图
资料来源：段炼.三峡区域新人居环境建设研究 [M].
南京：东南大学出版社.2011，3，P217.

预强度大的现状将有望得到改善，有利于区域生态环境保护，营建高品质的生态旅游和休闲度假目的地。

同时，随着人们经济收入水平的提高，人们出行、亲近美丽大自然的意愿变得强烈，地处三峡库区腹地，拥有宜人自然美景和千年文化底蕴的巫山有着发展"生态旅游产业"的先天优势，发展具有"直接消费动力、产业发展动力和城镇化动力"[②] 等三大动力效应的"生态旅游产业"对于推动区域整体经济发展也极为重要，因此巫山县进一步做大做强"生态旅游产业"是其必然选择；水土保持是国家赋予包括巫山县在内的库区生态保护的神圣使命，适时推动水土保持事业的产业化发展，探索适合巫山实际的"水土保持产业"发展之路，在市场规律的作用下，引导更多社会资金和建设力量参与到水土保持工作中，让人们在从事利于水土保持的活动过程中取得相应的经济收益，遏制"越穷越垦，越垦越穷"的恶性循环现象，对于巫山县水土保持功能的提升极为重要；库区气候适宜林木生长，巫山县森林覆盖率在 2014 年就已由 2000 年的 23.9% 提高到 55%，活立木蓄积量 565 万立方米，有着丰富的林木资源，将资源优势转化为发展优势，需要巫山县积极推广新型循环林业发展模式，从林业生产的各个环节实现物质资源的多级利用，提升森林资源的循环利用率，走"新型循环林业产业"这条可持续发展道路；巫山地形地貌以深谷和中低山相间、地形起伏大、坡度陡为主要特征，人类聚居空间形态以散点式布局为主，人类活动的离散特征明显，导致污染呈面源化分布，规模较大的工程性污水垃圾处理设施难以实现对污染源的有效覆盖，同时，由于其使用的经济性极低，目前已修建的工程性污水垃圾处理设施运行情况也堪忧，在此背景下，利用有限

① 中共重庆市委组织部　牵头组织编写.聚焦重庆：五大功能区域建设 [M].重庆：重庆大学出版社.2014，10，P67.
② 绿维创景.旅游产业的构成及其效应研究 [EB/OL].ttp：//www.lwcj.com/w/StudyResut00254.

的资金和生态系统的自净化能力，积极建设"污水垃圾自然净化工程"就显得极为必要了。

因此，本书建议选择"生态旅游产业、水土保持产业、新兴循环林业产业"和"绿色垃圾自然净化工程"作为巫山县生态系统服务产业化发展的工作重点（表 5-15）。

具体来说，推动这四大生态系统服务产业发展，对于保障巫山可持续发展有以下重要意义。

（1）以进一步做大做强生态旅游产业为核心，提升第三产业对经济发展的带动力

根据巫山县政府公布数据显示，2014 年巫山县第三产业生产总值为 37.39 亿元，占全县地区生产总值的 46%，总量较上年提高了

11.38%；旅游业作为第三产业的重要组成部分，2015 年巫山全年接待旅游人数首次突破 1000 万人次，增长 24.9%，旅游综合收入达到 34.8 亿元，增长 25.1%，旅游业已成为巫山县的第一支柱产业。在巫山县实施"生态立县战略"的指导下，随着生态保护优先地区人口的不断外迁，立足巫山独特的自然美景和千年文化底蕴，在严格控制生态环境破坏行为的基础上，加快将巫山县建设成为全国乃至世界闻名的高品质生态旅游目的地，通过推动旅游产业链涵盖的"游憩行业、接待行业、交通行业、商业、建筑行业、生态制造业、营销行业、金融业、旅游智业"等九大行业[①]的发展，进一步做大做强

巫山县优先发展生态系统服务产业选择判断 表 5-15

序号	驱动力	需求	关联产业	生态经济协调发展效用
1	高品质的生态旅游和休闲度假目的地的营建和旅游市场的兴起	旅游度假	生态旅游产业	1）生态旅游产业发展将刺激高品质生态旅游目的地的建设，在生态旅游目的地的建设过程中，能有效提升相关生态系统服务空间的整体品质； 2）人类相关旅游活动常常伴生着对自然生态系统的一系列负面影响，需要采取相应措施予以应对，将负面影响控制到最小
2	国家使命和降低人类活动干扰的客观需要	水土保持	水土保持产业	1）水土保持产业的发展可以让人们在从事有利于水土保持的活动过程中取得相应的经济收益，引导更多社会资金和建设力量参与到水土保持工作中，有利于区域水土保持目标的实现； 2）有利于遏制"越穷越垦，越垦越穷"的恶性循环现象，降低人类活动对水土保持工程的负面影响
3	资源优势转化发展优势的需要	林木及周边产品供给	新型循环林业产业	1）新型循环林业产业发展有利于在将资源优势转化为发展优势的同时，能有效避免对森林生态系统的过度破坏和减轻环境污染，提高人们从事森林培育相关活动的积极性，能有效提升相关生态系统服务空间的整体品质； 2）应注意探索造林与种养结合、造林与经果林结合等新型的复合发展模式，丰富周边产品，进一步提升经济效益，有利于更好地激励人们从事有利于生态保护的活动
4	工程建设与长期运用的客观要求	污染净化	污水垃圾自然净化工程	1）投资建设成本相对较低，有利于利用有限的资金建设覆盖面更广、净化能力更强的净化工程； 2）运行成本相对较低，从长远看，有利于取得更好的区域污染净化效果； 3）相关自然净化工程的建设，在不超出生态承载力的前提下，能有效提升相关生态系统服务空间的整体品质； 4）自然净化工程不代表人类的"不闻不问"，科学、适度、符合自然规律的人工干预，对于提高自然生态系统的自净化能力极为重要

① 绿维创景．旅游产业的构成及其效应研究 [EB/OL]．ttp：//www.lwcj.com/w/StudyResut00254.

巫山县的生态旅游产业，提升第三产业对地方经济发展的带动力，缓解地方发展其他相对高污染产业的诉求，对于保障区域生态环境的整体保护有着极为重要的作用。

（2）在实现水土保持目标的前提下，注重效益，大胆创新，鼓励水土保持功能空间的复合利用

巫山县是渝东北片区最大的岩溶地区，水土流失形势严峻，为保证三峡大坝的安全运行，水土保持成为国家赋予巫山县的神圣使命。近年来国家和地方政府投入了大量的资金开展了一系列水土保持工程的建设，也取得了一定的成效，但在此过程中，政府全面主导工程建设的方式，在库区突出的"人地矛盾"还未得到较好解决的前提下，暴露出"建设资金缺口大"、"建成后管理维护难度大"、"部分群众不理解"等问题，这要求我们"在实现生态系统服务目标的同时，要兼顾人民群众对民生改善的诉求"，也提醒了我们"仅有政府的大力投入是不够的，需要社会资本的广泛参与"。因此，我们在实现水土保持目标的前提下，应该注重效益，大胆创新，鼓励水土保持功能空间的复合利用，引导更多社会资金和建设力量参与到水土保持工作中，让参与生态保护的人合理获利，从意识层面降低人们从事不利于水土保持活动的可能，遏制"越穷越垦，越垦越穷"的恶性循环现象的发生。

（3）加快新型循环林业发展模式探索和推广，协调生态资源保护与利用

新型循环林业的核心内涵是森林资源的循环利用，以提高林木资源的利用效率，减轻环境污染和生态破坏为目标，但其具体实践模式还有待进一步探索，内涵还有待丰富，这要求巫山县结合自身实际，加快新型循环林业发展模式的探索和推广，引导人们将绿水青山转变为金山银山。

（4）加快污水垃圾自然净化工程管护体系建设，保障生态保护与净化目标的实现

建设污水垃圾自然净化工程，可以将污染净化的任务交给自然，但并不代表"人"可以完全置身事外，如在提高有限生态空间的自然净化效率方面，人们可以根据污染源构成分析，采用调整生物群落、进行空间形态营建等技术手段进行干预；而有效保证污水垃圾自然净化工程的净化效果，避免污水垃圾自然净化工程受到人为的破坏，对污水垃圾自然净化工程进行必要的维护等工作，均需要建设相应的管护体系来保障。

5.3.3　巫山县生态系统服务产业化发展规划策略建议

（1）产业 1：推动生态旅游产业发展的几点规划策略建议（表 5-16）

①规划策略 STS1：结合《巫山县旅游总体规划》编制的契机，强调生态旅游的核心地位，统筹完善县域生态旅游目的地体系规划，并明确各自不同的发展侧重方向和禁止建设项目（图 5-20）。

库区已进入后三峡时代的旅游黄金时期，为抓住新的机遇，做大旅游产业，打造国际知名旅游胜地，巫山县在 2015 年启动了《巫山县旅游总体规划》的编制工作，目的在于立足巫山资源实际，科学规划未来 5~10 年旅游产业发展之路，指导旅游产业做大做强，进一步推动其更好地发挥支柱产业的带动效用。我们应抓住《巫山县旅游总体规划》编制的契机，依据区域"生态涵养功能定位"，确立"生态旅游"在巫山县旅游产业中的核心地位，其内涵又不能局限于"生态"，需要强化"生态与科技"、"生态与文化"的融合以扩展其外延，基于此，通过统筹完善县域生态旅游目的地体系规划，明确各自不同的发展侧重方向和禁止建设项目，指导巫山县旅游目的地体系建设，推动巫山县整体作为一个综合旅游目的地内涵的丰富，使其成为更多游客向往之地。

②规划策略 STS2：在修建性详细规划层面，应深化市场需求分析，更具针对性地拟定各生态旅游区的建设项目清单，并进行优先程度分级和建设性质分类。

推动巫山县生态旅游产业发展的规划策略建议　　　　　　　　表 5-16

优先发展产业	方面	规划应对策略建议
生态旅游产业（ST）	市场培育（STS）	STS1：结合《巫山县旅游总体规划》编制的契机，强调生态旅游的核心地位，统筹完善县域生态旅游目的地体系规划，并明确各自不同的发展侧重方向和禁止建设项目
		STS2：在修建性详细规划层面，应深化市场需求分析，更具针对性地拟定各生态旅游区的建设项目清单，并进行优先程度分级和建设性质分类
		STS3：强调旅游目的地易达性原则，相关规划中应围绕旅游目的地，以缩短游客到达时间为优化导向，不断优化旅游交通组织
		STS4：规划中应明确提出建立"游客旅行'不愉快'风险管控机制"，并拟定相应的执行措施建议
	功能提升（STG）	STG1：通过规划挖掘生态潜力和促进生态与科技、文化的融合，为人们从生态旅游中获得更好的体验创造条件
		STG2：规划在遵循最小干预原则的基础上，从旅游景区扩容和游人流动性提升两方面提出优化措施，为实现更多观景机会和更少的负面干扰提供技术保障

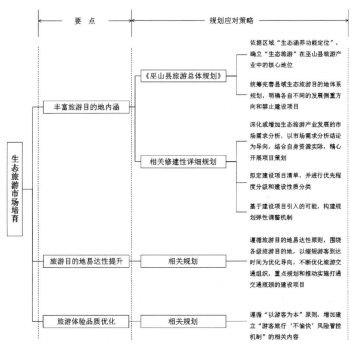

图 5-20　巫山县生态旅游产业市场培育的规划应对策略框图

巫山县各旅游景区等旅游目的地在编制相关的修建性详细规划时，应深化或增加生态旅游产业发展的市场需求分析，以市场需求分析结论为导向，结合自身资源实际，精心开展项目策划，拟定建设项目清单，并对其进行"优先发展"、"可以发展"、"限制发展"等优先程度分级，同时根据项目性质的不同，以"生态

文化类、生态科技类、生态景观类、生态教育类"等不同类别对其进行分类。

由于规划实施中旅游项目实际引入情况多样且多变，规划中应对可能出现的不同空间建设形态均具有有效的规划控制作用，尝试建立可随项目引入实际，进行适当调整的弹性规划机制。以期更具针对性地为下一步招商引资和建设管理提供可行的规划依据，为持续丰富各旅游目的地内涵、不断提升旅游吸引力指明方向，避免重复建设、无效建设、项目引进混乱等现象的出现。

③规划策略 STS3：强调旅游目的地易达性原则，相关规划中应围绕旅游目的地，以缩短游客到达时间为优化导向，不断优化旅游交通组织。

在竞争日益激烈的现代生活中，人们的时间都相对紧张，如何在有限的时间里，使自己的旅游变得更有品质，这就要求人们在选择旅游目的地时，选择更有吸引力的目的地的同时也要兼顾出行时间。因此，缩短游客到达巫山县和各旅游目的地的时间，对于吸引更多游客到巫山县旅游极为重要，需要巫山县相关规划编制遵循旅游目的地易达性原则，围绕各级旅游目的地，以缩短游客到达时间为优化导向，不断优化旅游交通组织，重点规划和推动实施打通交通瓶颈的建设项目，提升游客交通体验感受品质。只有提高了巫山县各生态旅游目的地的易达性，才能更好地缩

短巫山作为旅游目的地与游客之间的心理距离，让更多的人乐意在有限的假期里选择巫山作为生态旅游的目的地。

④规划策略 STS4：规划中应明确提出建立"游客旅行'不愉快'风险管控机制"，并拟定相应的执行措施建议。

要实现旅游产业的健康持续发展，需要我们坚持"以游客为本"的原则，游客的不愉快旅游体验将对巫山的旅游产业带来深远的负面影响，相关规划中应增加建立"游客旅行'不愉快'风险管控机制"的相关内容，从"游憩服务、餐饮服务、住宿服务、购物服务、交通服务、安全服务"等多方面梳理风险点，并拟定相应的防控和应对措施建议，为保障到访的游客们体验到更愉快的旅游过程提供必要的规划技术支持，以期让更多地游客认可巫山，选择巫山，不断提高巫山旅游的市场认可度。

⑤规划策略 STG1：通过规划挖掘生态潜力和促进生态与科技、文化的融合，为人们从生态旅游中获得更好的体验创造条件（图 5-21）。

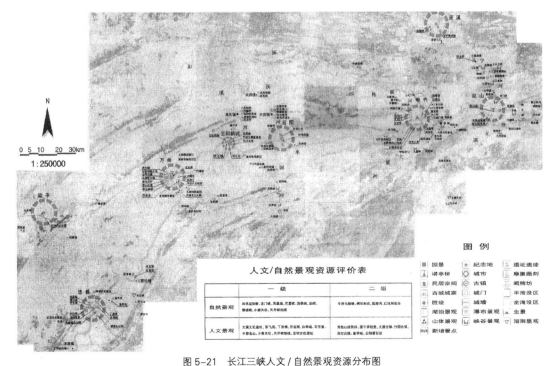

图 5-21　长江三峡人文 / 自然景观资源分布图

资料来源：赵万民等 . 长江三峡风景名胜区资源调查 [M]. 南京：东南大学出版社 .2007，8，P169.

为了让人们在欣赏自然景物时有更好的体验，要求规划首先全面梳理规划区生态旅游资源，对区内具有旅游价值的生态资源进行查漏补缺，对各旅游资源进行系统分析，寻找最优的观景角度和观景方式，统筹并丰富观景系统建设，进一步挖掘景区的生态潜力；其次在科学技术快速发展的当下，规划在充分分析景区旅游资源的基础上，结合其资源禀赋与空间形态，参考国内外类似建设实践，积极引导景区建设科技含量的提升，用科技激发现有旅游资源新的吸引力，促进生态旅游资源与科技的融合；最后巫山县有着悠久的历史文化底蕴，如204万年前的龙骨坡"巫山人"是亚洲人类的发源之一，6000年前的大溪文化遗址是新石器文化的代表，《神女赋》《高唐赋》竹枝词等是巫山文化、巴楚文化的代表，规划应通过采取一定的技术措施，让巫山的历史文化更具象化，以期让游客在旅游的过程中，不仅享受到美景，体验到新奇，也可以细细地品味到深厚的巫山文化，以生态旅游资源和文化的融合提升旅游过程的耐玩度。

⑥规划策略STG2：规划在遵循最小干预原则的基础上，从旅游景区扩容和游人流动性提升两方面提出优化措施，为实现更多观景机会和更少的负面干扰提供技术保障。

实践证明，发展旅游产业是一把双刃剑，人类的旅游活动往往不仅带来了可观的经济收入，也引发了不容忽视的生态破坏现象，这对于以"生态涵养"为己任的巫山县是不能接受的，

因此走兼具"保护自然环境和维护当地人民生活"双重责任的生态旅游道路是巫山县旅游产业可持续发展的必然选择。规划中首先应坚持"最小干预原则"，即强调旅游过程的负面干扰最小化和建设行为的生态破坏最小化；其次应结合巫山县景区多为山地景区的实际，充分利用空间的多维性，扩大观景区域，并完善基础设施建设，从"游憩、住宿、餐饮、交通"等多方面不断推动旅游景区接待能力的扩容，同时也需构建设施弹性利用机制，尽可能避免旅游淡季时，旅游设施的空置浪费；最后规划中应拟定相应的技术措施，进一步提升景区游人流动性，不断提高景区各旅游资源的综合利用率，从而为实现更多观景机会和更少的负面干扰提供必要的技术保障。

（2）产业2：推动水土保持产业发展的几点规划策略建议（表5-17）

①规划策略SHS1：在巫山县各类城乡规划编制过程中，增加水土保持产业化发展的相关内容（图5-22）。

城乡规划是我国典型的公共政策之一，政府将其作为管理城乡建设的重要施政依据。要实现政府在水土保持事业中的角色转变，从原本的"投资主体"、"建设主体"向"引导者"、"管理者"转变，这需要巫山县在编制相关城乡规划中就予以体现，通过增加水土保持产业化发展的相关内容，以规划的"政策效用"引导政府思路的转变。具体规划内容中应再梳理巫山县水土保持事业的总体发展思路，明确县内水

推动巫山县水土保持产业发展的规划策略建议　　　　表5-17

优先发展产业	方面	规划应对策略建议
水土保持产业（SH）	市场培育（SHS）	SHS1：在巫山县各类城乡规划编制过程中，增加水土保持产业化发展的相关内容
		SHS2：建立水土保持功能规划控制指标体系，并将其融入城乡建设用地规划控制体系中，为水土保持功能空间的复合利用提供必要的规划技术支撑
		SHS3：在规划指标控制的基础上，进行水土保持功能空间类型学分析，并拟定复合利用方式引导
	功能提升（SHG）	SHG1：制定相应的《巫山县水土保持用地复合利用设计标准图集》

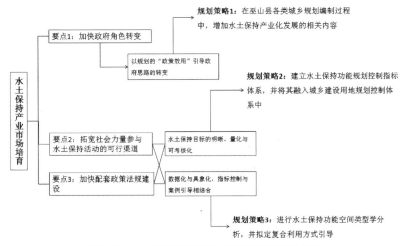

图 5-22　水土保持产业市场培育的规划应对策略框图

土保持产业化发展定位,在此基础上,深化明确水土保持产业发展中的政府职责和社会力量参与范畴,明确企业、个人等社会力量进入的限制条件和参与原则等。

②规划策略 SHS2:建立水土保持功能规划控制指标体系,并将其融入城乡建设用地规划控制体系中,为水土保持功能空间的复合利用提供必要的规划技术支撑。

水土保持功能空间的复合利用是水土保持产业化发展的前提,建设利用必须以实现水土保持目标为基础,这就要求建立水土保持功能的规划控制指标体系,并将其融入巫山县城乡建设用地规划控制体系中,通过在规划中量化和明晰水土保持控制指标,能更科学地引导水土保持空间的复合利用,在打破水土保持功能空间作为非建设用地桎梏的同时,有效控制建设开发对水土保持功能的负面影响。

③规划策略 SHS3:在规划指标控制的基础上,进行水土保持功能空间类型学分析,并拟定复合利用方式引导。

指标控制是一种数据化的控制方式,在将水土保持功能规划控制指标纳入城乡规划的基础上,为更好地指导水土保持功能空间复合利用,还需要结合规划区现状,对关联的水土保持功能空间进行必要的类型学分析,针对巫山

县水土保持与居住空间、水土保持与工业空间、水土保持与商业空间、水土保持与农业空间等不同类型的水土保持功能空间的实际,参考国内外优秀复合利用案例,通过制图的方式,规划拟定更为具象化的复合利用方式引导,为地方推进水土保持产业化发展指明方向。

④规划策略 SHG1:制定相应的《巫山县水土保持用地复合利用设计标准图集》等。

发展水土保持产业的核心目标是有效提升区域水土流失防治水平,其关联的核心生态系统服务功能是调节服务中的水土保持服务功能。水土保持产业的发展要求相关用地的营建应以实现水土流失防治目标为前提,兼顾产业发展的要求,绝不能片面强调开发建设而忽视水土保持的生态要求,因此需要从其特殊性出发,针对不同类型的复合利用方式,制定相应的《巫山县水土保持用地复合利用设计标准图集》,如农田的"坡改梯"工程设计等(图 5-23、图 5-24)。

(3)产业 3:推动新型循环林业产业发展的几点规划策略建议(表 5-18)

①规划策略 XS1:制定符合巫山县实际的新型循环林业产业认定标准,拟定配套的奖励办法。

什么样的林业产业属于新型循环林业产业?这个问题亟待制定相关认定标准来解答,

新型循环林业代表了当前林业发展转型的大方向，但目前国际和国内还没有一个公认的标准对其进行界定，要推动新型循环林业产业发展，巫山县应积极制定符合巫山县实际的新型循环林业产业认定标准，以其为依据，重新构建巫山县林业企业的准入机制和退出机制，对现有林业产业进行升级改造，拟定对积极响应新型循环林业产业发展转型的企业和个人的配套奖励办法，同时细化明确改造后仍不符合新型循环林业发展标准的企业的退出办法，从而逐渐扩大新型循环林业产业的市场占有份额。

②规划策略 XS2：规划推动巫山县新型循环林业产业化发展研发基地建设，促进研发资源整合，推动创新，抢占新兴产业市场高地（图 5-25）。

新型循环林业是 21 世纪初才诞生的一个新概念，以"推动森林资源循环利用"、"提高林木资源利用效率"、"减轻环境污染和生态破坏"等目标为旗帜，已然成为当前林业产业发展转型的新方向，但新型循环林业的具体内涵，如产业生产经营模式、产业链条延伸、高附加值产品打造等关键内容还有待丰富，这都要求开展相关方面的研发，进一步深化探索新型循环林业发展的实践之路。基于此，建议巫山县尽快通过相关规划的编制，推动新型循环林业产业化发展研发基地的建设，整合各方研发资源，加快相关研究创新，寻求更符合巫山县实际、更具活力的新型循环林业产业生产经营模式，推动产业链条延伸和高附加值产品设计等，助力巫山县抢占新型循环林业产业发展的市场高地。

③规划策略 XG1：针对巫山县新型循环林业产业发展研发基地建设，编制《巫山县新型循环林业产业发展研发基地建设规划》。

④规划策略 XG2：将"林地保护利用规划"的内容同空间规划相整合，结合产业发展的需要，提出更有利于森林保护和生态系统服务功能提升的"林地"营建模式。

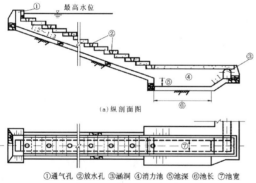

①通气孔 ②放水孔 ③涵洞 ④消力池 ⑤池深 ⑥池长 ⑦池宽

图 5-23 放水建筑物卧管设计图
资料来源：水土保持工程设计规范
（GB51018-2014）[Z]. 2014, 12, P52.

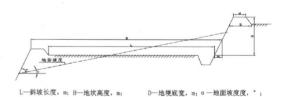

L—斜坡长度，m；H—地坎高度，m；D—地埂底宽，m；α—地面坡度度，°；
B—地面宽度，m；b—地坎占地宽的1/2，m；β—地坎断面坡度，°。

图 5-24 农田"坡改梯"断面设计图
资料来源：四川省坡改梯工程建设技术标准
（送审稿）[Z]. 四川省质量技术监督局. 2015, P6.

推动巫山县新型循环林业产业发展的规划策略建议　　　　表 5-18

优先发展产业	方面	规划应对策略建议
新型循环林业产业（X）	市场培育（XS）	XS1：制定符合巫山县实际的新型循环林业产业认定标准，拟定配套的奖励办法
		XS2：规划推动巫山县新型循环林业产业化发展研发基地建设，促进研发资源整合，推动创新，抢占新兴产业市场高地
	功能提升（XG）	XG1：针对巫山县新型循环林业产业发展研发基地建设，编制《巫山县新型循环林业产业发展研发基地建设规划》
		XG2：将"林地保护利用规划"的内容同空间规划相整合，结合产业发展的需要，提出更有利于森林保护和生态系统服务功能提升的"林地"营建模式

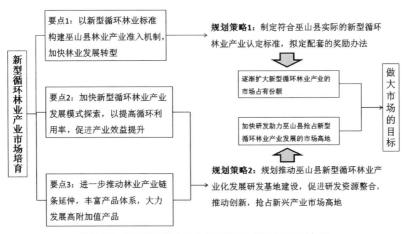

图5-25　新型循环林业产业市场培育的规划应对策略框图

（4）产业4：推动污水垃圾自然净化工程建设的几点规划策略建议（表5-19）

①规划策略WS1：同优势科研单位建立合作关系，规划建设巫山县污水垃圾自然净化技术研究机构。

相关规划应将推动地方同国际国内优势科研单位建立合作关系，建设巫山县污水垃圾自然净化技术研究机构的内容纳入，规划中应明确建设技术研究机构的重要性，并完成建设用地选择和空间布局设计，技术研究机构的建设对于针对巫山县生态系统自然净化特征，研发更符合地方实际的污水垃圾自然净化技术有着积极的推动作用，只有通过技术的进步，带动污水垃圾自然净化工程建设水平的提升，才能保障污水垃圾自然净化工程在巫山县有更大的应用前景。

②规划策略WS2：在规划编制中，增加污水垃圾自然净化工程示范点布局及其他相关规划内容（图5-26）。

在规划编制中，增加污水垃圾自然净化工程示范点布局及其他相关规划内容。示范建设有着很好的宣传作用，这对于在巫山县进行污水垃圾自然净化工程建设推广极为重要，因此要求相关规划中应在对现状全面分析的基础上，统筹全局，增加污水垃圾自然净化工程示范点建设布局的相关规划内容，为示范点建设提供必要的规划保障。污水垃圾自然净化工程建设只有经过示范点建设的检验，得到人们的认可，才有可能在巫山县乃至更大区域推广。

规划策略WG1：编制《污水垃圾自然净化工程修建性详细规划》等。

污水垃圾自然净化工程是通过自然生态过程实现的污染净化，是生态系统调节服务利用的典型形式，其关联的"湿地、森林"等自然生态元素是其产生效用的基础。同时，由于严峻的人地矛盾，污染的自然净化过程只有在有限的空间内得以实现，才能保证污水垃圾自然净化工程的现实可行性，越小空间、越少用地

推动巫山县污水垃圾自然净化工程建设的规划策略建议　　　　　　　　　　　表5-19

优先发展产业	方面	规划应对策略建议
污水垃圾自然净化工程（W）	市场培育（WS）	WS1：同优势科研单位建立合作关系，规划建设巫山县污水垃圾自然净化技术研究机构
		WS2：在相关规划编制中，增加污水垃圾自然净化工程示范点布局及其他相关规划内容
	功能提升（WG）	WG1：编制《污水垃圾自然净化工程修建性详细规划》

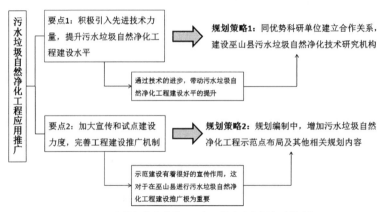

图5-26 污水垃圾自然净化工程应用推广的规划应对策略框图

内实现污水垃圾稳定净化的目标，污水垃圾自然净化工程建设就越成功，而这就要求对自然生态过程进行科学、适度的人工干预，而不仅仅是"保护"一片自然用地。可见，人工干预决定了其"工程"的属性，因此，巫山县在推广污水垃圾自然净化工程建设的过程中，应科学编制《污水垃圾自然净化工程修建性详细规划》，坚持以规划引导工程建设，采用规划的技术手段为相关用地内生态系统服务功能的提升创造条件。

5.4 灾变风险加大问题典型城市：万州区规划策略研究

"库区灾变风险加大导致库区可持续发展缺乏安全保障的问题"是"中部功能建设区"生态经济协调发展困境面临的主要问题之一，因万州区是三峡库区腹心规模最大的人口聚居地，也是三峡库区中地质灾害发生最频繁、种类最齐、数量最多，且分布广、影响大、最集中的地区之一，人地矛盾突出，地质灾害隐患灾变风险高，致灾后危害大。因此，本书选取其作为分析研究"库区灾变风险加大导致区域生态经济协调发展缺乏保障的问题"的典型城市。

5.4.1 万州区生态系统服务产业化发展背景分析

（1）万州是三峡库区腹心规模最大的人口聚居地，且地质条件复杂

万州区地处三峡库区腹心，历来为渝东北、川东、鄂西、陕南、黔东、湘西的重要物资集散地，交通枢纽中心[1]，地跨东经107°52′22″~108°53′25″，北纬30°24′25″~31°14′58″，幅员面积3457平方公里。

万州区别名万县，截至2014年底，常住人口160.46万，户籍人口175.77万，城镇人口98.06万人，城镇化率61.11%，城市建成区面积近60平方公里，主城区人口约70万人。根据2012年万州区委、区政府出台的《关于推进新型城镇化的实施意见》，百万人口的大城市、千亿级经济技术开发区、区域性综合交通枢纽是其近期发展目标。同时，重庆市"五大功能区发展战略"（以下简称"战略"）明确万州区是"渝东北生态涵养发展区"的重要组成部分，为"涵养保护好三峡库区的青山绿水"，"战略"提出"把渝东北地区的总人口逐步向重庆其他功能区迁移，使现在的1000多万人口逐步降到700万左右甚至更低"，同时将"万州作为开放

---

[1] 水路有着"长江沿岸十大港口"之一的万州港，航空有着2003年通航的万州五桥机场（规划为4D级，设计年吞吐旅客50万人次），陆路主要有"沪汉蓉高铁"（中国"四纵四横"铁路骨干网之一）和"沪蓉高速"（G42）。

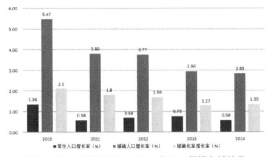

图 5-27 万州区 2010—2014 年人口规模和城镇化
变动率柱状图

资料来源：根据《重庆统计年鉴（2011—2015）》
相关数据整理绘制

图 5-28 万州中心城区用地工程地质评价图
资料来源：中国城市规划设计研究院，万州区规划设计
研究院 . 重庆市万州城市总体规划（2003–2020）[Z].2015.

重点来进行涵养，……承接周边地区的人口转
移"，"引导人口相对集聚"，将万州建设成为"重
庆第二个大的中心城市、三峡库区经济中心"[①]
（图 5-27）。

万州地处四川盆地东缘，受破碎复杂的隔
挡式地质褶皱和压冲为主的断层构造影响，加
上地表水侵蚀切割，区内地块破碎，沟壑纵横，
地形复杂，地貌多样。区内地形以低山、丘陵
为主，低山山地地形占全区总面积的 14.6%，
山体多为砂岩组成，山脊呈锯齿和长垣状背斜；
丘陵地形占全区总面积的 85%，多为台阶状深
丘，是区内的农耕地带；平坝极少且零星散布，
仅占全区总面积的 0.4% 左右。万州区是"三峡
库区（重庆段）地质灾害发生最频繁、种类最齐、
数量最多，且分布广、影响大、最集中的地区。
主要以滑坡和危岩崩塌为主，兼有泥石流和地
面塌陷。其发育分布具有条带性和相对集中于
城镇两方面的特点"[②]。三峡工程蓄水运行后，
高涨的江水给岩层带来更剧烈的水体侵蚀作用，
在一定程度上加大了万州区广大长江沿岸地区
发生滑坡、危岩崩塌等地质灾害的风险，万州
中心城区内滑坡分布众多，且城市建设大多坐

落在滑坡体上，其一旦失稳，极易给人民的生
命财产带来巨大的损失（图 5-28）。

（2）时空压缩背景下不尽合理的建设方式
加大地质灾害风险

复杂自然地理环境中的万州作为三峡库区
腹地第一人口聚居区，聚居人口规模将持续增
长，并将维持在一个较高水平，随之而来增长
的建设需求和三峡成库后更为稀少的土地资源
加剧了不稳定生态环境因素发生灾变的风险。
具体来说：

一是三峡水库水位大幅上涨及周期性涨
落变动等因素，导致区域地质灾害隐患和灾
变情况明显增多。滑坡、危岩崩塌（含库岸
崩塌）等地质灾害是内部基础地质环境因素
和外部诱发因素共同作用的结果[③]。就万州内
部基础地质环境因素来看，万州区地层岩性
主要为砂岩和泥岩[④]，按唐红梅等学者对岩
性的分级，其多属于对灾害体影响极为不利

① 中共重庆市委组织部　牵头组织编写 . 聚焦重庆：五大功能区域建设 [M]. 重庆：重庆大学出版社 .2014，10，P77–81.
② 中国城市规划设计研究院，万州区规划设计研究院 . 重庆市万州城市总体规划（2003–2020）基础资料汇编 [Z].
2011，6，P7.
③ 唐红梅，林孝松等 . 重庆万州区地质灾害危险性分区及评价 [J]. 中国地质灾害与防治学报 .2004（9）：1–5.
④ 刘长春 . 三峡库区万州城区滑坡灾害风险评估 [D]. 中国地质大学 .2014，5，P32.

的软质土和第四系松散土体，同时，万州区内用地99%以上为低山、丘陵，具有较大坡度是其典型特征，正是区域内分布广泛的坡度大于15°的软质土和第四系松散土体成为了滑坡体、危岩体、崩塌体等地质灾害隐患孕育的温床，经长江水利委员会综合勘测局详勘，在万州城市规划用地及周边的68平方公里内，圈定的崩滑体与变形体186处，面积达16.6平方公里，占勘测区的24.41%，太白岩、关塘口等8大滑坡前缘多位于135米水位以下，在三峡水库正常运营期间，在库水的冲刷、浸泡作用下，很容易诱发库岸崩塌、滑坡失稳等现象[1]；另据刘长春等人2012年的调查显示，万州城区约233平方公里的土地上就有179个滑坡体和39个危岩带（图5-29）。就外部诱发因素来看，三峡水库建设导致长江水位大幅度上涨，且呈30米落差的周期性涨落运动是诱发区域地质灾害隐患增多的主要动力环境因素。重庆市南江水文地质与地质工程队对三峡库区崩滑体的研究数据显示，库区有86.7%的典型和大型滑坡的剪出口位于长江洪水位以下[2]，当水库水位上升过程中，上涨的江水必然通过滑坡体表面向内部渗透，增大滑体含水量，同时滑坡体地下水位的抬高，其蕴含水体排出也更加困难，滑体物理学参数将显著劣化[3]；而当水库进入

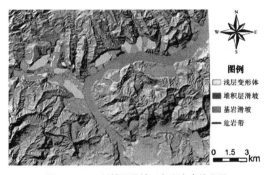

图5-29　万州城区滑坡、危岩灾害编录图

枯水期时，滑坡体中的地下水又将向外渗流，其相较于水库水位降落滞后15~20天，在地下水外渗的过程中，将对滑体造成一种拉应力，增大了滑坡体的下滑力，对滑坡体等地质灾害隐患造成了不容忽视的负面影响，增大了地质灾害隐患风险。同时，受万州地区在不同时节容易出现暴雨和绵绵细雨的影响，降水成为诱发地质灾害的最主要外在因素[4]。

二是三峡成库后上涨的江水进一步压缩了长江沿岸居民的生存空间，人类建设活动强度增加，诱发灾变风险加大，且致灾后可能对居民生产生活带来的危害被放大。万州区作为重庆第二大城市、库区腹心唯一的人口百万级大城市、渝东北翼区域中心城市，城市建设体量巨大，受三峡成库后上涨的江水进一步压缩了长江沿岸居民的生存空间的影响，人们不得不在坡度更大的山坡地上进行建设活动，不可避

①　李迎春.三峡库区万州地质灾害监测数据采集系统研究[J].长江大学学报（自然版），2013（3）：21-25.

②　骆黎.万州区地质灾害分析与对策研究[D].西南大学.2006，6，P21.

③　肖盛燮，陈洪凯等.库岸地质灾害治理与交通建设开发一体化模式[M].北京：地质出版社.2002，P46-91.

④　在内外因的共同作用下，万州区近年来地质灾害隐患灾变现象呈现频率增加、危害性增大的趋势。据不完全统计，2003年万州区共发生地质灾害118处，死亡5人，垮塌房屋650余间，直接经济损失5000多万元；2004年9月5日万州区铁峰乡吉安村先后两次发生滑坡，滑坡总体积约960万立方米，滑坡造成2人死亡，1人重伤，4人轻伤，涉及人数上千人，财产损失十分惨重，直接经济损失约4000万元；2009年6月29日暴雨诱发灾变，据重庆市救灾办公布数据显示，万州区21个乡镇14.5万人受灾，房屋倒塌530余间，493处水利设施遭破坏，95条公路中断，12条供电设施中断，直接经济损失达1.2亿元；2010年7月9日50年一遇暴雨诱发灾变，导致万州区7个镇乡受灾，受灾人口4.5万人，损坏房屋2190间，倒塌房屋690间，农作物受灾4.5万亩，中断公路36处（次），毁坏路面16公里，输电线路倒杆13根，损坏线路2.2公里，通信线路倒杆21根，损坏线路3.3公里；毁坏水利工程36处，造成直接经济损失达1.44亿元；2011年6月22-23日暴雨引发滑坡、山洪，造成万州区28个乡镇，123个村（居），18.3万人受灾，直接经济损失达1.18亿元；2014年8月9-11日暴雨引发山洪、山体滑坡，据不完全统计，万州区10个镇街受灾，受灾人口达3.48万人，农作物受灾2486公顷，倒塌房屋217间，严重毁损房屋84间，直接经济损失5158万元。

免地进行切坡造地，形成了大量不稳定的人工切坡，公路建设过程中人工开挖边坡使斜坡体抗剪强度降低极易造成新的滑坡体或诱发老滑坡复活，人类不合理工程建设活动出现的可能明显增加，如兴修沙龙路、滨江路、万梁高速公路、万达铁路等工程建设时开挖坡脚，致使坡应力失衡导致新滑坡产生和老滑坡体的复活，诱发了桂花小区滑坡、孙家乡快乐村滑坡等地质灾害。同时，万州城镇建设多集中在沿江地区，江水上涨导致原本就很稀缺的适宜建设用地资源更是捉襟见肘，为了满足日益增长的城镇建设需求，人们在不断提高建设用地发展强度的同时，也在不断挖掘可利用的土地资源，通过对地质灾害点的"工程治理"和"监测预警"，人们在一定程度上变地质灾害点附近原本不安全的用地为安全用地，并加以开发建设，不再"搬迁避让"，带来了地质灾害点附近承灾体的大量增加，这无形中放大了地质灾害隐患致灾后可能带来的危害。

（3）当前万州区采取的主要应对举措

鉴于严峻的地质灾害形势，国家和地方政府高度重视万州地质灾害防治工作，相继采取了一系列的应对措施。

①在国家和重庆市层面。国务院批复的《三峡后续工作规划》将"强化库区地质灾害防治"明确列为三峡后续工作的六大重点之一，要求"对受地质灾害威胁的农村人口实施避险搬迁，对迁建城镇、人口密集区和影响重大的地质灾害体实施工程治理。严格控制地质灾害易发区县城、集镇建成区规模"。在此基础上，三峡库区地质灾害防治工作指挥部会同重庆市、湖北省编制实施了《三峡工程后续工作规划三峡库区地质灾害（滑坡、崩塌、危岩和塌岸）防治规划（2010—2020 年）》（以下简称《防治规划》），明确了"地质灾害防治工作全面贯彻科学发展

观，坚持预防为主、防治结合的方针，综合采取监测预警、搬迁避让和工程治理等措施。……控制移民城集镇规模，减轻库区城集镇地质环境承载压力"的指导思想，对移民安置区和生态屏障区[①]规划范围内的崩塌、滑坡、危岩和库岸，从"工程治理、搬迁避让、监测预警"三方面提出了具体的防治措施，并进行了经费估算，并据此安排专项资金开展相关防治工程建设，按"333"[②]分期对实施规划项目进行安排，如重庆市 2013 年就通过争取三峡后续工作专项资金，启动了三峡后续规划地质灾害防治工程第一批包括万州区茂和 11 组滑坡治理工程在内的 30 个治理项目，总投资概算达到 2.93 亿元。《防治规划》有几大要点，一是明确了"生态屏障区"建设（图 5-30）；二是明确了"从人民生存和长远发展出发，地质灾害防治尽量考虑搬迁避让，确保安全"的基本原则；三是明确了"限制城集镇扩大对地质环境容量的需求"的基本原则。研究发现这三大要点对认识如何有效地开展包括万州区在内的库区地质灾害防治极为重要。

②在万州区层面。在编制实施《万州区地质灾害防治规划（2004-2015）》的基础上，万州区将地质灾害防治工作列入政府重要议事日程，出台了《重庆市万州区人民政府关于加强地质灾害防治工作的实施意见》（万州府发[2013]3 号）（以下简称"实施意见"），明确了"开展调查排查和评估评价；加强监测和预报预警；强化应急处置和抢险救援；推进工程治理和搬迁避让；健全完善保障机制"五大工作重点，在"落实政府和部门防灾责任；完善绩效考核机制；加大监管查处力度"三个方面，明确了"实行镇乡街道、行业主管部门'一把手'负责制"，"将地质灾害防治工作纳入镇乡街道领导班子年度绩效考核内容"，"不断完善督查监管措施，严防不当人为活动诱发地质灾害"等具

---

① 生态屏障区指坝前 175 米土地征用线至第一道山脊线的区域。
② "333"分期指 2012 年—2014 年、2015 年—2017 年、2018 年—2020 年 3 个 3 年的分期。

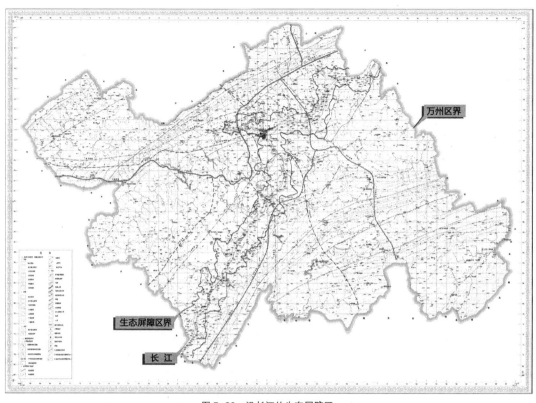

图 5-30　沿长江的生态屏障区

体工作要求。对于工程治理的资金筹措，明确了"积极争取中央、市级资金支持，有效治理特大型、大型地质灾害隐患；合理使用区本级地质灾害防治专项资金，逐步消除中型地质灾害隐患；镇乡街道积极筹措资金对本辖区地质灾害隐患实施应急排危治理，……一般乡镇街道年度专项资金额度不低于 3 万元，地质灾害隐患点超过 20 个或国土面积超过 100 平方公里的重点乡镇街道年度专项资金额度不低于 6 万元"。在"实施意见"指导下，万州区还按年度制定实施了《万州区××××年度地质灾害防治方案》，进一步明确了"属地管理、分级负责、条块结合；行政主要负责人为第一责任人，分管负责人为直接负责人；预防为主，避让与治理相结合；全面防治、突出重点"的防治原则，以"地质灾害趋势分析"为导向，从"抓好地

质灾害预防监测、抓好地质灾害应急工作、抓好地质灾害治理搬迁、抓好蓄水地质灾害防范"等五方面细化拟定年度性具体工作任务。通过相关地质灾害防治工作的开展，万州区境内许多地质灾害隐患点得到了有效治理，较好地保护了广大人民群众的生命财产安全（图 5-31）。

（4）推动生态系统服务产业化发展是完善万州区地质灾害防治体系的有效措施

万州区地质条件复杂，强对流天气频繁，地质灾害隐患多、分布广，且隐蔽性、突发性和破坏性强。虽然已采取一系列应对措施，但近年来受极端天气、三峡工程蓄水、工程建设等因素的综合影响，万州区仍面临着地质灾害多发频发的严峻现实，给人民群众生命财产造成了极大的损失[1]。面对库区灾变风险加大导致区域生态经济协调发展缺乏保障的问题，万

---

[1]　万州区政府公布数据显示，2015 年 5 月前全区共排查出地质灾害隐患点 883 处（库区内 678 处、库区外 205 处），包括滑坡及不稳定斜坡 673 处、危岩 113 处、地面崩塌 2 处、库岸 95 段，受威胁群众 1.6 万余户、5.4 万人。

(a) 草街子滑坡治理

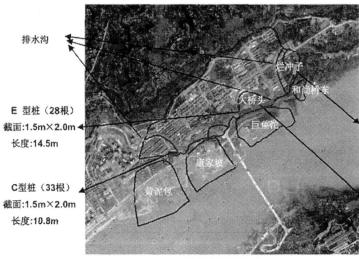

(b) 琵琶坪滑坡治理

图 5-31 万州的大规模工程治理示意图

资料来源：刘长春. 三峡库区万州城区滑坡灾害风险评估 [D]. 中国地质大学. 2014，5，P93-94.

州区需要进一步完善地质灾害防治体系。

基于此，本书从"工程治理、搬迁避让、监测预警"三方面的"现状认知、问题梳理、应对要点、应对策略"对如何完善万州区地质灾害防治体系建设进行了再思考，以问题为导向，明确了基于生态系统服务产业化发展支撑的，涵盖"城镇总体层面"和"街区控制层面"的城镇空间营建模式应变的应对策略，以期实现"全面降低工程治理和城镇建设开发强度；向地质灾害低易发区或不易发区疏解人口，转移城镇建设重心；有效减少需要重点监测预警的地质灾害隐患点，提高监测预警实效"的优化目标。研究发现，结合生态系统服务产业化发展，以产业发展引导城乡建设转型，以空间营建模式的转变应对区域灾变风险加大的挑战，

不失为一个有益的、可供我们探索的新思路（图 5-32）。

5.4.2 生态系统服务产业化发展助推万州城镇空间营建应变

（1）基于城镇空间营建应变思维的万州区地质灾害防治体系优化策略

当前万州地质灾害防治体系构建是以传统的沿江城镇空间布局为基础的，其整体呈现"工程治理强度高、搬迁避让优先程度低"等特点，导致地质灾害高易发区及中易发区、万州主城区、生态屏障区在空间上交织在一起，存在诸多问题，极大地制约了万州地质灾害防治的效果。有鉴于此，研究发现要有效改变这种情况，需要在城镇建设重心向低易发区或不易发区转

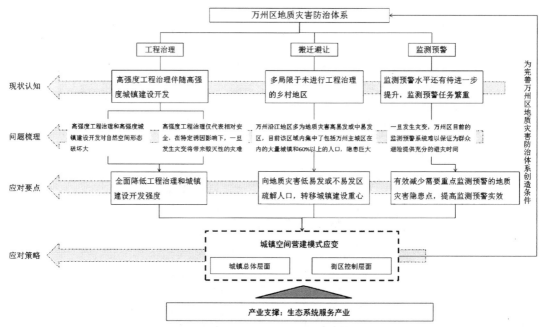

图 5-32　基于生态系统服务产业化发展的万州区地质灾害防治体系优化策略图

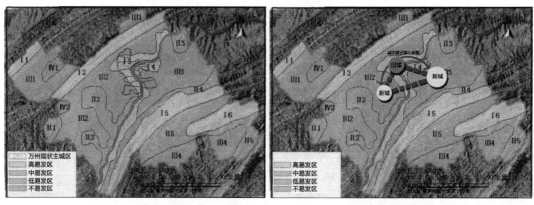

（a）万州现状主城区在地质灾害分区图的位置　　　　（b）万州主城区建设重心外移

图 5-33　基于地质灾害分区的城镇建设重心转移示意图

资料来源：根据骆黎. 万州区地质灾害分析与对策研究 [D]. 西南大学 . 2006，6，P42. 相关内容绘制.

移的基础上，通过采取必要的空间建设应变措施，再拟定万州区地质灾害防治体系优化策略，促进区域生态经济协调发展。

一是在城镇总体层面，将城镇建设特别是主城区发展重心向低易发区或不易发区转移，逐渐减少承灾体，降低地质灾害风险，全面推动生态屏障区建设。目前位于长江沿岸，生态屏障区内的万州城镇建设特别是主城区呈现建设强度不断提高的现象，这同国家划定生态屏障区的目的相悖，不利于区域生态系统结构和

功能的恢复。同时，大规模城镇建设带来大量人口停留在地质灾害高易发区和中易发区，导致承灾体和诱发灾变潜在因素的大量增加，极不利于区域减灾防灾，这也导致区域地质灾害工程治理强度不断提升，城市千疮百孔，不再美丽。为从根本上改变这种不利的局面，我们应转变"以治为主"、"大规模搬迁代价太大，难以实现"等传统思路，确定将城镇建设特别是主城区发展重心向低易发区或不易发区转移的发展新思路（图 5-33）。

二是位于地质灾害高易发区、中易发区的现状城区，在街区控制层面，应严格控制建设强度，遵循生态线索，逐步推进旧城更新，减少致灾因素。地质灾害高易发区和中易发区是最易发生地质灾害的区域，该区内应严格控制建设行为，原则上建设用地只能减少，建设强度只能降低，地质灾害隐患点以避让为主，工程治理强度不宜过大。同时，城镇建设应更大程度地尊重自然地形地貌，通过旧城更新，增加区域自然生态要素，不断提高区域生态环境承载力，减少致灾因素。如位于地质灾害高易发区和中易发区的万州主城区现状城区可通过人口和产业的转移，依托长江水运和独特自然景观的优势资源，逐渐转型为以港口经济为核心的，低开发强度的生态工业产业功能区和为长江黄金旅游带服务的旅游服务区，不仅降低了地质灾害风险，也美化了长江沿岸景观，有利于生态屏障区的生态系统服务功能提升。

三是应在地质灾害低易发区或不易发区大力推进新城建设，引导人口和产业向新城转移，在街区控制层面，加快万州城市建设向生态城市的转型。由图5-33可见，万州现状主城区靠"九池、高粱"的西侧和靠"长岭"的东侧均有着大范围的地质灾害低易发区，从减灾防灾的角度，城市建设重心通过新城建设的方式转移到地质灾害低易发区，能从根本上降低万州主城区面临的地质灾害风险，让地方可以放开手脚专心发展经济。新城的建设将大大改变万州主城区的建设格局，为万州推动生态城市建设创造了条件。

（2）生态系统服务产业化发展助推城镇空间营建应变

在万州推进大规模新城建设是一个复杂的系统工程，受制于区内复杂的丘陵、低山地形，面临着城镇建设技术难度大，建设周期长，投资相对较高以及现状城区对人口吸附力强等问题，而通过推动生态系统服务产业化发展，能够很好地助推万州城镇空间营建应变策略的实现。具体来说：

一是通过推动生态系统服务产业化发展，有利于引导现状城区建设转型，为旧城更新创造条件。由前文分析可见，紧邻江边的万州现状主城区有着长江水运和独特自然景观的优势资源，对于发展生态工业和旅游业有着极好的条件，通过推动生态系统服务产业化发展，可以预见未来万州位于地质灾害高易发区和中易发区的现状主城区用地将主要由三部分构成，一是以万州现状城区为基底，打造长江沿岸又一特色文化旅游景区，美化长江岸线、丰富长江黄金旅游带产品体系；二是依托万州港口优势，为生态工业规模化发展提供必要的土地供给；三是一定量的公共服务、行政办公、居住等配套用地。在街区控制层面，为万州区旧城更新指明了方向。

二是通过推动生态系统服务产业化发展，在产城融合中，创新产业营建模式引导新城生态化建设，打造美丽人居环境，为人口转移和功能疏解创造条件。万州新城建设面临着"现状城区人口吸附力强、建设技术难度大、建设周期长、建设成本高"等一系列难题，通过生态系统服务产业化发展，有利于促进新城建设中的"产城融合"，为新城注入经济活力，同时基于生态系统服务产业的"自然"特征，在街区控制层面，创新生态系统服务产业营建模式以引导新城生态化建设，打造美丽人居环境，为克服以上新城建设面临的难题，推动人口转移和现状城区功能疏解创造条件（图5-34）。

5.4.3 万州区优先发展生态系统服务产业选择建议

研究表明，"中部功能建设区"优先发展的生态系统服务产业主要有"绿色食品饮料产业、绿色建材产业、医药产业、纺织产业、烟草产业、水土保持产业、农业旅游产业"，以及需要大力发展的"土壤改良产业"，经综合价值评估，"绿色食品饮料产业"、"农业旅游产业"、"医药产业"优于"水土保持产业"优于"纺织产业"、

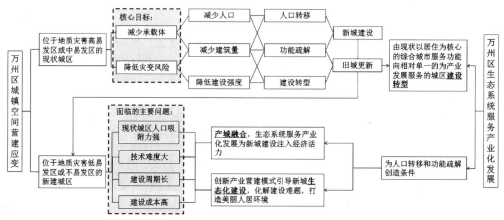

图 5-34　万州区生态系统服务产业化发展助推空间营建应变

"烟草产业"、"绿色建材产业"。本节将分别从有利于推动"旧城更新"和"新城建设"的角度，筛选万州区需要优先发展的生态系统服务产业。

（1）旧城更新导向的生态系统服务产业选择建议

万州区地处"渝东北生态涵养区"，是"一个生态地区，它的主体功能是提供生态产品和服务"[1]。万州现状主城区沿长江一线展开，有着约 12 公里的长江岸线，是长江三峡国际黄金旅游带上的一个重要景观点，是三峡库区生态屏障区的重要组成部分。为"减少承灾体、降低灾变风险"，当万州现状主城区向新城"转移人口、疏解功能"后，留下的将是一座原本承载约 70 万人口的，高密度、高强度开发的沿江山地城市空间，需要我们对其进行更新，令其焕发新的活力。

首先，从长江经济带整体发展战略需求的角度梳理"我们需要什么"，需要多出一线美丽的沿江城市景观带，需要进一步加强生态屏障区建设，需要一个新的长江三峡旅游亮点，需要一个更具推动力的区域经济增长极。

其次，从资源基础的角度梳理"我们有什么"，现状主城区有着库区领先的产业园区，有着大规模的城市旧址，有着十余公里的沿江景观带，有着长江十大港口之一的万州港，有着

库区腹地规模最大的万州五桥机场等。

最后，从生态系统服务产业化发展的角度梳理"我们可以做什么"，可以在现有产业园区的基础上，依托良好的水运和陆运条件，继续推动生态产业的规模化、集约化发展，做大生态产业，优化生态产业园区建设；可以在城市旧址的基础上，通过"拆除一批、改造一批"，将其打造为极富趣味的，景观优美的，生态功能优良的万州主城旧址旅游区；而对于其他保留的现状城区，可将其定位为"配套功能建设区"，进行升级优化。其中，生态系统服务产业的"绿色食品饮料产业、绿色建材产业、医药产业、纺织产业、烟草产业"对生态产业园区发展有重要的支撑作用，"水土保持产业"则对主城旧址旅游区建设有着重要支撑作用，而"配套功能建设区"与生态系统服务产业的直接关联较弱（表 5-20）。

（2）新城建设导向的生态系统服务产业选择

万州新城建设的核心任务是承载由地处地质灾害高易发区或中易发区现状城区转移出来的几十万居民，为他们创造安全、舒适的居住、生活环境，并为他们提供一定数量的工作机会，或为他们创造便捷的交通条件，让他们可以方便地去滨江的产业园区和旅游区工作。新城建设用地选择可以"东进"或"西扩"，"西扩"

---

① 中共重庆市委组织部　牵头组织编写．聚焦重庆：五大功能区域建设 [M]．重庆：重庆大学出版社．2014，10，P70.

旧城更新导向的优先发展生态系统服务产业选择判断　　　　　　　　　　　　表 5-20

更新基础	更新定位	关联产业	生态经济协调发展效用
现状产业园区、水运优势资源、产业发展诉求	生态产业园区（生态产品）	绿色食品饮料产业、绿色建材产业、医药产业、纺织产业、烟草产业	关联的生态系统服务产业是生态产业的重要组成，依托产业园区建设，推进相关产业的规模化、集约化发展，有利于万州更好地发挥区域经济增长极的辐射带动作用，为新城建设和旧城更新提供经济保障。其次，产业园建设一定是在保证生态安全的前提下适度进行，严格控制土地供给，严格限制建设强度，原则上全面回避地质灾害隐患点。
城市旧址、沿江区位、生态屏障区建设	主城旧址旅游区（生态服务）	水土保持产业	全面再梳理现状城区与相关地质灾害隐患点的关系，对于存在"过载"风险的区域，坚决拆除，并积极采用"生态护坡"等生态治理技术，降低工程治理强度，减少人工干预，让自然在地质再平衡过程中发挥更大的作用，结合水土保持产业发展，全面提高区域绿化水平，还长江一段美丽的岸线。让人们在追寻古人足迹，体验长江大美之时，途经万州，给他们一个停驻赏美、探趣、寻乐的理由。同时，旅游区的建设，也将给万州区带来新的经济增长点
现状城区	配套功能建设区	—	—

用地向万州区腹地拓展，靠近"登丰"和"甘宁"两大重要水库，便于解决城市人口饮水问题，且现状城区人口主要集中在长江西侧，搬迁的空间距离更短；而"东进"用地则紧邻万州五桥机场，靠近云阳城区，便于打造"万州—云阳"城镇集中带。可见，"东进"、"西扩"各有取舍，但总体来说万州新城建设"东进"或"西扩"均是不错的选择。

同时，由于万州新城建设面临"现状城区人口吸附力强、建设技术难度大、建设周期长、建设成本高"等一系列难题，而"产城融合"与"生态化建设"是应对这些难题的两大关键，其中"产城融合"强调产业与城市的融合发展，包括功能的融合、空间的整合。具体内涵是以城市为基础，承载产业空间和发展产业经济，以产业为保障，驱动城市建设和完善服务配套，从而获得产业、城市、人之间，有活力的、持续向上的良性发展状态。实践证明城市没有产业支撑，即便再漂亮，也就是"空城"；产业没有城市依托，即便再高端，也只能"空转"。因此主导产业的培育和壮大是万州新城建设发展的重要基础，如发展金融服务业、节能环保产业、文化创意产业等，除此之外，由于万州位于三

峡库区腹心的独特区位和山地地形条件影响，本书建议选择"绿色食品饮料产业和农业旅游产业"作为新城主要产业加以发展，为新城建设注入经济活力。同时，因生态系统服务产业与自然环境的紧密联系，通过创新"绿色食品饮料产业和农业旅游产业"营建模式，可以对新城建设的"生态化建设"起到积极的引导作用（表 5-21）。

5.4.4　万州区生态系统服务产业化发展规划策略建议

（1）旧城更新中生态系统服务产业化发展规划策略建议（表 5-22）

1）生态产业园区建设需要生态系统服务产业化发展的支撑

为破解库区产业空虚、推动库区产业发展、改善库区移民就业条件，万州区大力推进产业园区建设，近年来主要经历了"工业园区"和"经济技术开发区"两个发展阶段，随着生态文明建设的不断深化，万州经济技术开发区发展必将走上"生态产业园区"的发展之路。

在工业园区发展阶段，万州遵循"发展大工业、建设大城市、促进大移民"的总体目标，

新城建设导向的优先发展生态系统服务产业选择判断 表 5-21

建设关键	因素选取	关联产业	生态经济协调发展效用
产城融合	良好的发展基础与前景	绿色食品饮料产业（生态产品）、农业旅游产业（生态服务）	受复杂地形地貌等因素影响，万州新城建设宜采用相对小体量的多中心、多组团布局方式，城市建设用地与绿色食品饮料产业的种植用地相交织，积极探索种植用地复合利用模式，综合挖掘其对于城市、产业的服务价值，对于推动相关产业发展，打造更具特色的万州新城风貌有着很好的促进作用
生态化建设	与自然空间要素关系紧密	绿色食品饮料产业（生态产品）、农业旅游产业（生态服务）	基于生态系统服务产业与自然环境的紧密联系，通过创新"绿色食品饮料产业和农业旅游产业"营建模式，可以对新城建设的"生态化建设"起到积极的引导作用

万州区旧城更新中生态系统服务产业化发展规划策略建议 表 5-22

空间营建应变	方向	关联产业	规划应对策略
旧城更新	生态产业园区	绿色食品饮料产业、绿色建材产业、医药产业、纺织产业、烟草产业	通过调整规划思路，限制产业园区建设用地沿长江向外蔓延，挖掘现状沿江城区的存量土地资源，还长江更多的自然岸线
			在相关规划编制中，将生态系统服务产业明确纳入园区产业培育工程，推动园区产业体系构建的生态化转型
			通过相关规划的编制，为生态系统服务产业进驻产业园区，做大、做强生态系统服务产业创造条件
	主城旧址旅游区	水土保持产业	以生态屏障区建设、潜在地质灾害危险规避为优先，通过相关规划编制，为恢复区域主要生态格局，降低地质灾害危险区用地的建设荷载，拟定明确的技术路线
			规划转变"为高强度开发而进行高强度治理"的工程治理思路，在保障安全的基础上，优先采用生态治理措施，尽可能地降低工程治理强度，保护自然空间形态
			通过规划设计引导旧址改造，提升区域生态系统的文化服务和调节服务功能，为发展相关生态系统服务产业，培育万州新的经济增长点创造条件

近期规划建设用地 10 平方公里，远期达到 30 平方公里，分别在万州的"天城、龙宝、五桥"三个城区，设置了四个分园，重点发展机械、电子、医药、化工、轻纺、农产品深加工产业；在经济技术开发区发展阶段，2010 年 6 月万州工业园区经国务院批准升级为国家级经济技术开发区，空间布局整合为"一区三园"，规划建设用地增加到 50 平方公里，2014 年万州以经济技术开发区为主战场，全面推动"4231"生态工业体系[1]建设，实施"713"产业培育工程[2]，全年工业总产值突破千亿，规模以上工业企业产值占到 75% 以上[3]。在此过程中，万州产业园区建设呈现用地规模增长快速、产业门类不断丰富，入园企业实力不断壮大，规模化、集约化程度明显提升等特点。与此同时，也存在着随产业园区发展城市建设用地沿长江蔓延、

---

① 重点发展汽车制造、装备制造、照明电气、纺织服装产业，培育发展电子信息、现代医药产业，优化发展能源建材、特色化工、农副产品加工产业，积极发展节能环保产业。
② 培育形成 7 个 100 亿级产业集群、10 个 50 亿级龙头企业、30 个 10 亿级骨干企业。
③ 万州区人民政府. 2015 年重庆万州区政府工作报告 [R]. 2015.

园区产业结构的生态化程度有待进一步提升等问题，这需要在"空间建设应变"的过程中，采取必要的规划技术策略予以应对。

一是通过调整规划思路，限制产业园区建设用地沿长江向外蔓延，挖掘现状沿江城区的存量土地资源，还长江更多的自然岸线。受当前空间建设传统思路的影响，产业园区发展用地选择受限，经济技术开发区为获得发展用地，从龙宝沿长江向高峰镇蔓延，在生态屏障区以及地质灾害易发区新增了相当规模的建设用地，加大了对沿江岸线的生态破坏，应采取相应的规划技术措施予以应对。

二是在相关规划编制中，将生态系统服务产业明确纳入园区产业培育工程，推动园区产业体系构建的生态化转型。生态产业是继经济技术开发、高新技术产业开发的第 3 代产业。万州地处三峡库区腹地这一国家级生态功能区，生态涵养与保护是其第一要务，在此背景下，走"生态产业"发展道路是其必然选择。这要求万州大力推动工业结构调整和转型升级发展，在产业园区内形成按生态经济原理和知识经济规律组织起来的基于生态系统承载能力，具有高效的生态过程及和谐的生态功能的，横跨初级生产部门、次级生产部门、服务部门的生态产业发展模式。需要相关规划将生态系统服务产业纳入产业园区的产业培育工程，进一步推

动园区产业体系的生态化转型。

三是通过相关规划的编制，为生态系统服务产业进驻产业园区，做大、做强生态系统服务产业创造条件。万州拟优先发展的绿色食品饮料产业、绿色建材产业、医药产业、纺织产业、烟草产业等生态系统服务产业多属传统产业范畴，具有同"生态涵养"功能定位较为吻合的先天优势，但产业对地方经济的带动效用有待提升，需要通过科技创新、延伸产业链、提升产品附加值，同时加强企业化、专业化经营模式升级改造，加强同现代市场的主体营运体制接轨。这要求在相关规划编制中，将相关生态系统服务产业的相关研发或工厂化生产部门纳入产业园区空间规划中，为产业发展提供平台，为做大、做强相关生态系统服务产业创造条件（图 5-35）。

2）主城旧址旅游区建设需要生态系统服务产业化发展的支撑

万州现状主城区城市建设用地主要分布在长江与苎溪河交汇处的长江两岸，截至 2010 年底建成区用地规模为 48.2 平方公里，较 2002 年增长了 56.9%，其中工业用地达到 10.83 平方公里，较 2002 年增长了 120%，居住用地为 15.73 平方公里，较 2002 年增长了 35.84%，主城区人口增加到 67.9 万人，较 2002 年增加了 18.51 万人，增长了 37.48%。可见，近年来万州主城区建设用地和城市人口呈快速增长趋势，且工

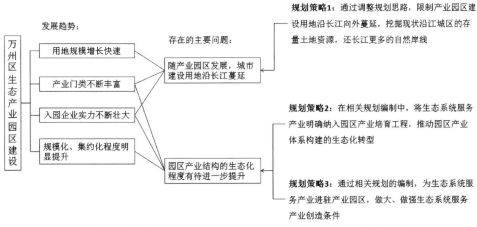

图 5-35 生态系统服务产业对生态产业园区建设支撑的规划应对策略框图

业用地增长明显快于居住用地，而居住用地"多分布在沿长江的旧城区范围内，……实施了大量的旧城拆迁，原来中、低容量的旧居住区正被高容量的居住用地替代，……居住用地的平面拓展量相对不大"[①]，带来了人类生产生活特别是建设活动对生态屏障区自然环境的干扰加大、存在地质灾害隐患的沿江用地荷载大比例增加、地质灾害承载体明显增多等问题，需要将居住在长江边，生态屏障区内，地质灾害高易发区和中易发区的现状主城区建设用地上的人口的50%，乃至更多逐渐引导搬迁到生态屏障区外，地质灾害低易发区或不易发区的新城区，而遗留下的主城区旧址则可以通过采取相应的规划技术策略，保障其逐渐改造成为极富趣味的、文化体验醇厚的、景观美丽宜人的城市旧址旅游区，新的三峡旅游热点，提升区域生态功能。

一是以生态屏障区建设、潜在地质灾害危险规避为优先，通过相关规划编制，为恢复区域主要生态格局，降低地质灾害危险区用地的建设荷载，拟定明确的技术路线。万州主城旧址改造首先需要做"减法"，明确可以留下的建筑物和需要拆除的建筑物，在疏解人口和功能的同时，疏解现状过于拥挤、过于局促的城市空间，而这需要遵循生态屏障区建设、潜在地质灾害危险规避优先原则，梳理改造线索，并通过相关规划的制定，划定保留区、拆除区，明确拆除建筑物清单，为恢复区域主要生态格局，降低地质灾害危险区用地的建设荷载，拟定可行的技术路线。

二是转变"为高强度开发而进行高强度治理"的工程治理思路，在保障安全的基础上，优先采用生态治理措施，尽可能地降低工程治理强度，保护自然空间形态。万州主城旧址有许多为了高强度开发而进行的高强度治理工程，极大地破坏了滨江自然空间形态，不美观也留

下了巨大的安全隐患，这要求我们转变当前为高强度开发而进行高强度治理的工程治理思路，在尽可能保障安全的基础上，优先采用生态治理措施，降低工程治理强度，保护自然空间形态，适度选择可以建设的用地，严格限制建设强度。通过相关规划编制，为全面降低主城旧址区域内的工程治理强度，最大程度地恢复滨江自然空间形态拟定可行的技术路线。

三是通过规划设计引导旧址改造，提升区域生态系统的文化服务和调节服务功能，为发展相关生态系统服务产业，培育万州新的经济增长点创造条件。万州现状主城人口和功能的疏解不代表对它的废弃，而是为其再发展创造条件。万州主城旧址是重要的物质、空间资源，旧址旅游区建设仅是改造后的一种可能，其核心在于提升区域生态系统的文化服务和调节服务功能，为发展相关生态系统服务产业，培育万州新的经济增长点创造条件。在此过程中，需要通过深入的规划设计，为更美地、更有趣地、更生态地进行旧址改造提供技术保障（图5-36）。

（2）新城建设中生态系统服务产业化发展规划策略建议（表5-23）

1）万州生态新城建设需要生态系统服务产业化发展的支撑

万州作为地处三峡库区腹地的"渝东北生态涵养区"重要区域中心城市，国家的生态保护要求和重庆市的"生态涵养"定位，均决定了万州需要从三峡库区实际出发，带头探索具有库区特色的生态城市建设道路。

一是在用地选择方面，应遵循"资源约束、建设节约"的原则，注意土地的分区控制，构建新城建设的有机增长机制，为建设循序推进提供保障。"资源约束原则"要求新区建设优先选择植被覆盖低、不适宜种植和矿产开发破坏的地表用地，优先选择水土流失严重的地区；"建设节约原则"则要求新区建设选址应尽量靠近

---

① 中国城市规划设计研究院，万州区规划设计研究院.重庆市万州城市总体规划（2003-2020）2011年修改[Z].2011.

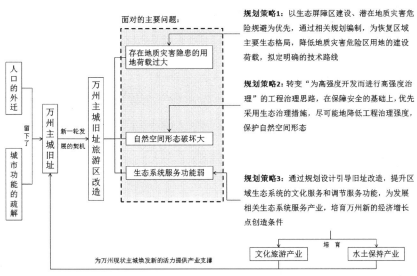

图 5-36　生态系统服务产业对主城旧址改造支撑的规划应对策略框图

万州区新城建设中生态系统服务产业化发展规划策略建议　　　　表 5-23

空间营建应变	方向	关联产业	规划应对策略
新城建设	生态化建设	绿色食品饮料产业、农业旅游产业	在用地选择方面，应遵循"资源约束、建设节约"的原则，注意土地的分区控制，构建新城建设的有机增长机制，为建设循序推进提供保障
			在用地布局方面，应尊重生态线索，突出区域生态格局保护，走"山—地—城"协同发展道路
			在强化生态安全方面，尊重小流域汇水、排水自然规律，结合城市组团建设，优化区域汇水、排水能力，全面降低水体可能引发地质灾害的风险
			在用地建设利用方面，注重山地空间的多维利用，积极探索种植地复合利用模式，综合挖掘其对于城市、产业的服务价值，打造具有万州特色的山地城市形态
			实施保障方面，规划构建完善的万州生态城建设控制指标体系，配套制定权责清晰、分工明确的实施方案
	产城融合	绿色食品饮料产业、农业旅游产业	规划引导"绿色食品饮料和农业旅游产业"创新升级，以产业升级促进新城功能融合，助推新城"产城融合"发展
			规划依据"绿色食品饮料和农业旅游产业"特征，构建适宜万州新城建设和相关产业发展的产城融合空间模式，划定"产城一体单元"

现有城镇建设区，尽可能利用现有基础设施体系，节约基础设施建设成本。山地区域内用地特征差异大，在城市空间向山地拓展的过程中，应提取不同的特征因子予以分区控制，将荒山荒地等优先纳入新城建设区；同时，城市空间的拓展应具有延续性，新区的建设不宜一味的"求快、求大"，应尊重山地地形特征，整合现有城区资源，通过合理的分期建设，实现城市空间的有机增长。

二是在用地布局方面，应尊重生态线索，突出区域生态格局保护，走"山—地—城"协同发展道路。规划引导新城建设用地布局，应充分尊重区域生态线索，突出区域生态格局保护，在山地自然空间向山地城市空间的转变过程中，充分保留用地的自然生态因子（图 5-37），强调"因势利导、依山就势"，尊重自然生态环境特征，采用"多中心、多组团"建设用地布局结构，以对山体的"大保护"，有效控制城市建设带来的附加生态压力（hidden flow），减少城市危机发生的影响变量①，实现山体、土地和城市建设"三位一体"的协同发展。

三是在强化生态安全方面，尊重小流域汇水、排水自然规律，结合城市组团建设，优化区域汇水、排水能力，全面降低水体可能引发地质灾害的风险。降水是诱发库区地质灾害的主要因素之一，在新城建设过程中，通过优化区域汇水排水能力，加强区域空间的降水管控，对于保障区域生态安全极为重要。山脊即分水线，山沟即汇水线，一个个山谷形成了一个个小流域单元，有其自然的汇水规律。为弱化生态干预，全面降低水体可能引发地质灾害的风险，万州新城建设宜以山地自然空间汇水、排水特征为线索，选取适宜尺度的小流域单元为城市组团建设的空间载体，合理布置城市建设用地，走以小流域为基础单元的多组团分散式发展道路（图5-38）。

四是在用地建设利用方面，注重山地空间

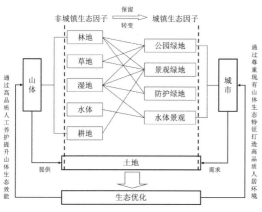

图5-37　"山—地—城"协同发展示意图

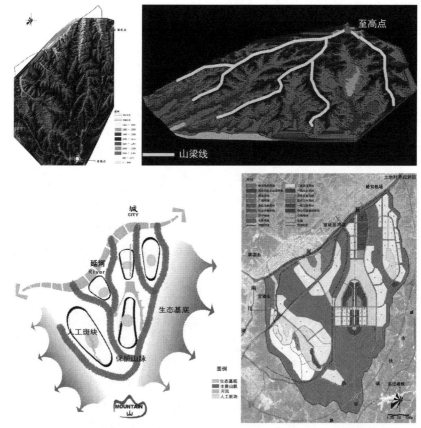

图5-38　尊重小流域自然汇水排水特征的多组团分散式山地城市建设模式示意

---

① 沈清基，张鑫，等.城市危机：特征、影响变量及表现剖析[J].城市规划学刊，2012（6）：23-33.

的多维利用，积极探索种植用地复合利用模式，综合挖掘其对于城市、产业的服务价值，打造具有万州特色的山地城市形态。因山地地形高低起伏度大，建设用地高程差异明显，山地空间中的城市建设应严格进行"竖向设计"，实现对山地空间的多维利用，提高单位空间的土地利用效率，同时形成"山、城、水、林"相间相依，空间景观丰富多样，城市形态错落有致的山地城市特色。同时，结合万州新城建设用地与种植用地相交织的实际，积极探索种植用地的复合利用模式，综合挖掘其对于城市、产业的服务价值，既引导"绿色食品饮料和农业旅游产业"营建模式的创新，又增添新城景观的趣味性，提升城市体验的独特性。

五是实施保障方面，规划构建完善的万州生态城建设控制指标体系，配套制定权责清晰、分工明确的实施方案。目标施行的量化和实施方案的制定是保障建设实施的两大关键，其中

目标施行量化要求以"生态城市"为发展目标，在广泛征集国内外相关专家意见的基础上，从诸如"自然环境良好、人工环境协调、生活模式健康、基础设施完善、管理机制健全、经济发展持续、科技创新活跃、就业综合平衡、区域协调融合"等方面，"定性与定量相结合"、"控制与引导相结合"的方式拟定建设控制指标体系（表5-24）；而实施方案是推动生态城市建设顺利进行的重要保障，需要万州区综合征询各方意见后，从产业、财税、金融、资源环境等领域拟定配套措施，采用诸如"发展单元规划"与"生态实施方案"相结合的具体操作方式保障规划实施。

2）"产城融合"需要生态系统服务产业化发展的支撑

万州新城建设需要坚持走"产城融合"[1]之路，一方面以城市新区建设，推动新兴产业发展，另一方面以实施产业引进和升级战略，

中新天津生态城控制指标（部分）　　　　表 5-24

指标层	二级指标	指标值
自然环境良好	区内城市空气质量	优于等于二级标准的天数 ≥ 310 天 / 年，其中 SO_2 和 NO_x 优于等于一级标准的天数 ≥ 155 天 / 年
	区内水体环境质量	达到《地表水环境质量标准》（GB3838）最新标准Ⅳ类水体水质要求
	水喉水达标率	100%
	功能区噪声达标率	100%
	单位 GDP 碳排放强度	150 吨 –C/ 百万美元
	自然湿地净损失	0
人工环境协调	绿色建筑比例	100%
	本地植物指数	≥ 0.7
	人均公共绿地	≥ 12 平方米 / 人
生活模式健康	日人均生活水耗	≤ 120 升 / 人·日
	日人均垃圾生产量	≤ 0.8 千克 / 人·日

资料来源：冯真真等 . 中新生态城确立指标体系 [J]. 科技资讯 . 2009（28）：56-57.

---

[1] "产城融合"是我国新型城镇化发展的重要路径之一，强调产业与城市的融合发展，包括功能的融合、空间的整合，要求"以产促城，以城兴产，产城融合"。万州新城建设以减小潜在的地质灾害风险为直接出发点，进驻人口以现状城区搬迁人口为主，兼顾农业人口的转化，而非一般的"开发区、产业园"建设导向的新城建设，具有其特殊性，更易因产业发展滞后，支撑不足，导致"卧城、鬼城、空城"的出现。

支撑新城建设，避免"产城分离"，诱发新的城市病。"产城融合"一般包括三层含义，其一是新区产业发展与城市功能完善同步；其二是城市新区产业的甄选和布局与城市整体发展相匹配；其三是城市新区与老城区的有机融合，实现新老城区的共生和新陈代谢[1]。而通过创新升级"绿色食品饮料产业和农业旅游产业"等生态系统服务产业，从产业支撑强化的角度，研究发现可以从"功能融合"、"空间整合"两方面，采取以下规划应对策略，为实现万州新城的"产城融合"发展提供技术保障。

一是规划引导"绿色食品饮料和农业旅游产业"创新升级，以产业升级促新城功能融合，助推新城"产城融合"发展。城市新区建设往往是从单功能的拓展开始，比如居住大区、产业园区、大学城等，但随着新区的不断发展，单功能的集聚效益将逐渐达到最大值，必然需要新的服务配套功能的进入，新区才能进一步健康发展[2]。万州新区建设更多的具有单一功能居住大区建设的特征，需要规划引导其在建设启动期，就注重居住、公共管理与公共服务、商业服务、工业等功能的相互协调发展，通过功能的融合，保障新城建设的持续发展。其中通过"绿色食品饮料产业"的创新升级，提升产业效率、产值和效益，进而促进相关产业空间与城市空间的融合，具体来说，一方面借助创意产业的思维逻辑和发展理念，将科技和人文要素融入"绿色食品饮料产业"，进一步拓展产业功能、整合资源，把局限于生产的传统营建方式，转型升级为融生产、生活、生态为一体的"创意农业"发展模式；另一方面借助工业化发展的成果，遵循"工厂化农业"发展理念，综合运用现代高科技、新设备和管理方法，采用工厂的生产方法来组织生产和经营，推动"绿色食品饮料产业"生产、经营方式向机械化、自动化技术（资金）高度密集型转变，在人工创造的

环境中进行全过程的连续作业，改善劳动者的生产环境和工作条件，提高劳动效率和产业生产水平，实现现代化生产。同时，基于万州新城存在城市建设用地空间与农业用地空间接触面大的特点，在"城乡一体化"的整体空间利用理念指导下，通过"农业旅游产业"的创新升级，触发新城服务业发展，具体来说，一方面利用万州绿色食品饮料产业的良好资源基础，及其在"创意农业"、"工厂化农业"发展过程中形成的特色景观或体验资源，以特色餐饮研发、创意农业和工厂化农业体验为突破口，增强区域旅游吸引力，做大农业旅游产业规模，加快区域服务业整体发展；另一方面，随着区域农业旅游产业规模的不断增长，相关配套服务设施体系需要不断完善，建设标准需要不断提高，结合万州新城建设，规划在城市建设过程中完成相关服务设施建设，实现服务设施的城乡共用，从而带动新城内部服务业发展（图5-39）。

二是规划依据"绿色食品饮料和农业旅游产业"特征，构建适宜万州新城建设和相关产业发展的产城融合空间模式，划定"产城一体单元"。

城市和产业都存在诸多的发展类型，因此二者相互作用的方式和结果必然是复杂多变的，这也就决定了解决"产—城"关系问题的途径与方法的多元化[3]。不同产业具有不同的产城融合的空间组织模式，这要求规划依据"绿色食品饮料和农业旅游产业"的特征，从单个企业占地规模、产业集群规模大小等因素分析入手（图5-40），构建适宜万州新城建设和相关产业发展的产城融合空间模式，促进居住、服务、产业、绿地等空间相互有机整合，营造方便、舒适、生态的新区环境。

同时，建议采用"产城一体单元"规划方法，基于万州新城用地山地地形特征，结合"绿

① 刘荣增，王淑华. 城市新区的产城融合 [J]. 城市问题. 2013（6）：18-22.
② 林华. 关于上海新城"产城融合"的研究——以青浦新城为例 [J]. 上海城市规划. 2011（5）：30-36.
③ 杜宝东. 产城融合的多维解析 [J]. 规划师. 2014（6）：5-9.

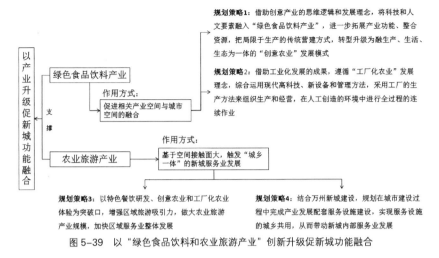

规划策略1: 借助创意产业的思维逻辑和发展理念,将科技和人文要素融入"绿色食品饮料产业",进一步拓展产业功能、整合资源,把局限于生产的传统营建方式,转型升级为融生产、生活、生态为一体的"创意农业"发展模式

规划策略2: 借助工业化发展的成果,遵循"工厂化农业"发展理念,综合运用现代高科技、新设备和管理方法,采用工厂的生产方法来组织生产和经营,在人工创造的环境中进行全过程的连续作业

规划策略3: 以特色餐饮研发、创意农业和工厂化农业体验为突破口,增强区域旅游吸引力,做大农业旅游产业规模,加快区域服务业整体发展

规划策略4: 结合万州新城建设,规划在城市建设过程中完成产业发展配套服务设施建设,实现服务设施的城乡共用,从而带动新城内部服务业发展

图 5-39　以"绿色食品饮料和农业旅游产业"创新升级促新城功能融合

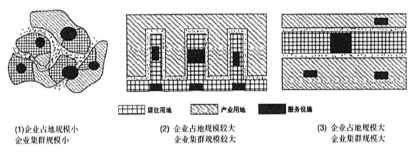

(1)企业占地规模小　企业集群规模小
(2)企业占地规模较大　企业集群规模较大
(3)企业占地规模大　企业集群规模大

图 5-40　产城融合空间模式示意

资料来源:刘畅,李新阳等.城市新区产城融合发展模式与实施路径[J].城市规划学刊.2012(7):104-109.

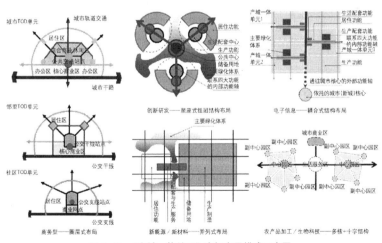

图 5-41　"产城一体单元"空间布局模式示意图

资料来源:胡滨等.产城一体单元规划方法及其应用——以四川省成都天府新区为例[J].城市规划.2013(8):79-83.

色食品饮料和农业旅游产业"发展特点,通过空间整合,将新城的相关用地划定为相应的"产城一体单元",并以"空间单元"为载体,以实现"职住平衡、功能复合、配套完善、绿色交通、布局融合"等目标为导向,明确相应的空间整合布局模式(图 5-41),拟定相应的具体规划技术措施,保障万州新城"产城融合"的有效实现。

5.5 关于库区生态系统服务产业化发展配套政策的几点建议

推动生态系统服务产业化发展是实现库区人居环境生态建设持续发展的重要"抓手"，而在社会主义市场经济条件下，要更好地激活市场活力，利用政府宏观调控机制规避市场风险，更好地保障库区生态系统服务产业化发展，需要加快相关配套政策体系的完善。本书基于相关配套政策建设现状的分析（详见附录C），提出以下几点库区生态系统服务产业化发展配套政策建议：

建议一，政策的制定应促进"市场主导与政府推动相结合"的发展模式的形成。新兴产业的发展在起步阶段最为艰难，生态系统服务产业更是如此，需要在充分发挥市场配置资源决定性作用的同时，通过政府制定和实施相应的产业政策，以消除制约产业发展的体制性障碍，进一步加强有利于产业发展的要素整合。

建议二，政策引导高层次、综合性、整体性管理平台建设。库区6.22万平方公里，涉及重庆市、湖北省两大省级行政单位，22个区（县）级行政单位，库区生态系统服务产业化发展面临复杂的管理困局，需要更具效率的管理模式创新。TVA（美国田纳西流域管理局）经验启示我们，"一个拥有政府权力与企业经营灵活性、创造性的机构"可能正是改变这一困境的出路，这需要我们通过制定相应的政策引导和推动高层次、综合性、整体性管理平台的构建。

建议三，政策助推库区各行政单位对话和合作机制的构建。库区生态系统服务产业化发展需要通过相关政策的制定，为库区相关各级

行政管理单位树立共同的发展目标，明确各自的责任和义务，同时在行动过程中有畅通的对话和合作机制的保障。可见，借鉴TCA（亚马孙合作条约）经验，需要我们制定政策助推库区各级行政单位对话和合作机制的构建。

建议四，政策制定的重点在市场培育、科技创新和合理布局。市场培育是实现生态系统服务产业化发展的基础，只有成熟的市场和强大的市场主体才能保证生态系统服务产业化的健康发展；生态系统服务产业化发展不仅需要制度创新，也需要有科技创新的支撑，科技的发展是实现生态系统服务产业化发展的技术保障；合理的产业布局能有效避免盲目发展和重复建设，避免恶性竞争，形成各具特色、优势互补、结构合理的生态系统服务产业协调发展格局。

建议五，要科学把握相关产业政策的实施力度。"产业政策存在一个以行业竞争程度等行业异质性为特征的最优实施空间，越偏离最优实施空间，施政效果可能越会背离政策制定者的初衷"[1]，这要求我们在制定生态系统服务产业化发展配套政策时，需要把握好调控时机、调控方式和调控力度。

建议六，应积极探索生态系统服务产业政策的实施手段。"供给、调节、支持、文化"等不同类型的生态系统服务在引入市场机制时有其特殊性，生态系统服务的"外部性"特征更是增加了其复杂性，在制定生态系统服务产业政策时，需要积极探索区别于传统产业政策以单一的产业扶持为主的"倾斜型"[2]产业政策实施手段，以保证相关配套政策对于引导生态系统服务产业健康发展的有效性。

---

[1] 黄先海，宋学印等. 中国产业政策的最优实施空间界定：补贴效应、竞争兼容与过剩破解 [J]. 中国工业经济. 2015（4）：57–69.

[2] 刘澄，顾强等. 产业政策在战略性新兴产业发展中的作用 [J]. 经济社会体制比较. 2011（1）：196–203.

第6章 结 论

"后三峡"库区面临的发展困境特征可概括为"环境变化，增加生态隐患；发展冲击，加大灾变风险"，具体表现为"库区经济加速发展带来生态破坏威胁加剧的问题；库区生态安全隐患增多制约区域经济发展的问题；库区灾变风险加大导致区域生态经济协调发展缺乏保障的问题"，生态保护形势不容乐观。针对这些问题，国家强调包括三峡库区在内的长江流域"拥有独特的生态系统，是我国重要的生态宝库"，"当前和今后相当长一个时期，要把修复长江生态环境摆在压倒性位置，共抓大保护，不搞大开发"，为库区实现可持续发展指明了方向。这要求我们从库区实际出发，进一步挖掘生态资源价值，加快生态资源向生态资产转变，以区域生态环境修复目标为导向，探寻生态保护与经济发展协同度更高的可持续发展途径。而通过研究，发现将生态系统服务引入市场机制，加快优选生态系统服务的产业化发展，正是应对这一现实需求，保障库区可持续发展的可行方案之一。具体来说，本书的主要结论如下：

（1）面对制约三峡库区可持续发展的生态保护与经济发展冲突，及其带来的生态破坏问题，需要从生态系统服务的视角，探讨更有利于保障库区可持续发展的应对之策。

当前三峡库区面临着极为严峻的生态保护形势，存在国家对生态建设与保护高度重视，地方和个人由于"致富"乏路，或多或少、或明或暗地同严格的生态保护政策有所对立的现象，过度开发、滥砍滥伐、偷渔偷猎等生态破坏行为屡禁不止，库区的生态利益与经济利益在国家与地方间、公众与个人间出现了偏离，生态保护与经济发展冲突加剧，这需要以库区自然生态环境改善目标为导向，引导人们以更有利于生态保护的方式去实现自己合理的经济诉求来应对。同时，随着生态资源价值认识观的深化，受国外先进生态保护理念的影响，"市场机制能够给人们带来经济激励，它或许是实施环境保护的最佳方式"（杰弗里·希尔），近年来我国开展了一系列将生态系统服务引入市场机制的探索，希望通过这一转变，生态资源将不再简单地被定性为"无限的，免费的，随意支取的公共资源"，而成为能够进入市场的产品，成为能够促进地方经济发展，满足个人致富诉求的有价值的资源，实践证明，可以从生态系统服务视角，进一步探讨更有利于保障库区可持续发展的应对之策。

（2）以生态系统服务为耦合介质可以构建生态系统与经济系统的高级耦合系统，能够保障生态保护行为主体与利益主体一致的实现，为推动人居环境生态建设持续发展提供了内生动力。

生态系统服务具有典型的生态属性和经济属性，其作为在人类聚居过程中，生态系统在人类行为影响下或自然形成过程中，为优化人类聚居品质，改善人居环境提供的有益的、有价值的服务，它来源于生态系统，又全面地关系到人们的福祉，为人们所需求，有着极大的价值潜力。基于此，本书以其为耦合介质，构建了生态系统与经济系统的高级耦合系统，以引导人类生态保护和经济行为为目标，分别从响应生态利益诉求和经济利益诉求的角度，梳理了其行为逻辑，以提高生态保护行为主体与利益主体的一致性。具体来说：

在响应生态利益诉求的方面，耦合系统中理清了人们从经济行为中产生生态保护效果的行为逻辑，即当"人"受经济利润吸引，在从事提升"生态系统服务功能"行为时，其实际成为了经济系统中的"生产者"，也是实际的"生态保护者"，改变了生态保护主体缺失的状况，提升了生态保护相关行为中私人成本与社会成本的正相关性。

在响应经济利益诉求的方面，耦合系统中建构了人们从生态保护行为中获得经济收益的行为逻辑，即基于人们对"生态系统服务"消费的需求，"生产者"目的明确且主动地对生态系统予以保护和完善，以提高生态系统服务功能，为更好地产出"生态系统服务"创造条件，在此过程中，"生态系统服务"具有了"产品"和"商品"的特征，在"市场"作用下，将给"生产者"带来"利润"，保障了生态保护行为主体的经济利益，提升了生态保护相关行为中私人收益与社会收益的正相关性。

（3）保障库区可持续发展需要推动生态系统服务产业化发展，以其为工作抓手，我们可以获取更为充分的生态保护和经济发展动力。

一方面基于生态系统服务的"价值潜力"认识，从生态观的角度，为赋予人们生态保护的经济动机，生态系统服务需要引入市场机制，在此基础上，受生态环境保护任务繁重、需求资金巨大的影响，客观上要求我们进一步推动生态系统服务产业化发展，才能有效推动环保事业的提档升级。另一方面基于生态系统服务的"资源禀赋"认识，从经济观的角度，随着人们支付意愿的转变，生态系统服务正在成为能够给个人和区域经济发展带来更多经济收益的良性"资产"，"生态资产"[1]变现的条件正在越来越成熟，通过推进生态系统服务产业化发展，为库区破解"产业空虚"，优化、升级产业结构提供了一条更加环保的差异化发展道路，为全面减少因追求经济发展而带来的生态破坏影响创造了条件。

（4）三峡库区正处于推动生态系统服务产业化发展的"战略机遇期"，库区不同功能区有不同侧重，需要结合各自实际，科学选取优先发展生态系统服务产业予以发展，加快供给侧和产业结构优化。

通过评估，研究发现"核心生态建设区"可优先选择"水土保持产业"、"清洁能源产业"、"生态旅游产业"、"新型循环林业产业"、"绿色食品饮料产业"、"污水垃圾自然净化工程的建设和管护"6项生态系统服务产业，其中"生态旅游产业"为第一优先发展选择。"核心经济建设区"可优先选择"室内空气生态净化产业"、"城镇绿地功能优化产业"、"城镇绿化植物供给产业"、"生态化房地产业"、"城镇绿地空间流转平台、工业企业污染排放权交易平台"、"生态系统服务关联的金融产业"7项生态系统服务产业，其中"生态化房地产业"为第一优先发展选择。"中部功能建设区"可优先选择"绿色食品饮料产业"、"绿色建材产业"、"医药产业"、"纺织产业"、"烟草产业"、"水土保持产业"、"农业旅游产业"、"土壤改良产业"8项生态系统服务产业，其中"绿色食品饮料产业"、"医药产业"、"农业旅游产业"为并列第一优先发展选择。

（5）受城市差异性影响，为有效推动生态系统服务产业化发展，需要在城市层面针对性地拟定城乡规划应对策略，以规划指引建设。

本书在城市层面，以库区面临的"生态破坏威胁加剧、生态安全隐患增多、地质灾害灾变风险加大"三大具体生态破坏问题为导向，分别选取长寿区、巫山县、万州区为典型城市，主要从"生态系统服务产业发展背景分析、生态系统服务产业选择建议、生态系统服务产业发展规划策略建议"三方面，聚焦通过推动生态系统服务产业化发展保障库区城市持续发展的目标，从生态系统服务的视角，基于典型城市的实际情况分析，提出几点更为明确的规划应对策略建议。

---

[1] "生态资产"从广义来说是一切生态资源的价值形式；从狭义来说是国家拥有的、能以货币计量的，并能带来直接、间接或潜在经济利益的生态经济资源。

附录 A 三峡库区拟优先发展生态系统服务产业市场价值评估

一、"核心经济建设区"优先发展生态系统服务产业市场价值评估

"核心经济建设区"优先发展生态系统服务产业市场价值评估表　　　表 A01

	客观市场价值指标			主观市场价值指标			权重比例
室内空气生态净化产业	实际市场价值	替代商品（空气净化器）的市场单价（元/个）	1000~5000	个人	预计从业人员人均年收入（万元）	4~6	0.3
					库区城镇居民人均可支配收入（元）	20870	
					库区农村人均纯收入（元）	8087	
		替代商品的年均销售数量（万个）	5	企业	参照产业企业的资本年化收益率（%）	3~8	0.4
					参照产业企业的经营风险	低	
	潜在市场价值	参照商品（水族箱）市场单价（元/个）	500~3000	政府	是否有利于和谐社会建设	有	0.3
					预期的 GDP 贡献率（%）	0.15~1	
		潜在市场年均需求数量（万个）	500		预期新增就业人口（万人）	3~12	
	预期年均市场规模（亿元）		25~150	主观市场价值权重判断		0.86（0.25+0.35+0.26）	
城镇绿地功能优化产业	实际市场价值	城镇绿地每平方米功能优化的费用（元/年）	30~120	个人	是否更有利于享受到更优质的城镇绿地	是	0.3
					预计从业人员人均年收入（万元）	3~5	
					库区城镇居民人均可支配收入（元）	20870	
					库区农村人均纯收入（元）	8087	
		城镇绿地年均功能优化面积（km²）	150~200	企业	企业的资本年化收益率（%）	3~8	0.4
					企业的经营风险	低	
	潜在市场价值	预期城镇绿地功能年均优化面积（km²）	50~150	政府	是否有利于和谐社会建设	有	0.3
					预期的 GDP 贡献率（%）	0.3~1.5	
					预期新增就业人口（万人）	6~15	
	预期年均市场规模（亿元）		50~200	主观市场价值权重判断		0.88（0.28+0.33+0.27）	

续表

	客观市场价值指标			主观市场价值指标		权重比例
城镇绿化植物供给产业	实际市场价值	花卉供给市场规模（亿元）	9.2	个人	预计从业人员人均年收入（万元）	3~5	0.3
					库区城镇居民人均可支配收入（元）	20870	
					库区农村人均纯收入（元）	8087	
		苗木供给市场规模（亿元）	13.5	企业	企业的资本年化收益率（%）	2~7	0.4
					企业的经营风险	低	
	潜在市场价值	预期城镇绿化植物需求增长率（%）	5~8	政府	是否有利于和谐社会建设	有	0.3
					预期的 GDP 贡献率（%）	0.2~0.4	
					预期新增就业人口（万人）	3~6	
	预期年均市场规模（亿元）		30~60	主观市场价值权重判断		0.81（0.21+0.32+0.27）	
生态化房地产业	实际市场价值	生态化房地产住宅年均销售规模（万 m²）	1000	个人	预计从业人员人均年收入（万元）	5~8	0.3
					库区城镇居民人均可支配收入（元）	20870	
					库区农村人均纯收入（元）	8087	
		生态化房地产住宅平均单价（元/m²）	4200	企业	企业的资本年化收益率（%）	8~15	0.4
					企业的经营风险	中	
	潜在市场价值	预计生态化房地产住宅的年均销售规模（万 m²）	1500~2000	政府	是否有利于和谐社会建设	有	0.3
					预期的 GDP 贡献率（%）	6~9.3	
		生态化房地产住宅预期平均单价（元/m²）	6000~7000		预期新增就业人口（万人）	70~90	
	预期年均市场规模（亿元）		900~1400	主观市场价值权重判断		0.92（0.27+0.37+0.28）	
城镇绿地空间流转平台	潜在市场价值	城镇绿地流转指标单价（万元/hm²）	20~100	个人	是否有利于享受到更多更好的城镇绿地空间	有	0.2
				建设主体	是否有利于建设主体的投资建设	有	0.4
				政府	是否有利于和谐社会建设	有	0.4
		城镇绿地年均流转规模（hm²）	5000~8000		预期年均增加城镇绿地建设资金（万元）	7.5~68	
					预期年均增加城镇绿地管护资金（万元）	1.5~10	
	预期年均市场规模（亿元）		10~80	主观市场价值权重判断		0.84（0.13+0.34+0.37）	

续表

客观市场价值指标			主观市场价值指标			权重比例
工业企业污染排放权交易平台	实际市场价值	排放权指标（碳排放）的市场单价（万元/万吨）	30	个人	是否有利于享受到更洁净的空气	有	0.2
		排放权指标交易年规模（万吨）	40~50	企业	是否有利于减少污染排放，并保证市场竞争的公平	有	0.3
	潜在市场价值	参照排放权指标（上海碳排放指标）的市场单价（万元/万吨）	30~50	政府	是否有利于和谐社会建设	有	0.5
					预期年均减少污染气体排放（万吨）	5~8	
		预计排放权指标年均交易量（万吨）	100~150		预期年均增加空气净化生态系统服务功能建设资金（万元）	2800~7000	
	预期年均市场规模（万元）		3000~7500	主观市场价值权重判断		0.88（0.19+0.2+0.49）	

注：库区城镇居民人均可支配收入、库区农村人均纯收入的数据均采用 2013 年数据，数据来源为作者根据《重庆统计年鉴 2014》和《湖北统计年鉴 2014》整理；主观市场价值权重 = 个人权重赋值 + 企业权重赋值 + 政府权重赋值；由于"生态系统服务关联的金融产业"是生态系统服务相关产业的支撑产业，有其发展的必然性，因此本书不再对其经济价值进行评估；"预计"的时限为 3~5 年；以上数据多根据相关政府统计数据参照确定。

资料来源：笔者自制

二、"核心生态建设区"优先发展生态系统服务产业市场价值评估

"核心生态建设区"优先发展生态系统服务产业市场价值评估表　　表 A02

客观市场价值指标			主观市场价值指标			权重比例
水土保持产业	实际市场价值	水土保持工程建设单价（万元/hm²）	5~50	个人	预计从业人员人均年收入（万元）	2~4	0.2
					库区城镇居民人均可支配收入（元）	20870	
		水土保持工程建设年规模（hm²）	2000		库区农村人均纯收入（元）	8087	
				企业	企业的资本年化收益率（%）	2~6	0.3
	潜在市场价值	预计承包经营权年均价格（万元/hm²）	0.2~1		企业的经营风险	中	
				政府	是否有利于提升水土保持生态功能	有	0.5
		预计承包经营权涉及的土地规模（万 hm²）	15~30		年均增加水土保持生态功能投资（亿元）	8~25	
					预期新增就业人口（万人）	3~12	
		预期年均市场规模（亿元）	10~30	主观市场价值权重判断		0.89（0.18+0.23+0.48）	

	客观市场价值指标			主观市场价值指标			权重比例
清洁能源产业	实际市场价值	清洁能源（水电）消费价格（元/度）	0.52~0.82	个人	预计从业人员人均年收入（万元）	5~8	0.2
		清洁能源（水电）年均消费规模（亿度）	160		库区城镇居民人均可支配收入（元）	20870	
		清洁能源（沼气）工程建造费用（万元/个）	0.2		库区农村人均纯收入（元）	8087	
				企业	企业的资本年化收益率（%）	4~8	0.4
		清洁能源（沼气）工程年建造规模（万个）	2~5		企业的经营风险	低	
				政府	是否有利于和谐社会建设	有	0.4
	潜在市场价值	预计清洁能源消费规模（亿度）	200~300		预期的 GDP 贡献率（%）	0.15~0.25	
					预期新增就业人口（万人）	6~15	
	预期年均市场规模（亿元）		100~150	主观市场价值权重判断		0.90（0.16+0.37+0.37）	
生态旅游产业	实际市场价值	年均旅游接待人次（亿人次）	0.8~1.2	个人	预计从业人员人均年收入（万元）	3~6	0.4
		旅游人均消费额（元/人）	570		库区城镇居民人均可支配收入（元）	20870	
		旅游设施建设费用（万元/hm²）	5~20		库区农村人均纯收入（元）	8087	
				企业	企业的资本年化收益率（%）	3~8	0.4
		旅游设施建设年规模（万 hm²）	2~5		企业的经营风险	低	
	潜在市场价值	预计年均旅游接待人次（亿人次）	1.6~2.4	政府	是否有利于和谐社会建设	有	0.2
					预期的 GDP 贡献率（%）	1.5~3	
		预计旅游人均消费额（元/人）	400~600		预期新增就业人口（万人）	100~150	
	预期年均市场规模（亿元）		800~1500	主观市场价值权重判断		0.91（0.37+0.36+0.18）	

	客观市场价值指标			主观市场价值指标			权重比例
新型循环林业产业	实际市场价值	林业产品价格（元／单位）	100~500	个人	预计从业人员人均年收入（万元）	3~5	0.4
					库区城镇居民人均可支配收入（元）	20870	
		林业产品消费规模（万单位）	280		库区农村人均纯收入（元）	8087	
					是否有利于享受到更多的森林资源	有	
	潜在市场价值	预计林业产品价格（元／单位）	80~350	企业	企业的资本年化收益率（%）	3~6	0.3
					企业的经营风险	低	
		预计林业产品消费规模（万单位）	400~600	政府	是否有利于和谐社会建设	有	0.3
					预期的 GDP 贡献率（%）	0.05~0.1	
					预期新增就业人口（万人）	3~8	
	预期年均市场规模（亿元）		15~20	主观市场价值权重判断		0.88（0.37+0.25+0.26）	
绿色食品饮料产业	实际市场价值	绿色食品饮料价格（元／单位）	10~30	个人	预计从业人员人均年收入（万元）	3~6	0.4
					库区城镇居民人均可支配收入（元）	20870	
		绿色食品饮料消费规模（亿单位）	1.2		库区农村人均纯收入（元）	8087	
	潜在市场价值	预计绿色食品饮料价格（元／单位）	20~60	企业	企业的资本年化收益率（%）	4~8	0.4
					企业的经营风险	低	
		预计绿色食品饮料消费规模（亿单位）	1.5~2.2	政府	是否有利于和谐社会建设	有	0.2
					预期的 GDP 贡献率（%）	0.07~0.15	
					预期新增就业人口（万人）	6~10	
	预期年均市场规模（亿元）		60~100	主观市场价值权重判断		0.91（0.37+0.37+0.17）	
"污水垃圾自然净化工程"的建设和管护	实际市场价值	污水垃圾处理年费用（亿元）	0.6~1	个人	是否能有效地对污水垃圾进行处理	能	0.4
		污水垃圾设施建设费用（万元／个）	1000~3000		是否有利于人们享受到更好的自然环境	有	
	潜在市场价值	污水垃圾自然净化工程建设费用（万元／km²）	100~300	企业	企业的资本年化收益率（%）	1~3	0.1
					企业的经营风险	低	

续表

客观市场价值指标			主观市场价值指标		权重比例
"污水垃圾自然净化工程"的建设和管护	潜在市场价值	污水垃圾自然净化年费用（亿元）	0.1~0.2	政府	是否有利于自然生态保护	有	0.5
				是否能完成对污水垃圾的有效处理	能	
				是否有利于减轻污水垃圾处理的财政压力	有	
	预期年均市场规模（亿元）	3~5	主观市场价值权重判断		0.92（0.38+0.07+0.47）

注：库区城镇居民人均可支配收入、库区农村人均纯收入的数据均采用 2013 年数据，数据来源为作者根据《重庆统计年鉴 2014》和《湖北统计年鉴 2014》整理；主观市场价值权重 = 个人权重赋值 + 企业权重赋值 + 政府权重赋值；"预计"的时限为 3~5 年；以上数据多根据相关政府统计数据参照确定。

资料来源：笔者自制。

三、"中部功能建设区"优先发展生态系统服务产业市场价值评估

"中部功能建设区"优先发展生态系统服务产业市场价值评估表   表 A03

客观市场价值指标			主观市场价值指标			权重比例
绿色食品饮料产业	实际市场价值	绿色食品饮料消费年规模（亿元）	50~60	个人	预计从业人员人均年收入（万元）	3~7	0.4
					库区城镇居民人均可支配收入（元）	20870	
					库区农村人均纯收入（元）	8087	
				企业	企业的资本年化收益率（%）	3~9	0.4
					企业的经营风险	中	
	潜在市场价值	预计绿色食品饮料消费年规模（亿元）	100~200	政府	是否有利于和谐社会建设	有	0.2
					预期的 GDP 贡献率（%）	0.15~0.3	
					预期新增就业人口（万人）	6~15	
	预期年均市场规模（亿元）	100~200	主观市场价值权重判断			0.90（0.36+0.35+0.19）
绿色建材产业	实际市场价值	绿色建材销售年规模（亿元）	30~50	个人	预计从业人员人均年收入（万元）	4~7	0.4
					库区城镇居民人均可支配收入（元）	20870	
					库区农村人均纯收入（元）	8087	
				企业	企业的资本年化收益率（%）	3~6	0.4
					企业的经营风险	低	
	潜在市场价值	预计绿色建材年销售规模（亿元）	60~100	政府	是否有利于和谐社会建设	有	0.2
					预期的 GDP 贡献率（%）	0.1~0.15	
					预期新增就业人口（万人）	3~6	
	预期年均市场规模（亿元）	60~100	主观市场价值权重判断			0.88（0.36+0.35+0.17）

续表

客观市场价值指标			主观市场价值指标		权重比例
医药产业	实际市场价值	医药产品销售年规模（亿元） 40~50	个人	预计从业人员人均年收入（万元） 4~8	0.4
				库区城镇居民人均可支配收入（元） 20870	
				库区农村人均纯收入（元） 8087	
			企业	企业的资本年化收益率（%） 3~8	0.4
				企业的经营风险 低	
	潜在市场价值	预计医药产品年销售规模（亿元） 80~120	政府	是否有利于和谐社会建设 有	0.2
				预期的 GDP 贡献率（%） 0.12~0.16	
				预期新增就业人口（万人） 2~3	
	预期年均市场规模（亿元） 80~120		主观市场价值权重判断	0.90（0.37+0.35+0.18）	
纺织产业	实际市场价值	纺织产品销售规模（亿元） 30~40	个人	预计从业人员人均年收入（万元） 3~6	0.4
				库区城镇居民人均可支配收入（元） 20870	
				库区农村人均纯收入（元） 8087	
	潜在市场价值	预计纺织产品销售规模（亿元） 50~60	企业	企业的资本年化收益率（%） 3~7	0.4
				企业的经营风险 低	
			政府	是否有利于和谐社会建设 有	0.2
				预期的 GDP 贡献率（%） 0.08~0.1	
				预期新增就业人口（万人） 1~2	
	预期年均市场规模（亿元） 50~60		主观市场价值权重判断	0.86（0.35+0.34+0.17）	
烟草产业	实际市场价值	烟草产品平均价格（元/包） 10~20	个人	预计从业人员人均年收入（万元） 4~10	0.4
				库区城镇居民人均可支配收入（元） 20870	
		烟草产品年消费规模（亿包） 0.8~1.2		库区农村人均纯收入（元） 8087	
	潜在市场价值	预计烟草产品价格（元/包） 12~25	企业	企业的资本年化收益率（%） 5~15	0.4
				企业的经营风险 低	
		预计烟草产品年消费规模（亿包） 1~1.5	政府	是否有利于和谐社会建设 有	0.2
				预期的 GDP 贡献率（%） 0.02~0.07	
				预期新增就业人口（万人） 2~3	
	预期年均市场规模（亿元） 15~40		主观市场价值权重判断	0.92（0.37+0.38+0.17）	
水土保持产业	实际市场价值	水土保持工程建设单价（万元/hm²） 5~50	个人	预计从业人员人均年收入（万元） 3~5	0.2
				库区城镇居民人均可支配收入（元） 20870	
		污水垃圾设施建设费用（万元/个） 1000~3000		库区农村人均纯收入（元） 8087	

续表

	客观市场价值指标		主观市场价值指标			权重比例
水土保持产业	潜在市场价值	预计承包经营权年均价格（万元/hm²）	0.2~1.5	企业	企业的资本年化收益率（%）	2~6	0.3
					企业的经营风险	中	
		预计承包经营权涉及的土地规模（万hm²）	5~10	政府	是否有利于提升水土保持生态功能	有	0.5
					年均增加水土保持生态功能投资（亿元）	3~12	
					预期新增就业人口（万人）	2~6	
	预期年均市场规模（亿元）		5~15	主观市场价值权重判断		0.88（0.18+0.23+0.48）	
农业旅游产业	实际市场价值	年均旅游接待人次（亿人次）	0.5~0.8	个人	预计从业人员人均年收入（万元）	3~6	0.4
		旅游人均消费额（元/人）	420		库区城镇居民人均可支配收入（元）	20870	
		旅游设施建设费用（万元/hm²）	5~20		库区农村人均纯收入（元）	8087	
		旅游设施建设年规模（万hm²）	2~5	企业	企业的资本年化收益率（%）	3~8	0.4
	潜在市场价值	预计年均旅游接待人次（亿人次）	0.8~1.4		企业的经营风险	低	
				政府	是否有利于和谐社会建设	有	0.2
		预计旅游人均消费额（元/人次）	300~500		预期的GDP贡献率（%）	0.7~1.2	
					预期新增就业人口（万人）	50~80	
	预期年均市场规模（亿元）		500~800	主观市场价值权重判断		0.91（0.36+0.37+0.18）	
土壤改良产业	实际市场价值	单位土壤改良费用（元/hm²）	2000~3000	个人	库区农村人均纯收入（元）	8087	0.3
					库区城镇居民人均可支配收入（元）	20870	
		年土壤改良规模（万hm²）	0.8~1.5		预计从业人员人均年收入（万元）	3~7	
				企业	企业的资本年化收益率（%）	3~8	0.4
	潜在市场价值	预计单位土壤改良费用（元/hm²）	3000~5000		企业的经营风险	低	
				政府	是否有利于人居环境品质提升	有	0.3
		预计年土壤改良规模（万hm²）	3~5		是否有利于相关产业发展	有	
	预期年均市场规模（亿元）		1~2	主观市场价值权重判断		0.91（0.26+0.37+0.28）	

注：库区城镇居民人均可支配收入、库区农村人均纯收入的数据均采用2013年数据，数据来源为作者根据《重庆统计年鉴2014》和《湖北统计年鉴2014》整理；主观市场价值权重＝个人权重赋值＋企业权重赋值＋政府权重赋值；"预计"的时限为3~5年；以上数据多根据相关政府统计数据参照确定。

资料来源：笔者自制

附录 B　三峡库区拟优先发展生态系统服务产业生态价值评估

一、"核心经济建设区"优先发展生态系统服务产业生态价值评估

拟优先发展生态系统服务产业生态价值评估表（驱动力指标分析）　　表 B01

产业名称	驱动指标类型		驱动指标		不同主体的驱动力强弱判断		
					个人	企业	政府
室内空气生态净化产业	消费的驱动因素		户均的室内空气净化消费意愿（元/年）	1000~1500	90	85	80
			预计的年均室内空气净化消费规模（亿元）	25~150			
	功能提升的驱动因素	经济因素	从业人员的年均收入（万元）	4~6			
			产业的 GDP 贡献率（%）	0.15~1			
		社会因素	从业人员规模（万人）	5~20			
			产业发展后能否满足多数人的相关需求	能			
		生态因素	对非公共环境生态品质的改善是否有利	有明显的改善效果			
			对公共环境生态品质的改善是否有利	基本没有影响			
	必要性强弱的综合评估（强、较强、较弱、弱）				较强		
城镇绿地功能优化产业	消费的驱动因素		强化城镇绿地功能优化的必要性	亟需	85	85	95
			预计年均城镇绿地功能优化消费规模（亿元）	50~200			
	功能提升的驱动因素	经济因素	从业人员的年均收入（万元）	3~5			
			产业的 GDP 贡献率（%）	0.3~1.5			
		社会因素	从业人员规模（万人）	5~25			
			产业发展能否满足多数人的相关需求	能			
		生态因素	对非公共环境生态品质的改善是否有利	有一定的改善作用			
			对公共环境生态品质的改善是否有利	有明显的改善作用			
	必要性强弱的综合判断（强、较强、较弱、弱）				强		
城镇绿化植物供给产业	消费的驱动因素		人均绿化植物消费意愿（元/年）	200~300	90	90	90
			预计的年均城镇绿化植物消费规模（亿元）	30~60			
	功能提升的驱动因素	经济因素	从业人员的年均收入（元）	3~5			
			产业的 GDP 贡献率（%）	0.2~0.4			
		社会因素	从业人员规模（万人）	15~30			
			产业发展能否满足多数人的相关需求	能			

续表

产业名称	驱动指标类型		驱动指标		不同主体的驱动力强弱判断		
					个人	企业	政府
城镇绿化植物供给产业	功能提升的驱动因素	生态因素	对非公共环境生态品质的改善是否有利	有明显改善作用	90	90	90
			对公共环境生态品质的改善是否有利	有明显改善作用			
	必要性强弱的综合判断（强、较强、较弱、弱）				强		
生态化房地产业	消费的驱动因素		愿意优先购买生态化房产的人群比例（%）	60~70	95	90	90
			预计的年均生态化房地产消费规模（亿元）	900~1400			
	功能提升的驱动因素	经济因素	从业人员的年均收入（万元）	5~8			
			产业的GDP贡献率（%）	6~9.3			
		社会因素	从业人员规模（万人）	80~120			
			产业发展能否满足多数人的相关需求	能			
		生态因素	对非公共环境生态品质的改善是否有利	有明显改善作用			
			对公共环境生态品质的改善是否有利	有一定改善作用			
	必要性强弱的综合判断（强、较强、较弱、弱）				强		
城镇绿地空间流转平台	消费的驱动因素		企业是否有城镇绿地空间流转的消费意愿	有明显的消费意愿	80	90	85
			预计年均城镇绿地空间流动指标消费规模（亿元）	20~80			
	功能提升的驱动因素	经济因素	预期年均增加城镇绿地建设资金（亿元）	7.5~68			
			预期年均增加城镇绿地管护资金（亿元）	1.5~10			
		社会因素	是否有利于更多人享受到更多更好的城镇绿地空间	有较大的促进作用			
			产业发展能否满足多数人的相关需求	能			
		生态因素	对非公共环境生态品质的改善是否有利	有一定的改善作用			
			对公共环境生态品质的改善是否有利	有明显改善作用			
	必要性强弱的综合判断（强、较强、较弱、弱）				较强		
工业企业污染排放权交易平台	消费的驱动因素		企业是否有污染排放权的消费意愿	有	90	80	95
			预计的年均污染排放权指标消费规模（万元）	3000~7500			
	功能提升的驱动因素	经济因素	预期年均增加空气净化生态系统服务功能建设资金（万元）	2800~7000			
		社会因素	预期年均减少污染气体排放（万吨）	5~8			
			是否有利于更多人享受到品质更好的空气	有			
		生态因素	对非公共环境生态品质的改善是否有利	有			
			对公共环境生态品质的改善是否有利	有			
	必要性强弱的综合判断（强、较强、较弱、弱）				较强		

注："不同主体的驱动力强弱判断"的权重值赋值为0~100。

拟优先发展生态系统服务产业生态价值评估表（压力指标分析）　　　表 B02

产业名称	反馈类型	具体指标		影响环境类别
室内空气生态净化产业	消费的压力反馈	正反馈	产品消费对主要空气污染物增加的年净化量（万吨）	单位产品的年净化量 × 产品的年销售量 =8~15	大气
			产品消费增加的年均温室气体固化量（万吨）	单位产品的年温室气体固化量 × 产品的年销售量=8~15	大气
		负反馈	使用过程中可能带来的污染	基本没有	—
			产品报废时可能带来的污染	会带来小规模的固体废弃物污染（单位产品带来的固体废弃物数量 × 产品的年均报废量=0.2~0.8 万吨）	土壤
	功能提升的压力反馈	正反馈	单位产业用地对主要空气污染物的年净化量（吨 /hm²）	根据单位产业用地的生产方式其净化量会有较大幅度差异，约 2~5 吨	大气
			单位产业用地对温室气体的年固化量（吨 /hm²）	约 2~5	大气
			单位产业用地年均可减少水土流失量（m³/hm²）	约 1~3	土壤
			单位产业用地年均净化水环境污染物规模（吨 /hm²）	受其用地布局等因素的影响，约 3~8	水体
			产业用地带来的生物多样性效益	为区内植物和动物提供了近似自然的良好的生境，能给一定类型的濒危动植物带来良好的保护作用	生物
		负反馈	单位产业用地可能带来的年均污染量（吨 /hm²）	产业用地生产过程中可能使用少量的农药和化肥，约 0.2~0.5	土壤、水体
城镇绿地功能优化产业	消费的压力反馈	正反馈	产品消费年均可增加主要空气污染物净化量（万吨）	约 10~25	大气
			产品消费年均可增加温室气体固化量（万吨）	约 10~25	大气
			产品消费年均可减少水土流失量（万 m³）	约 5~15	土壤
		负反馈	消费过程中可能带来的污染	基本没有	—
	功能提升的压力反馈	正反馈	单位产业用地对主要空气污染物的年净化量（吨 /hm²）	根据单位产业用地的生产方式其净化量会有较大幅度差异，约 2~5	大气
			单位产业用地对温室气体的年固化量（吨 /hm²）	约 2~5	大气
			单位产业用地年均可减少水土流失量（m³/hm²）	约 1~3	土壤
			单位产业用地年均净化水环境污染物规模（吨 /hm²）	受其用地布局等因素的影响，约 3~8	水体
			产业用地带来的生物多样性效益	为区内植物和动物提供了近似自然的良好的生境，能给一定类型的濒危动植物带来良好的保护作用	生物

续表

产业名称	反馈类型		具体指标		影响环境类别
城镇绿地功能优化产业	功能提升的压力反馈	负反馈	单位产业用地可能带来的年均污染量（吨/hm²）	产业用地生产过程中可能使用少量的农药和化肥，约0.2~0.5	土壤、水体
城镇绿化植物供给产业	消费的压力反馈	正反馈	产品消费年均可净化主要空气污染物规模（万吨）	约1~3	大气
		正反馈	产品消费年均可固化温室气体规模（万吨）	约1~3	大气
		负反馈	消费过程中可能带来的污染	基本没有	—
	功能提升的压力反馈	正反馈	单位产业用地对主要空气污染物的年净化量（吨/hm²）	受生产方式、绿化植物类型等因素的影响，其净化量会有较大幅度差异，约2~5	大气
		正反馈	单位产业用地对温室气体的年固化量（吨/hm²）	约2~5	大气
		正反馈	单位产业用地年均可减少水土流失量（m³/hm²）	约1~3	土壤
		正反馈	单位产业用地年均净化水环境污染物规模（吨/hm²）	受其用地布局等因素的影响，约3~8	水体
			产业用地带来的生物多样性效益	为区内植物和动物提供了近似自然的良好的生境，能给一定类型的濒危动植物带来良好的保护作用	生物
		负反馈	单位产业用地可能带来的年均污染量（吨/hm²）	产业用地生产过程中可能使用少量的农药和化肥，约0.2~0.5	土壤、水体
生态化房地产业	消费的压力反馈	正反馈	产品消费年均可增加主要空气污染物净化量（万吨）	约6~10	大气
		正反馈	产品消费年均可增加温室气体固化量（万吨）	约6~10	大气
		正反馈	产品消费年均可减少水土流失量（万m³）	约50~80	土壤
		负反馈	消费可能带来的污染	基本没有	—
	功能提升的压力反馈	正反馈	较传统产品生产减少的污染物排放量（万吨）	包括规划设计、施工建设、建筑材料生产等环节，可大比例减少各类污染物排放，约7~12	大气、水体、土壤
		负反馈	较传统房地产业带来的额外污染	基本没有	—
城镇绿地空间流转平台	消费的压力反馈	正反馈	产品消费年均可增加主要空气污染物净化量（万吨）	约2~5	大气
		正反馈	产品消费年均可增加温室气体固化量（万吨）	约2~5	大气
		正反馈	产品消费年均可减少水土流失量（万m³）	约10~30	土壤

续表

产业名称	反馈类型		具体指标		影响环境类别
城镇绿地空间流转平台	消费的压力反馈	负反馈	消费可能带来城镇绿地规模的缩减	这需要政府相关部门特别是规划管理部门制定绿地平衡机制，在实现绿地流转的同时保证绿地规模和质量的稳定增长	—
	功能提升的压力反馈	正反馈	—	—	—
		负反馈	—	—	—
工业企业污染排放权交易平台	消费的压力反馈	正反馈	产品消费年均可减少主要空气污染物排放量（万吨）	约 5~10	大气
		正反馈	产品消费年均可减少温室气体排放规模（万吨）	约 5~10	大气
		负反馈	消费可能带来的污染或负面影响	基本没有，但需要进一步加强工业企业污染气体排放的监管	—
	功能提升的压力反馈	正反馈	—	—	—
		负反馈	—	—	—

拟优先发展生态系统服务产业生态价值评估表（状态、影响指标分析）　　　　表 B03

评估因素	指标类型	具体指标		备注
大气指标	状态指标	大气可吸入颗粒年日均值（mg/m³）	0.106	较 2013 年增长了 17%
		二氧化硫年日均值（mg/m³）	0.032	较 2013 年降低了 13.5%
		二氧化氮年日均值（mg/m³）	0.038	较 2013 年增长了 8.6%
		可吸入颗粒物 PM_{10}、$PM_{2.5}$	—	浓度分别超标 0.4 倍和 0.86 倍
		环境空气质量优良天数比例（%）	56.4	较 2013 年减少了 36.5%
	影响指标	2014 年重庆市主城区空气质量超标天数（天）	119	—
		影响人口（万人）	约 1200	—
		酸雨频率（%）	41.4	2013 年该值为 47.5
		降水 pH 年均值	5.02	2013 年该值为 4.86
水环境	状态指标	监测的地表水Ⅰ~Ⅲ类水质的断面比例（%）	79.5	2013 年该值为 76
		生活污水排放量（万吨）	108936.73	较 2012 年增长了 7.14%
		废水中化学需氧量（COD）排放量（万吨）	39.18	2012 年该值为 40.28
		库区一级支流回水区富营养断面比例（%）	44.4	较 2013 年上升 8.3%
	影响指标	水质不满足水域功能要求的断面占比（%）	14.7	较 2013 年减少了 3.3%
		水质不良影响的人口（万人）	80~100	
土壤状况	状态指标	三峡库区（重庆段）年泥沙入库规模（万吨）	2700	数据采用 2009 年李月臣等公布数据[1]
		三峡库区（湖北段）水土流失面积（km²）	8517.6	总侵蚀量为 1280.1 万吨[2]

续表

评估因素	指标类型	具体指标		备注
土壤状况	状态指标	三峡库区土壤环境质量总体品质	较好，基本不存在区域性人为污染	仅 Cr（铬）、Ni（镍）存在一定量的区域性二类土，Cd（镉）在万州至涪陵一带存在大量二类土[3]
	影响指标	三峡水库年均淤积泥沙量（亿吨）	1.31	2003 年 6 月至 2014 年底三峡水库淤积泥沙 15.76 亿吨[4]
		水土流失影响的人口	约 2 亿人口	—
		重金属含量高的二类土影响范围（km²）	约 800~1500	—
生物状况	状态指标	库区植物种群数量	6088	分属 208 科 1428 属 115
		库区脊椎动物种群数量	499	其中哺乳类 101 种，鸟类 331 种，爬行类 35 种，两栖类 32 种[5]
	影响指标	陆生生物适生生存空间缩小	—	
		自然生态系统减少	—	
		陆生生境发生逆向演替	—	
		减少的珍稀脊椎动物数量	18 种[6]	—

注："状态指标"数值多采用自《重庆统计年鉴 2014》、《2014 年重庆市环境状况公报》及《2014 年重庆市环境监测质量简报》；

① 李月臣 等 . 重庆市三峡库区水土流失特征及类型区划分 [J]. 水土保持研究 .2009（2）:13–18.

② 马啸 等 . 湖北三峡库区水土流失及其综合防治 [J]. 南方水土保持研究会第十八届年会暨 2012 年学术研讨会会议论文集 .2013,11.

③ 唐将 等 . 三峡库区土壤环境质量评价 [J]. 土壤学报 .2008（7）:601–607.

④ 2014 年长江泥沙公报 [R]. 长江水利委员会 .2015.

⑤ 李旭光 . 长江三峡库区生物多样性现状及保护对策 [J]. 中国发展 .2004（12）.

⑥ 章加恩 等 . 三峡库区生物多样性的变化态势及其保护对策 [J]. 热带地理 .1997（12）:412–418.

拟优先发展生态系统服务产业生态价值评估表（响应指标分析） 表 B04

产业名称	驱动	压力		响应		
				响应强度	响应措施	响应费用
室内空气生态净化产业	较强	消费	正反馈	大气	强	可替代部分公共性空气净化设施功能，提高个人空气净化质量	节省约 5 亿元 ~10 亿元 / 年
			负反馈	土壤	弱	额外的固体废弃物处置	支出约 50 万元 ~100 万元 / 年
		功能提升	正反馈	大气 / 土壤 / 水体 / 生物	较强	可替代部分相关污染物处置、水土保持设施及生物多样性保持工程	节省约 2000 万元 ~5000 万元 / 年
			负反馈	土壤	较弱	额外的土壤污染物治理	支出约 100 万元 ~300 万元 / 年
				水体		额外的水体污染物治理	支出约 500 万元 ~1000 万元 / 年

续表

产业名称	驱动	压力			响应		
					响应强度	响应措施	响应费用
城镇绿地功能优化产业	强	消费	正反馈	大气/土壤	强	可替代部分空气污染物处置及水土保持的设施，提高生态系统服务功能	节省相关公共财政支出约20亿元~50亿元/年
			负反馈	—	—	—	—
		功能提升	正反馈	大气/土壤/水体/生物	较强	可替代部分相关污染物处置及水土保持的设施	节省约5000万元~8000万元/年
			负反馈	土壤	较弱	额外的土壤污染物治理	支出约200万元~300万元/年
				水体		额外的水体污染物治理	支出约600万元~1000万元/年
城镇绿化植物供给产业	强	消费	正反馈	大气	强	可替代部分空气污染物处置设施	节省约2亿元~5亿元/年
			负反馈	—	—	—	—
		功能提升	正反馈	大气/土壤/水体/生物	较强	可替代部分相关污染物处置、水土保持设施及生物多样性保持工程	节省约5000万元~8000万元/年
			负反馈	土壤	较弱	额外的土壤污染物治理	支出约300万元~500万元/年
				水体		额外的水体污染物治理	支出约800万元~1500万元/年
生态化房地产业	强	消费	正反馈	大气/土壤	强	可替代部分相关污染物处置及水土保持的设施	节省相关公共财政支出约50亿元~100亿元/年
			负反馈	—	—	—	—
		功能提升	正反馈	大气/土壤/水体	较强	可替代部分相关污染物处置及水土保持的设施	节省相关治理费用约2亿元~5亿元/年
			负反馈	—	—	—	—
城镇绿地空间流转平台	较强	消费	正反馈	大气/土壤	较强	可替代部分相关污染物处置及水土保持的设施	增加相关公共财政经费约10亿元~50亿元/年
			负反馈	—	—	—	—
		功能提升	正反馈	—	—	—	—
			负反馈	—	—	—	—
工业企业污染排放权交易平台	较强	消费	正反馈	大气	较强	可减少空气污染物处置负担	增加公共财政经费约3000万元~7000万元/年
			负反馈	—	—	—	—
		功能提升	正反馈	—	—	—	—
			负反馈	—	—	—	—

二、"核心生态建设区"优先发展生态系统服务产业生态价值评估

"核心生态建设区"优先发展生态系统服务产业生态价值评估表（驱动力指标分析）　　表 B05

产业名称	驱动指标类型		驱动指标		不同主体的驱动力强弱判断		
					个人（0~100）	企业（0~100）	政府（0~100）
水土保持产业	消费的驱动因素		强化区域水土保持功能的必要性	亟需	85	85	90
			承包经营单位土地的年平均收益（万元/hm²）	5~10			
	功能提升的驱动因素	经济因素	从业人员的年均收入（万元）	2~4			
			年均增加水土保持生态功能投资（亿元）	8~25			
		社会因素	预期新增就业（万人）	3~12			
			产业发展是否有利于生态安全隐患防范	是			
		生态因素	对非公共环境生态品质的改善是否有利	有一定的改善作用			
			对公共环境生态品质的改善是否有利	有明显的改善效果			
	必要性强弱的综合评估（强、较强、较弱、弱）				较强		
清洁能源产业	消费的驱动因素		清洁能源消费是否为大势所趋	是	85	90	95
			预计清洁能源消费规模（亿元）	200~300			
	功能提升的驱动因素	经济因素	从业人员的年均收入（万元）	5~8			
			产业的GDP贡献率（%）	0.15~0.25			
		社会因素	从业人员规模（万人）	6~15			
			产业发展能否满足多数人的相关需求	能			
		生态因素	对非公共环境生态品质的改善是否有利	有一定的改善作用			
			对公共环境生态品质的改善是否有利	有明显的改善作用			
	必要性强弱的综合判断（强、较强、较弱、弱）				强		
生态旅游产业	消费的驱动因素		生态旅游人均消费（元/人次）	400~600	90	90	90
			预计年均生态旅游市场规模（亿元）	800~1500			

产业名称	驱动指标类型		驱动指标		不同主体的驱动力强弱判断		
					个人（0~100）	企业（0~100）	政府（0~100）
生态旅游产业	功能提升的驱动因素	经济因素	从业人员的年均收入（元）	3~6	90	90	90
			产业的 GDP 贡献率（%）	1.5~3			
		社会因素	从业人员规模（万人）	100~150			
			产业发展能否满足多数人的相关需求	能			
		生态因素	对非公共环境生态品质的改善是否有利	有明显改善作用			
			对公共环境生态品质的改善是否有利	有明显改善作用			
	必要性强弱的综合判断（强、较强、较弱、弱）				强		
新型循环林业产业	消费的驱动因素		新型循环林业产品消费是否已成大势所趋	是	85	90	90
			预计年均林业产品消费规模（亿元）	15~20			
	功能提升的驱动因素	经济因素	从业人员的年均收入（元）	3~5			
			产业的 GDP 贡献率（%）	0.05~0.1			
		社会因素	从业人员规模（万人）	3~8			
			产业发展能否满足多数人的相关需求	能			
		生态因素	对非公共环境生态品质的改善是否有利	有一定改善作用			
			对公共环境生态品质的改善是否有利	有明显改善作用			
	必要性强弱的综合判断（强、较强、较弱、弱）				强		
绿色食品饮料产业	消费的驱动因素		个人的绿色食品饮料消费意愿	强烈	95	90	90
			预计绿色食品饮料年均消费规模（亿元）	60~100			
	功能提升的驱动因素	经济因素	从业人员的年均收入（元）	3~6			
			产业的 GDP 贡献率（%）	0.07~0.15			
		社会因素	预期新增就业人员规模（万人）	6~10			
			产业发展能否满足多数人的相关需求	能			
		生态因素	对非公共环境生态品质的改善是否有利	有一定的改善作用			
			对公共环境生态品质的改善是否有利	有明显改善作用			
	必要性强弱的综合判断（强、较强、较弱、弱）				强		

续表

产业名称	驱动指标类型		驱动指标		不同主体的驱动力强弱判断		
					个人（0~100）	企业（0~100）	政府（0~100）
"污水垃圾自然净化工程"的建设和管护	消费的驱动因素		相较于人工工程是否能节约大量公共建设资金	能	90	80	90
			相较于人工工程是否更有利于生态环境保护	是			
	功能提升的驱动因素	经济因素	预期年均市场规模（亿元）	3~5			
		社会因素	是否有利于人们享受到更好的自然环境	是			
			是否符合更多人的生态价值观	是			
		生态因素	对非公共环境生态品质的改善是否有利	有一定的改善作用			
			对公共环境生态品质的改善是否有利	有明显改善作用			
必要性强弱的综合判断（强、较强、较弱、弱）						较强	

"核心生态建设区"优先发展生态系统服务产业生态价值评估表（压力指标分析）　　表B06

产业名称	反馈类型		具体指标		影响环境类别
水土保持产业	消费的压力反馈	正反馈	产业发展年均减少水土流失量（万m³）	单位土地减少水土流失量 × 年均功能土地规模=30~100	土壤
		负反馈	产业发展可能带来的污染	生态资源利用过程中，人类活动会给自然生态环境带来一定的生态压力，伴生着一定规模的污水、固废	水体、土壤
	功能提升的压力反馈	正反馈	单位产业用地对主要空气污染物的年净化量（吨/hm²）	根据单位产业用地的生产方式其净化量会有较大幅度差异，约2~5	大气
			单位产业用地对温室气体的年固化量（吨/hm²）	约2~5	大气
			单位产业用地年均净化水环境污染物规模（吨/hm²）	受其用地布局等因素的影响，约3~8	水体
			产业用地带来的生物多样性效益	为区内植物和动物提供了近似自然的良好的生境，能给一定类型的濒危动植物带来良好的保护作用	生物
		负反馈	单位产业用地可能带来的年均污染量（吨/hm²）	产业用地作用过程中可能使用少量的农药和化肥，约0.1~0.3	土壤、水体
清洁能源产业	消费的压力反馈	正反馈	产品消费年均可减少主要空气污染物排放量（万吨）	约10~25	大气
			产品消费年均可减少温室气体排放量（万吨）	约10~25	大气

产业名称	反馈类型		具体指标		影响环境类别
清洁能源产业	消费的压力反馈	正反馈	产品消费年均可减少固体废弃物倾倒丢弃量（万 m³）	约 2~5	土壤
		负反馈	消费过程中可能带来的污染	较传统能源使用的污染排放量有明显降低	—
	功能提升的压力反馈	正反馈	—	—	—
		负反馈	产业发展可能对区域生态环境带来巨大改变	可能对区域生态环境造成一定的负面影响	土壤、水体、生物
生态旅游产业	消费的压力反馈	正反馈	—	—	—
		负反馈	消费过程中可能带来的污染	旅游产业发展过程中，人类活动会给自然生态环境带来一定的生态压力，伴生着一定规模的污水、固废	土壤、水体、生物
	功能提升的压力反馈	正反馈	单位产业用地对主要空气污染物的年净化量（吨 /hm²）	受生产方式、绿化植物类型等因素的影响，其净化量会有较大幅度差异，约 2~5	大气
			单位产业用地对温室气体的年固化量（吨 /hm²）	约 2~5	大气
			单位产业用地年均可减少水土流失量（m³/hm²）	约 1~3	土壤
			单位产业用地年均净化水环境污染物规模（吨 /hm²）	受其用地布局等因素的影响，约 3~8	水体
			产业用地带来的生物多样性效益	为区内植物和动物提供了近似自然的良好环境，能给一定类型的濒危动植物带来良好的保护作用	生物
		负反馈	单位产业用地可能带来的年均污染量（吨 /hm²）	产业用地生产过程中可能使用少量的农药和化肥，约 0.2~0.5	土壤、水体
新型循环林业产业	消费的压力反馈	正反馈	产品消费年均可增加主要空气污染物净化量（万吨）	约 1~5	大气
			产品消费年均可增加温室气体固化量（万吨）	约 1~5	大气
			产品消费年均可减少水土流失量（万 m³）	约 10~20	土壤
			产品消费有利于生物多样性保护	产品消费可以为区内生物多样性保护提供更好的生境	生物
		负反馈	消费可能带来的污染	基本没有	—
	功能提升的压力反馈	正反馈	可否较传统产品生产大大减少对自然生态的破坏	可以	—
		负反馈	较传统林业带来的额外污染	有明显降低	—

续表

产业名称	反馈类型		具体指标		影响环境类别
绿色食品饮料产业	消费的压力反馈	正反馈	产品消费年均可减少化肥、农药等污染物排放（万吨）	约 10~20	土壤、水体
		负反馈	—	—	—
	功能提升的压力反馈	正反馈	可减少禽畜粪便等集中排放（万吨/年）	约 20~50	土壤、水体
			可保护近似自然农业生产环境（万 hm²）	约 10~30	土壤、水体、大气
		负反馈	—	—	—
"污水垃圾自然净化工程"的建设和管护	消费的压力反馈	正反馈	产品消费可增加保护自然生态环境用地（万 hm²）	约 2~5	大气、土壤、水体、生物
		负反馈	消费可能带来的污染或负面影响	基本没有，但需要进一步加强对功能空间的质量监管，确保净化质量	—
	功能提升的压力反馈	正反馈	单位产业用地对主要空气污染物的年净化量（吨/hm²）	受生产方式、绿化植物类型等因素的影响，其净化量会有较大幅度差异，约 2~5	大气
			单位产业用地对温室气体的年固化量（吨/hm²）	约 2~5	大气
			单位产业用地年均可减少水土流失量（m³/hm²）	约 1~3	土壤
			单位产业用地年均净化水环境污染物规模（吨/hm²）	受其用地布局等因素的影响，约 3~8	水体
			产业用地带来的生物多样性效益	为区内植物和动物提供了近似自然的良好的生境，能给一定类型的濒危动植物带来良好的保护作用	生物
		负反馈	—	—	—

"核心生态建设区"优先发展生态系统服务产业生态价值评估表（状态、影响指标分析）　　表 B07

评估因素	指标类型	具体指标		备注
大气指标	状态指标	PM$_{2.5}$ 年日均值（mg/m³）	0.093	数值采用宜昌的官方统计数据
		PM$_{10}$ 年日均值（mg/m³）	0.136	较 2013 年增长了 32%
		二氧化硫年日均值（mg/m³）	0.049	数值采用宜昌的官方统计数据
		二氧化氮年日均值（mg/m³）	0.036	数值采用宜昌的官方统计数据
		环境空气质量优良天数比例（%）	48.5	较 2013 年减少了 36.7%
	影响指标	2014 年重庆市主城区空气质量超标天数（天）	119	—
		影响人口（万人）	约 1200	—
		酸雨频率（%）	47	数值采用宜昌的官方统计数据
水环境	状态指标	降水 pH 年均值	低于 5.6	—
		三峡库区（湖北段）水体质量状况	Ⅱ~Ⅲ	主要超标物为总磷和 BOD$_5$（5 日生化需氧量）

续表

评估因素	指标类型	具体指标		备注
水环境	状态指标	生活污水排放量（万吨）	108936.73	较 2012 年增长了 7.14%
		废水中化学需氧量（COD）排放量（万吨）	39.18	2012 年该值为 40.28
		库区一级支流回水区富营养断面比例（%）	44.4	较 2013 年上升 8.3%
	影响指标	水质不满足水域功能要求的断面占比（%）	14.7	较 2013 年减少了 3.3%
		水质不良影响的人口（万人）	80~100	—
土壤状况	状态指标	三峡库区（湖北段）水土流失面积（km²）	8517.6	总侵蚀量为 1280.1 万吨
		三峡库区土壤环境质量总体品质	较好，基本不存在区域性人为污染	仅 Cr（铬）、Ni（镍）存在一定量的区域性二类土，Cd（镉）在万州至涪陵一带存在大量二类土
	影响指标	三峡水库年均淤积泥沙量（亿吨）	1.31	2003 年 6 月至 2014 年底三峡水库淤积泥沙 15.76 亿吨
		水土流失影响的人口	约 2 亿人口	—
		重金属含量高的二类土影响范围（km²）	约 800~1500	—
生物状况	状态指标	库区植物种群数量	6088	分属 208 科 1428 属
		库区脊椎动物种群数量	499	其中哺乳类 101 种，鸟类 331 种，爬行类 35 种，两栖类 32 种
	影响指标	陆生生物适生生存空间缩小	—	—
		自然生态系统减少	—	—
		陆生生境发生逆向演替	—	—
		减少的珍稀脊椎动物数量	18 种	—

注："状态指标"数值多采用自《2014 年湖北省环境质量状况》、《重庆统计年鉴 2014》、《2014 年重庆市环境状况公报》及《2014 年重庆市环境监测质量简报》

"核心生态建设区"优先发展生态系统服务产业生态价值评估表（响应指标分析）　　表 B08

产业名称	驱动	压力		响应		
				响应强度	响应措施	响应费用
水土保持产业	较强	消费	正反馈 土壤	强	利用社会力量强化水土保持功能用地的使用	节省公共财政支出约 8 亿元~25 亿元/年
			负反馈 水体 土壤	弱	额外的污染物处置	支出约 2000 万元~5000 万元/年
		功能提升	正反馈 大气/土壤/水体/生物	较强	可替代部分相关污染物处置、水土保持设施及生物多样性保持工程	节省约 1 亿元~3 亿元/年
			负反馈 土壤	弱	额外的土壤污染物治理	支出约 500 万元~1000 万元/年
			水体		额外的水体污染物治理	支出约 500 万元~1000 万元/年

产业名称	驱动	压力		响应		
				响应强度	响应措施	响应费用
清洁能源产业	强	消费	正反馈			
				大气/土壤	强	较传统能源使用的污染排放量有明显降低	节省处置费用约5亿元~10亿元/年
				防洪	强	利用修建的水坝能有效防范洪水的发生	难以估量
			负反馈	—	—	—	—
		功能提升	正反馈			
			负反馈	土壤/水体/生物	较强	可能带来额外的、难以预见的生态安全隐患	支出费用视情况而定,约1亿元~10亿元/年
生态旅游产业	强	消费	正反馈			
			负反馈	土壤/水体/生物	较强	额外的污染物处置	支出5亿元~10亿元/年
		功能提升	正反馈	大气/土壤/水体/生物	较强	可替代部分相关污染物处置、水土保持设施及生物多样性保持工程	节省约0.5亿元~3亿元/年
			负反馈	土壤	较弱	额外的土壤污染物治理	支出约1000万元~5000万元/年
				水体		额外的水体污染物治理	支出约2000万元~6000万元/年
新型循环林业产业	强	消费	正反馈	大气/土壤/水体	较强	可较传统林业明显减少污染物的排放	节省相关支出约1亿元~3亿元/年
			负反馈	—	—	—	—
		功能提升	正反馈	大气/生物		可较传统林业明显减少对自然生态环境的破坏	节省相关支出约1亿元~2亿元/年
			负反馈	—	—	—	—
绿色食品饮料产业	强	消费	正反馈	土壤/水体	较强	可明显减少化肥、农药等污染物排放	节省相关支出约0.5亿元~2亿元/年
			负反馈	—	—	—	—
		功能提升	正反馈	土壤/水体/生物	较强	可减少禽畜粪便等集中排放和建设较大规模的近似自然农业生产环境	节省相关支出约1亿元~3亿元/年
			负反馈	—	—	—	—
"污水垃圾自然净化工程"的建设和管护	较强	消费	正反馈	大气/土壤/水体/生物	强	可增加保护和利用较大规模的自然生态环境	节省相关支出约0.5亿元~2亿元/年
			负反馈	—	—	—	—
		功能提升	正反馈	大气/土壤/水体/生物	较强	可提高自然生态系统的相关生态服务功能	投资带来的关联效益大,可节省支出约1000万元~3000万元/年
			负反馈	—	—	—	—

三、"中部功能建设区"优先发展生态系统服务产业生态价值评估

"中部功能建设区"优先发展生态系统服务产业生态价值评估表（驱动力指标分析）　　　表 B09

产业名称	驱动指标类型		驱动指标		不同主体的驱动力强弱判断		
					个人（0~100）	企业（0~100）	政府（0~100）
绿色食品饮料产业	消费的驱动因素		个人的绿色食品饮料消费意愿	强烈	95	90	90
			预计绿色食品饮料年均消费规模（亿元）	100~200			
	功能提升的驱动因素	经济因素	从业人员的年均收入（万元）	3~7			
			产业的 GDP 贡献率（%）	0.15~0.3			
		社会因素	预期新增就业人口规模（万人）	6~15			
			产业发展能否满足多数人的相关需求	能			
		生态因素	对非公共环境生态品质的改善是否有利	有一定的改善作用			
			对公共环境生态品质的改善是否有利	有明显改善作用			
	必要性强弱的综合判断（强、较强、较弱、弱）				强		
绿色建材产业	消费的驱动因素		产品消费能明显降低私人环境的污染风险	能	95	90	90
			预计产业年均市场规模（亿元）	60~100			
	功能提升的驱动因素	经济因素	从业人员的年均收入（万元）	4~7			
			产业的 GDP 贡献率（%）	0.1~0.15			
		社会因素	预期新增就业人口规模（万人）	3~6			
			产业发展能否满足多数人的相关需求	能			
		生态因素	对非公共环境生态品质的改善是否有利	有明显的改善作用			
			对公共环境生态品质的改善是否有利	有明显的改善作用			
	必要性强弱的综合判断（强、较强、较弱、弱）				强		
医药产业	消费的驱动因素		绿色中药材市场需求	旺盛	90	90	90
			预计年均医药产业市场规模（亿元）	80~120			
	功能提升的驱动因素	经济因素	从业人员的年均收入（元）	4~8			
			产业的 GDP 贡献率（%）	0.12~0.16			

产业名称	驱动指标类型	驱动指标		不同主体的驱动力强弱判断		
				个人（0~100）	企业（0~100）	政府（0~100）
医药产业	功能提升的驱动因素	社会因素	预期新增就业人口规模（万人）	2~3	90	90	90
			产业发展能否满足多数人的相关需求	能			
		生态因素	对非公共环境生态品质的改善是否有利	基本没有影响			
			对公共环境生态品质的改善是否有利	有一定改善作用			
	必要性强弱的综合判断（强、较强、较弱、弱）				强		
纺织产业	消费的驱动因素		产品消费是人们"穿的好"必要保障	是	85	85	90
			预计年均纺织产业市场规模（亿元）	50~60			
	功能提升的驱动因素	经济因素	从业人员的年均收入（万元）	3~6			
			产业的 GDP 贡献率（%）	0.08~0.1			
		社会因素	预期新增就业人口（万人）	1~2			
		生态因素	对非公共环境生态品质的改善是否有利	基本没有影响			
			对公共环境生态品质的改善是否有利	有一定改善作用			
	必要性强弱的综合判断（强、较强、较弱、弱）				较强		
烟草产业	消费的驱动因素		吸烟者对于产品消费的意愿	强烈	95	90	90
			预计烟草产业年均市场规模（亿元）	15~40			
	功能提升的驱动因素	经济因素	从业人员的年均收入（万元）	4~10			
			产业的 GDP 贡献率（%）	0.02~0.07			
		社会因素	预期新增就业人口规模（万人）	2~3			
		生态因素	对非公共环境生态品质的改善是否有利	基本没有影响			
			对公共环境生态品质的改善是否有利	有一定改善作用			
	必要性强弱的综合判断（强、较强、较弱、弱）				强		
水土保持产业	消费的驱动因素		强化区域水土保持功能的必要性	亟需	85	85	90
			承包经营单位土地的年平均收益（万元/hm²）	6~12			

续表

产业名称	驱动指标类型	驱动指标		不同主体的驱动力强弱判断		
				个人（0~100）	企业（0~100）	政府（0~100）
水土保持产业	功能提升的驱动因素	经济因素	从业人员的年均收入（万元）　3~5	85	85	90
			年均增加水土保持生态功能投资（亿元）　3~12			
		社会因素	预期新增就业（万人）　2~6			
			产业发展是否有利于生态安全隐患防范　是			
		生态因素	对非公共环境生态品质的改善是否有利　有一定改善作用			
			对公共环境生态品质的改善是否有利　有明显改善作用			
必要性强弱的综合判断（强、较强、较弱、弱）				较强		
农业旅游产业	消费的驱动因素		农业旅游人均消费（元/人次）　300~500	90	90	95
			预计年均生态旅游市场规模（亿元）　500~800			
	功能提升的驱动因素	经济因素	从业人员的年均收入（万元）　3~6			
			产业的 GDP 贡献率（%）　0.7~1.2			
		社会因素	预计新增就业人口规模（万人）　50~80			
			产业发展能否满足多数人的相关需求　能			
		生态因素	对非公共环境生态品质的改善是否有利　有明显改善作用			
			对公共环境生态品质的改善是否有利　有明显改善作用			
必要性强弱的综合判断（强、较强、较弱、弱）				强		
土壤改良产业	消费的驱动因素		土壤改良的市场需求　呈逐年递增趋势	90	90	90
			预计年均土壤改良市场规模（亿元）　1~2			
	功能提升的驱动因素	经济因素	从业人员的年均收入（万元）　3~7			
			土壤改良是否能明显提升土地功能质量　能			
		社会因素	是否有利于相关产业发展　有			
		生态因素	对非公共环境生态品质的改善是否有利　有明显改善作用			
			对公共环境生态品质的改善是否有利　有明显改善作用			
必要性强弱的综合判断（强、较强、较弱、弱）				强		

"中部功能建设区"优先发展生态系统服务产业生态价值评估表（压力指标分析）　　表 B10

产业名称	反馈类型		具体指标		影响环境类别
绿色食品饮料产业	消费的压力反馈	正反馈	产品消费年均可减少化肥、农药等污染物排放（万吨）	约 20~30	土壤、水体
		负反馈	—	—	—
	功能提升的压力反馈	正反馈	可减少禽畜粪便等集中排放（万吨/年）	约 30~60	土壤、水体
		正反馈	可保护近似自然农业生产环境（万 hm²）	约 50~80	土壤、水体、大气
		负反馈	—	—	—
绿色建材产业	消费的压力反馈	正反馈	产品消费过程中年均可减少污染物排放（万吨）	约 2~5	大气、土壤、水体
		负反馈	—	—	—
	功能提升的压力反馈	正反馈	产品生产过程年均可减少污染物排放和固废丢弃（万吨）	约 10~20	大气、土壤、水体
		负反馈	—	—	—
医药产业	消费的压力反馈	正反馈			
		负反馈			
	功能提升的压力反馈	正反馈	可保护近似自然农业生产环境（万 hm²）	约 10~30	土壤、水体、大气
		负反馈			
纺织产业	消费的压力反馈	正反馈	—	—	—
		负反馈	—	—	—
	功能提升的压力反馈	正反馈	可保护近似自然农业生产环境（万 hm²）	约 5~15	土壤、水体、大气
		负反馈	—	—	—
烟草产业	消费的压力反馈	正反馈	—	—	—
		负反馈	—	—	—
	功能提升的压力反馈	正反馈	可保护近似自然农业生产环境（万 hm²）	约 5~15	土壤、水体、大气
		负反馈	—	—	—
水土保持产业	消费的压力反馈	正反馈	产业发展年均减少水土流失量（万 m³）	单位土地减少水土流失量 × 年均功能土地规模 =10~50	土壤
		负反馈	产业发展可能带来的污染	生态资源利用过程中，人类活动会给自然生态环境带来一定的生态压力，伴生着一定规模的污水、固废	水体、土壤
	功能提升的压力反馈	正反馈	单位产业用地对主要空气污染物的年净化量（吨/hm²）	根据单位产业用地的生产方式其净化量会有较大幅度差异，约 2~5	大气
		正反馈	单位产业用地对温室气体的年固化量（吨/hm²）	约 2~5	大气

续表

产业名称	反馈类型		具体指标		影响环境类别
水土保持产业	功能提升的压力反馈	正反馈	单位产业用地年均净化水环境污染物规模（吨 /hm²）	受其用地布局等因素的影响，约 3~8	水体
			产业用地带来的生物多样性效益	为区内植物和动物提供了近似自然的良好生境，能给一定类型的濒危动植物带来良好的保护作用	生物
农业旅游产业	消费的压力反馈	正反馈	—	—	—
		负反馈	消费过程中可能带来的污染	旅游产业发展过程中，人类活动会给自然生态环境带来一定的生态压力，伴生着一定规模的污水、固废	土壤、水体、生物
	功能提升的压力反馈	正反馈	产业用地建设可提升相关空间的生态服务功能	可节省相关公共支出约 2 亿元~5 亿元 / 年	大气、土壤、水体、生物
		负反馈	单位产业用地可能带来的年均污染量（吨 /hm²）	产业用地生产过程中可能使用少量的农药和化肥，约 0.2~0.5	土壤、水体
土壤改良产业	消费的压力反馈	正反馈	—	—	—
		负反馈	—	—	—
	功能提升的压力反馈	正反馈	—	—	—
		负反馈	—	—	—

"中部功能建设区"优先发展生态系统服务产业生态价值评估表（状态、影响指标分析）   表 B11

评估因素	指标类型	具体指标		备注
大气指标	状态指标	大气可吸入颗粒年日均值（mg/m³）	0.106	较 2013 年增长了 17%
		二氧化硫年日均值（mg/m³）	0.032	较 2013 年降低了 13.5%
		二氧化氮年日均值（mg/m³）	0.038	较 2013 年增长了 8.6%
		可吸入颗粒物 PM₁₀、PM₂.₅	—	浓度分别超标 0.4 倍和 0.86 倍
		环境空气质量优良天数比例（%）	56.4	较 2013 年减少了 36.5%
	影响指标	2014 年重庆市主城区空气质量超标天数(天)	119	—
		影响人口（万人）	约 1200	—
		酸雨频率（%）	41.4	2013 年该值为 47.5
水环境	状态指标	降水 pH 年均值	5.02	2013 年该值为 4.86
		监测的地表水 Ⅰ~Ⅲ类水质的断面比例(%)	79.5	2013 年该值为 76
		生活污水排放量（万吨）	108936.73	较 2012 年增长了 7.14%
		废水中化学需氧量（COD）排放量（万吨）	39.18	2012 年该值为 40.28
		库区一级支流回水区富营养断面比例（%）	44.4	较 2013 年上升 8.3%
	影响指标	水质不满足水域功能要求的断面占比（%）	14.7	较 2013 年减少了 3.3%
		水质不良影响的人口（万人）	80~100	—

221

续表

评估因素	指标类型	具体指标		备注
土壤状况	状态指标	三峡库区（重庆段）年泥沙入库规模（万吨）	2700	数据采用 2009 年李月臣等公布数据
		三峡库区（湖北段）水土流失面积（km²）	8517.6	总侵蚀量为 1280.1 万吨
		三峡库区土壤环境质量总体品质	较好，基本不存在区域性人为污染	仅 Cr（铬）、Ni（镍）存在一定量的区域性二类土，Cd（镉）在万州至涪陵一带存在大量二类土
	影响指标	三峡水库年均淤积泥沙量（亿吨）	1.31	2003 年 6 月至 2014 年底三峡水库淤积泥沙 15.76 亿吨
		水土流失影响的人口	约 2 亿人口	—
		重金属含量高的二类土影响范围（km²）	约 800~1500	—
生物状况	状态指标	库区植物种群数量	6088	分属 208 科 1428 属
		库区脊椎动物种群数量	499	其中哺乳类 101 种，鸟类 331 种，爬行类 35 种，两栖类 32 种
	影响指标	陆生生物适生生存空间缩小	—	—
		自然生态系统减少	—	—
		陆生生境发生逆向演替	—	—
		减少的珍稀脊椎动物数量	18 种	—

注："状态指标"数值多采用自《重庆统计年鉴 2014》、《2014 年重庆市环境状况公报》及《2014 年重庆市环境监测质量简报》。

"中部功能建设区"优先发展生态系统服务产业生态价值评估表（响应指标分析） 表 B12

产业名称	驱动	压力		响应		
				响应强度	响应措施	响应费用
绿色食品饮料产业	强	消费	正反馈	土壤 / 水体	强	可明显减少化肥、农药等污染物排放	节省相关支出约 1 亿元~3 亿元 / 年
			负反馈	—	—	—	—
		功能提升	正反馈	土壤 / 水体 / 生物	强	可减少禽畜粪便等集中排放和建设较大规模的近似自然农业生产环境	节省相关支出约 2 亿元~5 亿元 / 年
			负反馈	—	—	—	—
绿色建材产业	强	消费	正反馈	大气 / 土壤 / 水体	强	可明显减少私人空间的污染风险	节省相关支出约 0.5 亿元~2 亿元 / 年
			负反馈	—	—	—	—
		功能提升	正反馈	大气 / 土壤 / 水体	强	可极大程度地减少污染物排放和固废丢弃	节省相关支出约 2 亿元~5 亿元 / 年
			负反馈	—	—	—	—

续表

产业名称	驱动	压力		响应		
				响应强度	响应措施	响应费用
医药产业	强	消费	正反馈	—	—	—
			负反馈	—	—	—
		功能提升	正反馈	大气／土壤／水体	一般	可保护一定规模的近自然农业生态环境	节省相关公共支出约2亿元~5亿元／年
			负反馈	—	—	—
纺织产业	较强	消费	正反馈	—	—	—
			负反馈	—	—	—
		功能提升	正反馈	大气／土壤／水体	一般	可保护一定规模的近自然农业生态环境	节省相关公共支出约1亿元~3亿元／年
			负反馈	—	—	—
烟草产业	强	消费	正反馈	—	—	—
			负反馈	—	—	—
		功能提升	正反馈	大气／土壤／水体	一般	可保护一定规模的近自然农业生态环境	节省相关公共支出约0.5亿元~1亿元／年
				—	—	—
水土保持产业	较强	消费	正反馈	土壤	强	利用社会力量强化水土保持功能用地的使用	节省公共财政支出约3亿元~8亿元／年
			负反馈	水体	弱	额外的污染物处置	支出约1000万元~2000万元／年
				土壤			
		功能提升	正反馈	大气／土壤／水体／生物	较强	可替代部分相关污染物处置、水土保持设施及生物多样性保持工程	节省约0.5亿元~1.5亿元／年
			负反馈	土壤	弱	额外的土壤污染物治理	支出约200万元~500万元／年
				水体		额外的水体污染物治理	支出约300万元~800万元／年
农业旅游产业	强	消费	正反馈	—	—	—
			负反馈	土壤／水体／生物	较强	额外的污染物处置	支出约6亿元~12亿元／年
		功能提升	正反馈	大气／土壤／水体／生物	强	产业用地建设可提升相关空间的生态服务功能	节省相关公共支出约2亿元~5亿元／年
			负反馈	土壤／水体	较弱	额外的土壤和水体污染物治理	支出约2000万元~6000万元／年
土壤改良产业	强	消费	正反馈	—	—	—
			负反馈	—	—	—
		功能提升	正反馈	—	—	—
			负反馈	—	—	—

附录 C 生态系统服务产业化发展配套政策建设现状梳理

生态系统服务受其"公共物品或公共服务"[①]特征的影响，我国长期将其视为单一的"带社会保障性质的公共资源"，以政府主导的"生态补偿机制"作为协调经济发展和生态保护的重要措施，市场的作用被严重低估，导致当前我国并未建立相对完整的生态系统服务产业化发展配套的政策体系，但以"碳排放交易权交易"为代表的，部分生态系统服务产业的配套政策工作已开始起步。

（1）国家产业政策建设重心："战略性新兴产业"政策体系建设

国家产业政策一直是我国政府调控经济活动的重要工具。随着我国经济发展进入"新常态"（习近平，2014），"转变经济发展方式，促进产业转型升级"成为政府工作的重中之重，国家产业政策关注的重心转向"战略性新兴产业"，新兴的生态系统服务产业正是"战略性新兴产业"[②]的典型形态，目前国家出台了一系列的"战略性新兴产业"相关政策[③]。

在国家政策的引导下，地方政府也积极配套出台了一系列地方政策，如重庆市 2011 年 5 月提出了《重庆市人民政府关于加快发展战略性新兴产业的意见》（渝府发 [2011]35 号）；2014 年出台了《关于加快培育十大战略新兴产业集群的意见》，提出到 2020 年，十大战略性新兴产业产值总量将达到 1 万亿元以上，2015 年重庆"两会"再次明确"做大做强十大战略性新兴产业（包括环保装备、生物医药、新材料产业等）"；2015 年 7 月印发了《重庆市"十二五"科学技术和战略性新兴产业发展规划》。四川省经济和信息化委员会近几年每年均发布了《战略性新兴产业（产品）发展指导目录》等。

（2）快速发展中的生态补偿政策建设

政府主导的生态补偿机制[④]与市场主导的生态系统服务产业化发展是经济激励生态保护

---

① 金波. 区域生态补偿机制研究 [M]. 北京：中央编译出版社. 2012, 5, P1.

② 战略性新兴产业通常是具有广阔发展前景，对国民经济发展具有战略意义的产业领域，但其市场还不够成熟，市场主体还很弱小，需要经过产业政策的扶持和促进，才有可能成为国民经济的先导性和支柱性产业。（刘澄、顾强、董瑞青，2011）

③ 2010 年《国务院关于加快培育和发展战略性新兴产业的决定》（国发 [2010]32 号），明确提出"战略性新兴产业是引导未来经济社会发展的重要力量，……必须加快培育和发展战略性新兴产业"，"……现阶段重点培育和发展节能环保、新一代信息技术、生物、高端装备制造、新能源、新材料、新能源汽车等产业"。2012 年 7 月国务院印发了《"十二五"国家战略性新兴产业发展规划》，从"背景，指导思想、基本原则和发展目标，重点发展方向和主要任务，重大工程，政策措施，组织实施"等 6 个方面对战略性新兴产业发展的阶段性工作做了宏观部署。2012 年 12 月国家统计局印发了《战略性新兴产业分类（2012）（试行）》，为讨论我国战略性新兴产业政策实施有效性提供了一致的数据基础，满足了统计上测算战略性新兴产业发展规模、结构和速度的需要。2013 年 2 月国家发展和改革委员会公布了《战略性新兴产业重点产品和服务指导目录》，涉及战略性新兴产业的 7 个行业、24 个重点发展方向、125 个子方向，共 3100 余项细分的产品和服务，对战略性新兴产业的具体内涵做了进一步细化，以更好地引导社会资源投向，利于各部门、各地区更好地开展培育发展战略性新兴产业的工作。

④ 近年来，中国先后启动实施了退耕还林、退牧还草、天然林保护、京津风沙源治理、西南溶岩地区石漠化治理、青海三江源自然保护区、甘肃甘南黄河重要水源补给区等具有一定的生态补偿性质的重大生态建设工程，总投资达 7000 多亿元。

的两种具有互补特征的具体举措。在我国生态系统服务市场体系还很不完善的当前，生态补偿的相关政策建设已走在前面：

1998 年修改的《森林法》规定，"国家设立森林生态效益补偿基金，用于提供生态效益的防护林和特种用途林的森林资源、林木的营造、抚育、保护和管理"。

2002 年国务院出台了《退耕还林条例》，对退耕还林的资金和粮食补助等作了明确规定，以保证退耕还林工作的顺利推进。

2004 年《中共中央国务院关于促进农民增收若干政策的意见》（中发 [2004]1 号）中提出进一步加强"农村节水灌溉、人畜饮水、乡村道路、农村沼气、农村水电、草场围栏"等"六小工程"建设，同时，农业部、国家发展和改革委员会还联合发布了《农村沼气建设国债项目管理办法（试行）》，明确了农村沼气建设的补偿标准。

2005 年国务院出台了《国务院关于落实科学发展观加强环境保护的决定》（国发 [2005]39 号），要求"完善生态补偿政策，尽快建立生态补偿机制。中央和地方财政转移支付应考虑生态补偿因素，国家和地方可分别开展生态补偿试点"。

2006 年财政部、国土资源部、国家环保总局联合发布了《逐步建立矿山环境治理和生态恢复责任机制的指导意见》（财建 [2006]215 号），要求根据"……环境治理和生态恢复所需要的费用等因素，确定按矿产品销售收入的一定比例，由矿山企业分年预提矿山环境治理恢复保证金，并列入成本"。

2007 年国家环境保护总局发布了《关于开展生态补偿试点工作的指导意见》（环发 [2007]130 号），"生态补偿试点工作重要意义、试点工作的指导思想、原则和目标，重点领域生态补偿机制探索，试点工作的组织实施"等四方面意见对我国生态补偿试点工作做了进一步要求。

2008 年修订的《水污染防治法》首次以法律的形式，对水环境生态保护补偿机制作出明确规定："国家通过财政转移支付等方式，建立健全对位于饮用水水源保护区区域和江河、湖泊、水库上游地区的水环境生态保护补偿机制"。

2010 年 4 月 26 日《中华人民共和国生态补偿条例》起草工作正式启动，其核心的三个基本原则"谁破坏谁治理谁赔偿、谁受益谁补偿、谁保护谁有偿"。

2010 年 4 月出台的《国务院关于进一步推进西部大开发的若干意见》中明确提出"开展建立生态补偿机制试点"，以促进西部大开发。

2010 年 12 月 25 日，经第十一届全国人民代表大会常务委员会第十八次会议修订通过的《中华人民共和国水土保持法》，其中第三十一条作了补充性规定，即"国家加强江河源头区、饮用水水源保护区和水源涵养区水土流失的预防和治理工作，多渠道筹集资金，将水土保持生态效益补偿纳入国家建立的生态效益补偿制度"。

在地方上，2005 年浙江省颁布的《关于进一步完善生态补偿机制的若干意见》，是省级层面比较系统开展生态补偿实践的突出事例；2015 年湖北省按照"谁改善、谁受益，谁污染、谁负责"的原则，出台了《湖北省环境空气生态补偿暂行办法》，建立了"环境空气质量逐年改善"与"年度目标任务完成"双项考核的生态补偿机制。

在重庆，2006 年重庆市委、市政府出台了《关于加强环境保护若干问题的决定》，明确提出要加快建立生态补偿机制、资源有偿使用制度、资源开发生态补偿金制度、健全反映市场供求状况和资源稀缺程度的价格形成机制等；同年，发布了《重庆市绿地行动实施方案（2006–2010 年）》要求制定"生态补偿政策"，开展生态补偿试点；2009 年，国务院印发了《关于推进重庆市统筹城乡改革和发展的若干意见》（国发〔2009〕3 号），更是明确要求重庆市将"建立多层次的生态补偿机制"作为加强生态环境保护的重要内容。

（3）起步中的生态系统服务产业配套政策建设

目前我国还未系统地出台生态系统服务产

业配套政策，但不管是国家层面还是地方层面，在生态系统服务产业的某些方面，已开展了一系列相关政策的制定工作。

①国家层面主要有：

2006年水利部发布了《水利部关于加强农村水电建设管理的意见》（水电[2006]338号），对农村水电产业发展提出了新要求，有利于"建立科学有序的农村水电开发建设秩序，维护公共安全和公共利益，维护河流健康"。

2011年9月国务院印发《"十二五"节能减排综合性工作方案》（国发[2011]26号），要求"推进排污权和碳排放权交易试点，……推进碳排放权交易市场建设"。

2011年11月国家发展改革委办公厅下发了《关于开展碳排放权交易试点工作的通知》（发改办气候[2011]2601号），明确了北京市、天津市、上海市、重庆市、湖北省、广东省以及深圳市作为我国首批碳排放权交易试点。

2011年12月国务院印发《"十二五"控制温室气体排放工作方案》（国发[2011]41号），再次明确要求"探索建立碳排放交易市场，……努力增加碳汇，加快形成以低碳为特征的产业体系和生活方式"。

2012年6月国家发展和改革委员会印发了《温室气体自愿减排交易管理暂行办法》，为温室气体自愿减排交易的探索工作初步制定了相关原则和程序规则，并于当年配套印发了《温室气体自愿减排项目审定与核证指南》。

2014年12月国家发展和改革委员会发布了《碳排放权交易管理暂行办法》，为"加快经济发展方式转变，促进体制机制创新，充分发挥市场在温室气体排放资源配置中的决定性作用，加强对温室气体排放的控制和管理，规范碳排放权交易市场的建设和运行"提供了很好的政策支撑。

②地方层面主要有：

2006年重庆市政府发布《重庆市绿地行动实施方案（2006-2010年）》，要求开展绿色GDP试点。

2008年重庆市政府出台了《关于加快实施生态和扶贫移民工作意见》，并配套编制了《重庆市生态移民工程项目规划》，指导生态移民工作的顺利推进，为自然保护区和生态功能区保护创造了条件。

2011年12月重庆市颁布了《重庆市"十二五"生态建设和环境保护规划》，提出"健全环境经济政策体系。逐步建立能够反映资源、能源稀缺程度和环境成本等的价格形成机制，……在全市范围大力推进排污权有偿使用和交易制度；……逐步建立生态补偿机制，重点研究制订主体功能区生态补偿、自然保护区生态补偿、森林生态效益补偿、跨界河流生态补偿与污染赔偿等生态补偿政策"。

2013年9月重庆市委、市政府发布了《关于科学划分功能区域，加快建设五大功能区的意见》，其强调了树立包括"提供生态产品、资源承载能力开放"等在内的四大基本理念。同年12月，重庆市政府印发了《关于优化全市产业布局加快五大功能区建设的实施意见》（渝府发[2013]83号），有利于进一步优化产业布局，引导各类资源要素科学配置。

2014年4月重庆市政府印发了《重庆市碳排放权交易管理暂行办法》（渝府发[2014]17号），通过明确"交易平台"等管理举措，进一步规范了重庆市碳排放权交易管理，保障了碳排放权交易市场在重庆的有序发展。

总之，生态系统服务产业化发展理念已在近年来我国各级政府制定战略性新兴产业政策、生态补偿政策以及其他相关宏观政策的过程中有所萌芽，以"碳排放权交易"为代表，将生态保护引入市场机制的探索已经起步，随着生态文明建设的逐渐深化，生态经济协调发展的现实要求越发强烈，生态系统服务的产业化发展趋势也已显现，亟需相关配套政策的扶持和促进。

参考文献

[1] 吴良镛 . 人居环境科学导论 [M]. 北京：中国建筑工业出版社 .2001，10.

[2] 赵万民 . 三峡库区新人居环境建设十五年进展 [M]. 南京：东南大学出版社 .2011，3.

[3] 赵万民 等著 . 山地人居环境七论 [M]. 北京：中国建筑工业出版社 .2015，8.

[4] 赵万民 等著 . 三峡库区人居环境建设发展研究——理论与实践 [M]. 北京：中国建筑工业出版社 .2015，3.

[5] 吴良镛，周干峙，林志群 . 中国建设事业的今天和明天 [M]. 北京：城市出版社，1994.

[6] 段炼 . 三峡区域新人居环境建设研究 [M]. 南京：东南大学出版社 .2011，3.

[7] 李泽新 . 三峡库区人居环境建设综合交通体系研究 [M]. 南京：东南大学出版社 .2008，7.

[8] 黄勇 . 三峡库区人居环境建设的社会学问题研究 [M]. 南京：东南大学出版社 .2011，3.

[9] 周庆华 . 黄土高原河谷中的聚落：陕北地区人居环境空间形态模式研究 [M]. 北京：中国建筑工业出版社 .2009，1.

[10] 周晓芳 等著 . 生态线索与人居环境研究——以贵州喀斯特高原为例 [M]. 广州：中山大学出版社 .2012，7.

[11] 姜璐 编 . 钱学森论系统科学（讲话篇）[M]. 北京：科学出版社 .2011，12.

[12] 吴今培，李学伟 . 系统科学发展概论 [M]. 北京：清华大学出版社 .2010，4.

[13] 格蕾琴·戴利，凯瑟琳·埃利森 著 . 郑晓光，刘晓生 译 . 新生态经济：使环境保护有利可图的探索 [M]. 上海：上海科技教育出版社 .2005，12.

[14] 杰弗里·希尔 著 . 胡颖廉 译 . 自然与市场：捕获生态服务链的价值 [M]. 北京：中信出版社 .2006，7.

[15] Herman E.Daly，Joshua Farley 著 . 徐中民 等译 . 生态经济学——原理与应用 [M]. 郑州：黄河水利出版社 .2007，9.

[16] 余谋昌 . 生态文明论 [M]. 北京：中央编译出版社 .2010，8.

[17] 李文华 . 生态系统服务功能价值评估的理论、方法与应用 [M]. 北京：中国人民大学出版社，2008，10.

[18] 魏晓华，孙阁 . 流域生态系统过程与管理 [M]. 北京：高等教育出版社 .2009，6.

[19] 赵桂慎 等编 . 生态经济学 [M]. 北京：化学工业出版社 .2009，1.

[20] 景杰 . 区域生态认证：可持续发展的市场化路径 [M]. 上海：复旦大学出版社 .2011，11.

[21] 郑海霞 . 中国流域生态服务补偿机制与政策研究——基于典型案例的实证分析 [M]. 北京：中国经济出版社 .2010，8.

[22] 薛建明 . 生态文明与低碳经济社会 [M]. 合肥：合肥工业大学出版社 .2012，3.

[23] 廖福霖 . 生态文明建设理论与实践 [M]. 北京：中国林业出版社 .2005，2.

[24] 刘铮，刘冬梅 等著 . 生态文明与区域发展 [M]. 北京：中国财政经济出版社 .2011，12.

[25] 张清宇，秦玉才，田伟利 . 西部地区：生态文明指标体系研究 [M]. 杭州：浙江大学出版社 .2011，12.

[26] 马晓 主编 . 城市生态文明建设知识读本 [M]. 北京：红旗出版社 .2012，7.

[27] 王青兰 . 水土保持生态建设概论 [M]. 郑州：黄河水利出版社 .2008，8.

[28] 赵士洞 等译 . 千年生态系统评估报告集（一）. 北京：中国环境科学出版社 .2007，5.

[29] 赵士洞 等译 . 千年生态系统评估报告集（二）. 北京：中国环境科学出版社 .2007，4.

[30] 国家环境保护总局 编著 . 全国生态现状调查与评估（西南卷）[M]. 北京：中国环境科学出版社 .2006，5.

[31] 全国干部培训教材编审指导委员会组织编写 . 生态文明建设与可持续发展 [M]. 北京：人民出版社 .2011，7.

[32] 黄光宇 . 山地城市学原理 [M]. 北京：中国建筑工业出版社 .2006，9.

[33] 徐思淑，徐坚 . 山地城镇规划设计理论与实践 [M]. 北京：中国建筑工业出版社 .2012，8.

[34] 徐坚 . 山地城镇生态适应性城市设计 [M]. 北京：中国建筑工业出版社 .2008，5.

[35] 李浩 . 生态导向的规划变革——基于"生态城市"理念的城市规划工作改进研究 [M]. 北京：中国建筑工业出版社 .2013，1.

[36] 长江三峡库区要览——开发·投资·旅游·地情资料汇编 [M]. 重庆市地方志编纂委员会总编辑室，宜昌市、万县地区、巴东县地方志办公室 .1993，3.

[37] 巴山 . 三峡记忆 [M]. 北京：学苑出版社 .2011，4.

[38] 魏大鹏 等编 . 三峡库区新型工业化发展研究 [M]. 北京：中国农业科技出版社 .2006，8.

[39] 齐实 等著 . 三峡库区森林对水文过程的影响效应及洪水过程模拟 [M]. 北京：科学出版社 .2011，9.

[40] 蔡庆华 等编 . 长江三峡库区气候变化影响评估报告 [M]. 北京：气象出版社 .2010，11.

[41] 长江岩土工程总公司，长江三峡勘测研究院 编著 . 长江流域水利水电工程地质 [M]. 北京：中国水利水电出版社 .2012，9.

[42] 陈伟烈，江明喜 等著 . 三峡库区谷地的植物与植被 [M]. 北京：中国水利水电出版社 .2008，1.

[43] 曾年 . 沉静的河流：三峡的人和事 [M]. 广州：广东人民出版社 .2012，8.

[44] 罗纳德·哈里·科斯，王宁 著 . 徐尧，李哲民 译 . 变革中国：市场经济的中国之路 [M]. 北京：中信出版社 .2013，1.

[45] 山口重克 编，张季风 等译 . 市场经济：历史·思想·现在 [M]. 北京：社会科学文献出版社 .2007，5.

[46] 陆铭 . 十字路口的中国经济 [M]. 北京：中信出版社 .2010，1.

[47] 陆铭，陈钊 . 中国区域经济发展中的市场整合与工业集聚 [M]. 上海：上海人民出版社 .2006，12.

[48] 陈钊，陆铭 . 在集聚中走向平衡：中国城乡与区域经济协调发展的实证研究 [M]. 北京：北京大学出版社 .2009，3.

[49] 周新城 . 中国特色社会主义经济制度论 [M]. 北京：中国经济出版社 .2008，1.

[50] 李邦耀 . 中国市场经济发展研究：建设国强民富的发达市场经济 [M]. 北京：人民出版社 .2011，10.

[51] 黄玉 . 乡村中国变迁中的地方政府与市场经济 [M]. 广州：中山大学出版社 .2009，7.

[52] 建筑考试培训研究中心 .《城市规划原理》命题点全面解读 [M]. 北京：中国铁道出版社 .2012，4.

[53] 全国人民代表大会常务委员会法制工作委员会编 . 中华人民共和国城乡规划法释义 [M]. 北京：法律出版社 .2009.

[54] 汤黎明 等编 . 城乡规划导论 [M]. 北京：中国建筑工业出版社 .2012，8.

[55] 郁亚娟，田宝江 . 控制性详细规划 [M]. 上海：同济大学出版社 .2005，

[56] 王向荣 . 生态与环境——城市可持续发展与生态环境调控新论 [M]. 南京：东南大学出版社 .2000.

[57] 华南理工大学建筑学院城市规划系 编 . 城乡规划导论 [M]. 北京：中国建筑工业出版社 .2012.

[58] 黄光宇，陈勇 . 生态城市理论与规划设计方法 [M]. 北京：科学出版社 .2002.

[59] 吴志强，李德华 主编 . 城市规划原理（第四版）[M]. 北京：中国建筑工业出版社 .2010.

[60] 黄光宇 . 山地城市生态学原理 [M]. 北京：中国建筑工业出版社 .2006，9.

[61] 毛刚 . 生态视野——西南高海拔山区聚落与建筑 [M]. 南京：东南大学出版社 .2003.

[62] [美] 伊恩·伦诺克斯·麦克哈格 著，芮经纬 译 . 设计结合自然 [M]. 天津：天津大学出版社 .2011.

[63] Asit K.Biswas 等 编著，刘正兵 等译 . 拉丁美洲流域管理 [M]. 郑州：黄河水利出版社 .2006，12.

[64] 世界资源研究所 等编，王之佳 等译 . 世界资源报告（1988—1989）[M]. 北京：中国环境科学出版社 .1990.

[65] 曲格平 等 . 世界环境问题的发展 [M]. 北京：中国环境科学出版社 .1987.

[66] 郝名玮 . 外国资本与拉丁美洲国家的发展 [M]. 北京：东方出版社 .1998.

[67] 周世秀 . 巴西历史与现代化研究 [M]. 石家庄：河北人民出版社 .2001.

[68] 周生贤 主编 . 生态文明建设与可持续发展 [M]. 北京：人民出版社 .2011，7.

[69] 全国干部培训教材编审指导委员会组织编写 . 生态文明建设与可持续发展 [M]. 北京：人民出版社 . 党建读物出版社 .2011，7.

[70] 马晓 主编 . 城市生态文明建设知识读本 [M]. 北京：红旗出版社 .2012，7.

[71] 郑爽 . 全国七省市碳交易试点调查与研究 [M]. 北京：中国经济出版社 .2014，9.

[72] 冯尚友 . 水资源持续利用与管理导论 [M]. 北京：科学出版社 .2000.

[73] 樊胜岳 等编著 . 生态经济学原理与应用 [M]. 北京：中国社会科学出版社 .2010，3.

[74] 沈满洪 主编 . 生态经济学 [M]. 北京：中国环境科学出版社 .2008，5.

[75] 周新城 . 中国社会主义经济制度论 [M]. 北京：中国经济出版社 .2008.

[76]《邓小平年谱（1975-1997）（下）》[M]. 北京：中央文献出版社 .2004.

[77] 杰罗姆·麦卡锡 . 基础营销学 [M]. 上海：上海人民出版社 .2001，5.

[78] 陆雍森 编著 . 环境评价（第二版）[M]. 上海：同济大学出版社 .1999，9.

[79] 卞耀武 等 . 中华人民共和国环境影响评价法释义 [M]. 北京：法律出版社 .2003，2.

[80] 马仁杰 等 . 管理学原理 [M]. 北京：人民邮电出版社 .2013，9.

[81] 国家环境保护总局 编著 . 全国生态现状调查与评估：西南卷 [M]. 北京：中国环境科学出版社 .2006，5.

[82] 郝国胜 . 三峡工程重庆库区文物保护总结性研究（1992-2011）[M]. 北京：科学出版社 .2014，2.

[83] 重庆市统计局 . 重庆统计年鉴（2014）[M]. 北京：中国统计出版社 .2015.

[84] 郑海霞 . 中国流域生态服务补偿机制与政策研究——基于典型案例的实证分析 [M]. 北京：中国经济出版社 .2010，8.

[85] 钟水映 . 工程性移民安置理论与实践 [M]. 北京：科学出版社 .2003.

[86] 新玉言 编 . 以人为本的城镇化问题分析：《国家新型城镇化规划（2014-2020）》解读 [M]. 北京：新华出版社 .2015，1.

[87] 中共重庆市委组织部，重庆市人力资源和社会保障局 等 . 聚焦重庆：五大功能区域建设 [M]. 重庆：重庆大学出版社 .2014，10.

[88] 湖北省战略规划办公室 编 . 潮涌荆江：湖北长江经济带新一轮开放开发理论探索与实践 [M]. 武汉：湖北人民出版社 .2014，6.

[89] 秦尊文 编著 . 长江经济带研究与规划

[M]. 武汉：湖北人民出版社.2015，3.

[90] 田代贵 主编 . 长江上游经济带协调发展研究 [M]. 重庆：重庆出版社.2006，8.

[91] 张建一 . 中国长江三峡区域经济开发研究 [M]. 武汉：武汉大学出版社.2006.

[92] 何伟军 . 三峡区域特色产业集群研究 [M]. 北京：中国社会科学出版社.2009，9.

[93] 金波 . 区域生态补偿机制研究 [M]. 北京：中央编译出版社.2012，5.

[94] 肖盛燮，陈洪凯 等 . 库岸地质灾害治理与交通建设开发一体化模式 [M]. 北京：地质出版社.2002.

[95] 吴良镛，赵万民 . 三峡工程与人居环境建设 [J]. 城市规划.1995（4）.

[96] 梁富庆 . 三峡工程百万移民搬迁世界难题初步破解 [J]. 三峡大学学报（人文社会科学版）.2009（1）.

[97] 张新文 . 中国城市人居环境建设水平现状分析 [J]. 城市发展研究.2007（2）.

[98] 董智勇 .《森林生态经济学》书序 [J]. 南京林业大学学报.1986（3）.

[99] 石山 . 建设生态文明的思考 [J]. 生态农业研究.1995（2）.

[100] 马世骏，王如松 . 社会—经济—自然复合生态系统 [J]. 生态学报.1984（1）.

[101] 马世骏 . 生态工程：生态系统原理的应用 [J]. 生态学报.1983.

[102] 石山 . 生态经济思想与新农村建设 [J]. 河北学刊.1986（6）.

[103] 沈满洪 . 生态经济学的发展与创新——纪念许涤新先生主编的《生态经济学》出版 20 周年 [J]. 内蒙古财经学院学报.2006(6).

[104] 余谋昌 . 生态文化问题 [J]. 自然辨证法研究.1989（4）.

[105] 孙刚 等 . 生态系统服务及其保护策略 [J]. 应用生态学报.1999（6）.

[106] 谢高地 等 . 生态系统服务研究：进展、局限和基本范式 [J]. 植物生态学报.2006（2）.

[107] 周业军 . 环境保护制约下的三峡库区产业发展研究 [J]. 重庆大学学报（社会科学版）.2007（4）.

[108] 陈孝胜 . 三峡库区经济发展与生态环境保护问题研究 [J]. 生态经济（学术版）.2012（1）.

[109] 李月臣，刘春霞 等 . 三峡库区生态系统服务功能重要性评价 [J]. 生态学报.2013（1）.

[110] 田强 . 三峡库区生态农业开发与环境保护 [J]. 农村经济.2004（8）.

[111] 曾宇平 . 关于三峡库区农业产业化发展问题的思考 [J]. 科技创业月刊.2008（2）.

[112] 文海家，张永兴，柳源 . 三峡库区地质灾害及其危害 [J]. 重庆建筑大学学报.2004（2）.

[113] 曹银贵 等 . 三峡库区耕地变化研究 [J]. 地理科学进展.2006（6）.

[114] 王艳 等 . 三峡库区旅游生态环境问题及可持续旅游对策 [J].2010（6）.

[115] 王顺克 . 建立三峡库区生态经济区的战略思考 [J]. 重庆环境科学.2001（1）.

[116] 章家恩，徐琪 . 三峡库区生物多样性的变化态势及其保护对策 [J]. 热带地理.1997（4）.

[117] 郭宏忠 等 . 三峡库区水土流失防治分区及防治对策 [J]. 西南农业大学学报（社会科学版）.2010（3）.

[118] 刘春霞 等 . 三峡库区重庆段生态与环境敏感性综合评价 [J]. 地理学报.2011（5）.

[119] 李旭光 . 长江三峡库区生物多样性现状及保护对策 [J]. 中国发展.2004（4）.

[120] 李坪，李愿军 等 . 长江三峡库区水库诱发地震的研究 [J]. 中国工程科学.2005（6）.

[121] 王凯 . 全国城镇体系规划的历史和现实 [J]. 城市规划.2007（10）.

[122] 徐泽 . 对新一轮省域城镇体系规划编制的认识与思考 [J]. 国际城市规划.2012（6）.

[123] 雷诚，赵民 . 乡规划体系建构及运作的若干探讨——如何落实《城乡规划》中的乡规划 [J]. 城市规划.2009（2）.

[124] 赵之枫，范宵鹏 .“乡”“镇”之分——

《城乡规划法》颁布后的乡规划思考 [J]. 城市发展研究 .2011（10）.

[125] 葛丹东，华晨 . 适应农村发展诉求的村庄规划新体系与模式建构 [J]. 城市规划学刊 .2009（11）.

[126] 谢涤湘 . 生态文明视角下的城乡规划 [J]. 城市问题 .2009（4）.

[127] 郁亚娟，郭怀成 等 . 城市生态系统的动力学演化模型研究进展 [J]. 生态学报 .2007（6）.

[128] 黄肇义，杨东援 . 国内外生态城市理论研究综述 [J]. 城市规划 .2001（1）.

[129] 邹德慈 . 迈向二十一世纪的城市——一九九七北京国际会议综述 [J]. 城市规划 .1998（1）.

[130] 黄光宇 . 生态城市研究回顾与展望 [J]. 城市发展研究 .2004（6）.

[131] 王如松 . 绿韵红脉的交响曲：城市共轭生态规划方法探讨 [J]. 城市规划学刊 .2008（1）.

[132] 高芸 . 现代西方城市绿地规划理论的发展历程 [J]. 新建筑 .2004（4）.

[133] 赵万民 . 突破西南山地城镇化发展瓶颈——创新规划理论 [J]. 建设科技 .2004（13）.

[134] 崔胜辉 等 . 生态安全研究进展 [J]. 生态学报 .2005（4）.

[135] 吕斌，佘高红 . 城市规划生态化探讨——论生态规划与城市规划的融合 [J]. 城市规划学刊 .2006（4）.

[136] 刘锐 . 美国田纳西流域开发简介 [J]. 农业工程 .1983（5）.

[137] 朱传一 . 美国田纳西流域经济与社会协调发展实验考察（上）[J]. 中国人口·资源与环境 .1992（3）.

[138] 张之婧 . 美国田纳西流域的开发管理及对我国长江流域科学治理的启示 [J]. 水利建设与管理 .2008（8）.

[139] 沈大军，王浩，蒋云钟 . 流域管理机构：国际比较分析及对我国的建议 [J]. 自然资源学报 .2004（1）.

[140] 黄贤全 . 美国政府对田纳西流域的开发 [J]. 西南师范大学学报 .2002（28）.

[141] 陈湘满 . 美国田纳西流域开发及其对我国流域经济发展的启示 [J]. 世界地理研究 .2000（9）.

[142] 谈国良，万军 . 美国田纳西河的流域管理 [J]. 中国水利 .2002（10）.

[143] 夏国政 . 关于亚马孙地区及其开发的几个问题 [J]. 拉丁美洲研究 .1990（2）.

[144] 毛德华 . 亚马孙河流域生态系统灾变和对策 [J]. 湖南师范大学自然科学学报 .1993（9）.

[145] 莫鸿钧 . 巴西亚马孙河流域生物多样性和生态环境的保护对策 [J]. 中国农业资源与区划 .2004（6）.

[146] 江爱良 . 热带生态系统的危机和对策 [J]. 自然资源 .1988（3）.

[147] 程晶 . 巴西亚马孙地区环境保护与可持续发展的限制性因素 [J]. 拉丁美洲研究 .2005（2）.

[148] Mohammed H.I.Dore, Jorge M.Nogueira. 从政治经济学观点看亚马孙雨林、持续发展和生物多样性公约 [J]. AMBIO– 人类环境杂志 .1994（12）.

[149] 程晶 . 巴西亚马孙地区环境保护与可持续发展的限制性因素 [J]. 拉丁美洲研究 .2005（2）.

[150] 阿热米罗·普罗科皮奥 . 亚马孙地区生态破坏的内因与外因 [J]. 拉丁美洲研究 .2000（5）.

[151] 梅尔卡多·哈林 . 亚马孙合作条约展望 [J]. 拉丁美洲丛刊 .1981（3）：17–19.

[152] 周启元，毕立明 . 世界最大的经济特区——巴西马瑙斯自由贸易区 [J]. 经济纵横 .1992（6）.

[153] 翁全龙 . 巴西马瑙斯自由贸易区的发展特点和政策措施 [J]. 外国经济与管理 .1986（8）.

[154] 尚玥佟 . 巴西贫困与反贫困政策研究 [J]. 拉丁美洲研究 .2001（3）.

[155] 程宇航 . 巴西雨林的保护措施——REDD[J]. 老区建设 .2011（11）.

[156] 徐辉 等 . REDD 对中国实施生态补偿机制的启示 [J]. 环境保护 .2013（5）.

[157] 杜德斌，智瑞芝 . 日本首都圈的建设

及其经验 [J]. 世界地理研究 .2004（4）.

[158] 宋国君，徐莎 等 . 日本对琵琶湖的全面综合保护 [J]. 环境保护 .2007（14）.

[159] 贺锋，吴振斌 . 琵琶湖环境调查 [J]. 环境与开发 .2001（2）.

[160] 余辉 . 日本琵琶湖的治理历程、效果与经验 [J]. 环境科学研究 .2013（9）.

[161] 丁洪娟，王民 . 日本琵琶湖的环境治理与启示 [J]. 中日以水为主体的环境与可持续发展教育研讨会论文集 .2007.

[162] 尤鑫 . 日本琵琶湖开发与保护对鄱阳湖生态经济区建设的启示 [J]. 江西科学 .2012（6）.

[163] 吴雅玲 . 太湖和琵琶湖流域水环境保护规划比较 [J]. 环境与可持续发展 .2009（6）.

[164] 王文明 等 . 日本琵琶湖水生态环境保护经验对中国的启示 [J]. 环境科学与管理 .2014（6）.

[165] 张槐安，雷吉华 . 贵州草海湿地保护措施研究 [C].2013 中国环境科学学会学术年会论文集（第六卷）.

[166] 周得全，张殿发 . "草海模式"的生态经济学透视 [J]. 生态经济 .2005（7）.

[167] 李娟 . 自然保护区生态经济社会协调发展的 SD 模型研究——以贵州草海自然保护区为例 [J]. 贵州师范大学学报（自然科学版）.1999（4）.

[168] 周得全，张殿发 . "草海模式"的生态经济学透视 [J]. 生态经济 .2005（7）.

[169] 齐建文，李矿明 等 . 贵州草海湿地现状与生态恢复对策 [J]. 中南林业调查规划 .2012（5）.

[170] 仇保兴 . 我国低碳生态城市建设的形势与任务 [J]. 城市规划 .2012（12）.

[171] 何英 . 中国森林碳汇交易市场现状与潜力 [J]. 林业科学 .2007（7）.

[172] 周忠明 . 我国碳交易市场发展现状、存在问题和解决思路 [J]. 中国证券期货 .2011（3）.

[173] 袁杜鹃 . 我国碳排放总量控制与交易制度构建 [J]. 中共中央党校学报 .2014（10）.

[174] 赵云君 . 影响绿色产品市场开拓的产业问题研究 [J]. 生态经济 .2006（5）.

[175] 潘润泽，杨松贺 等 . 试论培育绿色产品市场的策略 [J]. 环境科学动态 .2004（2）.

[176] 宋桂元 . 我国"绿色产品"市场现状分析及对策 [J]. 贵州商业高等专科学校学报 .2004（6）.

[177] 何建奎 . 发展绿色产业与开发绿色产品问题研究 [J]. 生态经济 .2005（8）.

[178] 刘昌勇，吕宏艳 . 浅析我国绿色产品市场 [J]. 价格与市场 .2002（6）.

[179] 胡德胜 . 我国可交易水权制度的构建 [J]. 环境保护 .2014（2）.

[180] 姚树荣，张杰 . 中国水权交易与水市场制度的经济学分析 [J]. 四川大学学报（哲学社会科学版）.2007（4）.

[181] 杨雪，张亚娟 等 . 中国生物多样性经济价值与保护 [J]. 生物技术世界 .2014（7）.

[182] 常进雄，鲁明中 . 保护生物多样性的生态经济学研究 [J]. 生态经济 .2001（7）.

[183] 徐慧，彭补拙 . 国外生物多样性经济价值评估研究进展 [J]. 资源科学 .2003（7）.

[184] 郭中伟，李典谟 . 生物多样性的经济价值 [J]. 生物多样性 .1998（8）.

[185] 黄剑坚 等 . 我国系统耦合理论和耦合系统在生态系统中的研究进展 [J]. 防护林科技 .2012（9）.

[186] 张青峰 等 . 黄土高原生态与经济系统耦合协调发展状况 [J]. 应用生态学报 .2011（6）.

[187] 董孝斌，高旺盛 . 关于系统耦合理论的探讨 [J]. 中国农学通报 .2005（1）.

[188] 付小飞 . 区域公共物品供给困境探析——以太湖水污染治理为例 [J]. 知识经济 .2014（9）.

[189] 董志凯 . 中国计划经济时期计划管理的若干问题 [J]. 当代中国史研究 .2003（9）.

[190] 国家发改委宏观经济研究院课题组 . "十二五"时期我国产业结构调整战略与对策研究 [J]. 经济研究参考 .2010（43）.

[191] 张彪 等 . 基于人类需求的生态系统服

务分类 [J]. 中国人口 . 资源与环境 .2010（6）.

[192] 袁志刚 等 . 中国城镇居民消费结构变迁及其成因分析 [J]. 世界经济文摘 .2009（4）.

[193] 王季林 . 论现代市场体系 [J]. 经济评论 .1997（4）.

[194] 王万山，伍世安 . 马歇尔后的价格机制理论的发展评述 [J]. 经济评论 .2004（2）.

[195] 杨光梅 等 . 生态系统服务价值评估研究进展——国外学者观点 [J]. 生态学报 .2006（1）.

[196] 李克强 . 协调推进城镇化是实现现代化的重大战略选择 [J]. 新华文摘 .2013（1）.

[197] 赵军，杨凯 . 生态系统服务价值评估研究进展 [J]. 生态学报 .2007（1）.

[198] 胡安水 . 生态价值的含义及其分类 [J]. 东岳论丛 .2006（2）.

[199] 金卓，王晶 等 . 生态价值研究综述 [J]. 理论月刊 .2011（9）.

[200] 赵廷宁 等 . 我国环境影响评价研究现状、存在的问题及对策 [J]. 北京林业大学学报 .2001（2）.

[201] 徐鹤 等 . 战略环境影响评价（SEA）在中国的开展——区域环境评价（REA）[J]. 城市环境与城市生态 .2000（6）.

[202] 王世亮，梁立乔 . 战略环境评价的若干理论问题的探讨 [J]. 云南地理环境研究 .2004（3）.

[203] 闫育梅 . 战略环境评价——环境影响评价的新方向 [J]. 监测与评价 .2000（11）.

[204] 李菁 等 . 战略环境评价的方法体系探讨 [J]. 上海环境科学 .2003（12）.

[205] 程鸿德，汤顺林 . 区域环境影响评价原则和方法研究 [J]. 中国环境科学 .2000（12）.

[206] 田萍萍 等 . 浅析我国的区域环境影响评价 [J]. 生态经济 .2005（10）.

[207] 张宏峰 等 . 生态系统服务功能的空间尺度特征 [J]. 生态学杂志 .2007（9）.

[208] 蔡志强，孙树栋 等 . 不确定环境下多阶段多目标决策模型 [J]. 系统工程理论与实践 .2010（9）.

[209] 袁牧 等 . SWOT 分析在城市战略规划中的应用和创新 [J]. 城市规划 .2007（4）.

[210] 赵宏宇 . SWOT 分析及其在城市设计实践中的作用 [J]. 城市规划 .2004（12）.

[211] 肖鹏飞，罗倩倩 . SWOT 分析在城市规划中的应用误区及对策研究 [J]. 城市规划学刊 .2010（7）.

[212] 徐之华，黄健民 . 长江三峡库区气候特征与生态环境 [J]. 四川气象 .2002（3）.

[213] 苏伟豪，杨占峰，孙建 . 重庆三峡库区产业发展 SWOT 分析与对策研究 [J]. 特区经济 .2009（7）.

[214] 何微微 . 三峡库区产业发展的 SWOT 分析及对策研究 [J]. 安徽农业科学 .2010（7）.

[215] 腾明君 等 . 长江三峡库区生态环境变化遥感研究进展 [J]. 应用生态学报 .2014（12）.

[216] 肖强 等 . 重庆市森林生态系统服务功能价值评估 [J]. 生态学报 .2014（1）.

[217] 长江流域发展研究院课题组 . 长江经济带发展战略研究 [J]. 华东师范大学学报（哲学社会科学版）.1998（4）.

[218] 吴传清 . 建设长江经济带的国家意志和战略重点 [J]. 区域经济评论 .2014（7）.

[219] 李克强 . 关于深化经济体制改革的若干问题 [J]. 求是 .2014（9）.

[220] 刘忠，牛文涛 等 . 我国"西部大开发战略"研究综述及反思 [J]. 经济学动态 .2012（6）.

[221] 刘慧 等 . 中国西部地区生态扶贫策略研究 [J]. 中国人口·资源与环境 .2013（10）.

[222] 章力建 等 . 实施生态扶贫战略提高生态建设和扶贫工作的整体效果 [J]. 中国农业科技导报 .2008（2）.

[223] 王迪友 等 . 三峡后续工作规划对今后水库移民工作的启示 [J]. 人民长江 .2013（1）.

[224] 王凯，徐辉 . 建设国家中心城市的意义和布局思考 [J]. 城市规划学刊 .2012（3）.

[225] 柯善北 . 解读《湖北长江经济带开放开

发总体规划（2009-2020）》[J]. 中华建设 .2010（10）.

[226] 孙元明 . 三峡库区 "后移民时期" 重大社会问题初探 [J]. 重庆三峡学院学报 .2010（4）.

[227] 高吉喜，范小彬 . 生态资产概念、特点与研究取向 [J]. 环境科学研究 .2007（5）.

[228] 陈源泉，高旺盛 . 生态系统服务：能否形成一种新的产业？[J]. 生态经济 .2006（1）.

[229] 孙元明 . 三峡库区 "后移民时期" 若干重大社会问题分析——区域性社会问题凸显的原因及对策建议 [J]. 中国软科学 .2011（6）：24-33.

[230] 孙元明 . 三峡库区社会政治稳定风险评估研究 [J]. 重庆三峡学院学报 .2011（2）.

[231] 杨占峰，段海燕 . 重庆三峡库区经济发展现状分析 [J]. 郑州航空工业管理学院学报 .2012（4）.

[232] 陈孝胜 . 三峡库区经济发展与生态环境保护问题研究 [J]. 生态经济（学术版）.2012（5）.

[233] 殷洁，张京祥 . 贫困循环理论与三峡库区经济发展态势 [J]. 经济地理 .2008（7）.

[234] 罗翀，周志翔 等 . 三峡库区生态功能区划研究 [J]. 人民长江 .2010（4）.

[235] 曹银贵，王静 等 . 三峡库区近 30 年土地利用时空变化特征分析 [J]. 测绘科学 .2007（6）.

[236] 董杰，杨达源 等 . ^{137}Cs 示踪三峡库区土壤侵蚀速率研究 [J]. 水土保持学报 .2006（6）.

[237] 沈国舫 . 三峡工程对生态和环境的影响 [J]. 科学中国人 .2010（8）.

[238] 翟俨伟 . 三峡库区生态环境面临的主要问题及治理对策 [J]. 焦作大学学报 .2012（1）.

[239] 郑冬梅 . 三峡库区森林生物量和碳储量的遥感估测研究 [J]. 遥感信息 .2013（5）.

[240] 王德忠，吴琳，吴晓曦 . 区域经济一体化理论的缘起、发展与缺陷 [J]. 商业研究 .2009（2）.

[241] 孟庆民，杨开忠 . 以规模经济为主导的区域分工 [J]. 区域经济 .2001（12）.

[242] 袁新涛 . "一带一路" 建设的国家战略分析 [J]. 理论月刊 .2014（11）.

[243] 张军 . 我国西南地区在 "一带一路" 开放战略中的优势及定位 [J]. 经济纵横 .2014（11）.

[244] 常贤波 . 科学的规划 美好的蓝图：许克振谈鄂西生态文化旅游圈发展总体规划 [J]. 政策 .2009（6）.

[245] 刘海峰 . 水土保持产业和产业化问题浅议 [J]. 水土保持应用技术 .1999（3）.

[246] 石相杰 . 新型循环林业模式探析 [J]. 北京农业 .2011（5）.

[247] 李月臣 等 . 重庆市三峡库区水土流失特征及类型区划分 [J]. 水土保持研究 .2009（2）.

[248] 马啸 等 . 湖北三峡库区水土流失及其综合防治 [J]. 南方水土保持研究会第十八届年会暨 2012 年学术研讨会会议论文集 .2013，11.

[249] 唐将 等 . 三峡库区土壤环境质量评价 [J]. 土壤学报 .2008（7）.

[250] 李旭光 . 长江三峡库区生物多样性现状及保护对策 [J]. 中国发展 .2004（12）.

[251] 章加恩 等 . 三峡库区生物多样性的变化态势及其保护对策 [J]. 热带地理 .1997（12）.

[252] 黄先海，宋学印 等 . 中国产业政策的最优实施空间界定：补贴效应、竞争兼容与过剩破解 [J]. 中国工业经济 .2015（4）.

[253] 刘澄，顾强等 . 产业政策在战略性新兴产业发展中的作用 [J]. 经济社会体制比较 .2011（1）.

[254] 张金环 等 . 新型林业发展模式——循环林业 [J]. 广东林业科技 .2010（3）.

[255] 张凯，刘长灏 . 对循环经济无害化原则的认识 [J]. 环境保护 .2008（3）.

[256] 唐红梅，林孝松 等 . 重庆万州区地质灾害危险性分区及评价 [J]. 中国地质灾害与防治学报 .2004（9）.

[257] 李迎春 . 三峡库区万州地质灾害监测数据采集系统研究 [J]. 长江大学学报（自然版），2013（3）.

[258] 沈清基，张鑫，等 . 城市危机：特征、影响变量及表现剖析 [J]，城市规划学刊，2012（6）.

[259] 刘荣增，王淑华 . 城市新区的产城融

合 [J]. 城市问题 .2013（6）.

[260] 林华 . 关于上海新城"产城融合"的研究——以青浦新城为例 [J]. 上海城市规划 .2011（5）.

[261] 刘畅，李新阳 等 . 城市新区产城融合发展模式与实施路径 [J]. 城市规划学刊 .2012（7）.

[262] 杜宝东 . 产城融合的多维解析 [J]. 规划师 .2014（6）.

[263] 刘畅，田野 . 生态线索·山地城镇化的生态安全保障思考——以陕北黄土丘陵沟壑地区延安市为例 [J]. 中国园林 .2015（12）.

[264] 程瑞梅 . 三峡库区森林植物多样性研究 [D]. 北京：中国林业科学研究院 .2008.

[265] 陈引珍 . 三峡库区森林植被水源涵养及其保土功能研究 [D]. 北京：北京林业大学 .2007.

[266] 孙晓娟 . 三峡库区森林生态系统健康评价与景观安全格局分析 [D]. 北京：中国林业科学研究院 .2007.

[267] 秦远好 . 三峡库区旅游业的环境影响研究 [D]. 重庆：西南大学 .2006.

[268] 张艳 . 就地后靠安置模式下的移民反贫困问题研究——以五强溪水库为例 [D]. 长沙：中南大学 .2011.

[269] 黄川 . 三峡水库消落带生态重建模式及健康评价体系 [D]. 重庆：重庆大学 .2006.

[270] 赵成 . 生态文明的兴起及其对生态环境观的变革——对生态文明观的马克思主义分析 [D]. 北京：中国人民大学 .2006.

[271] 张首先 . 生态文明研究——马克思恩格斯生态文明思想的中国化进程 [D]. 成都：西南交通大学 .2010.

[272] 马生军 . 我国西部地区流域生态环境保护法制研究 [D]. 北京：中央民族大学 .2011.

[273] 冯刚 . 新农村建设中经济与生态保护协调发展模式研究 [D]. 北京：北京林业大学 .2008.

[274] 高中琪 . 长江三峡库区生态农业模式及其技术体系 [D]. 北京：北京林业大学 .2005.

[275] 周青青 . TVA 的早期发展与美国田纳西流域的开发（1933-1953）[D]. 厦门：厦门大学 .2007.

[276] 刘国平 . 经济系统进化及动因 [D]. 南京：南京农业大学 .2001，6.

[277] 张飞宇 . 经济系统中的不确定性及其结构化研究 [D]. 北京：中共中央党校 .2013，4.

[278] 田颖 . 我国环境影响评价制度研究 [D]. 沈阳：东北大学 .2005.

[279] 赵文晋 . 战略环境评价指标体系研究 [D]. 长春：吉林大学 .2004，5.

[280] 蒋丹璐 . 三峡库区及上游流域生态补偿机制与水污染管理研究 [D]. 重庆：重庆大学 .2012，10.

[281] 宋思曼 . 国家中心城市功能理论与重庆构建国家中心城市研究 [D]. 重庆：重庆大学 .2013，5.

[282] 张金环 . 产业层面循环林业模式研究 [D]. 北京：北京林业大学 .2010，P22.

[283] 刘长春 . 三峡库区万州城区滑坡灾害风险评估 [D]. 武汉：中国地质大学 .2014，5.

[284] 骆黎 . 万州区地质灾害分析与对策研究 [D]. 重庆：西南大学 .2006，6.

[285] 国务院 . 三峡后续工作规划 [Z].2011.

[286] 中华人民共和国城乡规划法 [Z]. 北京：中国建筑工业出版社 .2007，11.

[287] 史正富 . 三维市场决定高速不平衡增长 [EB/OL]. 社会科学报，http：//www.shekebao.com.cn

[288] 十八届三中全会报告全文 [Z/OL]. 百度文库，http：//wenku.baidu.com

[289] 田纳西流域管理法 [Z]. 水利水电快报 .2005（1）.

[290] 姜晨怡 . 谁能帮亚马孙河走出危机？[N]. 中国矿业报 .2012，3，8，第 B05 版 .

[291] 王永嘉 . 亚马孙流域开发止痛 [N]. 西部时报 .2006，4，21，004 版 .

[292] 亚马孙合作条约 [Z/OL]. 百度百科 . http：//baike.baidu.com/view/11836117. htm?fr=Aladdin

[293] 黄亮斌 . 划定生态保护红线——日本琵琶湖的治理及借鉴意义 [J/OL].http：//gov.rednet.cn/c/2013/11/15/3198603.htm

[294] 中国共产党第十八届中央委员会第三中全体会议公报 [R/OL]. 百度文库 . http：//wenku.baidu.com

[295] 李凤山，宋涛 . 草海渐进项目十年回顾 [C/OL]. 道客巴巴 . http：//www.doc88.com /p-217753745890.html

[296] 国务院 . 国务院关于印发"十二五"控制温室气体排放工作方案的通知（国发【2011】41 号）[EB/OL]. 中央政府门户网站 . http：//www.gov.cn/zwgk/2012-01/13/ content_2043645.htm. 2012/1/13.

[297] 中共中央关于全面深化改革若干重大问题的决定 [N]. 人民日报 . 2013/11/16.

[298] 赵紫阳 . 沿着有中国特色的社会主义道路前进：在中国共产党第十三次全国代表大会上的报告 [R].1987.

[299] 卓贤 . 中国城镇化的快与慢 [N]. 参考消息 .2013.

[300] 全国主体功能区规划 [Z]. 北京：人民出版社 .2010.

[301] 重庆大学城市规划与设计研究院 .《云阳县城市总体规划（2005-2020）》实施评估报告 [Z].2009.11.

[302] 巫山县统计局 . 2010 年巫山县国民经济和社会发展统计公报 [Z].2011.4.

[303] 巫山县环境保护局 . 2012 年度巫山县环境质量报告书 [Z].2013.

[304] 重庆市环境保护局 . 2014 年环境保护工作报告 [Z/OL]. http：//www.cepb.gov. cn/doc/2015/03/19/75425.shtml.

[305] 重庆市"十二五"生态建设和环境保护规划 [Z/OL]. http：//www.dowater.com /info/2011-12-31/72127.html.

[306] 湖北省环保厅 . 湖北省 2014 年环境保护改革任务分配表 [Z/OL]. http：//news. bjx.com.cn / html /20140703/524264.shtml.

[307] 龚雯，田俊荣，王珂 . 新丝路：通向共同繁荣 [N]. 人民日报 .2014，6，31.

[308] 国务院印发《关于依托黄金水道推动长江经济带发展的指导意见》[Z]. 城市规划通讯 .2014（10）.

[309] 课题组 . 重庆直辖市城镇空间发展战略规划研究 [Z].2004，4.

[310] 湖北省发展和改革委员会 . 鄂西生态文化旅游圈发展总体规划（2009-2020）[Z]. http：//doc.mbalib.com/view/85ce4fd6f727471bb3790784cdeb0f65.html

[311] 国家新型城镇化规划（2014-2020 年）[Z]. 北京：人民出版社 .2014，3.

[312]2014 年长江泥沙公报 [R]. 长江水利委员会 .2015.

[313] 中国城市规划设计研究院，万州区规划设计研究院 . 重庆市万州城市总体规划（2003-2020）基础资料汇编 [Z].2011，6.

[314] 中国城市规划设计研究院，万州区规划设计研究院 . 重庆市万州城市总体规划（2003-2020）2011 年修改 [Z]. 2011.

[315] De Groot R.S., Wilson M.A., and Boumans R.M.J., A Typology for The Classification, Description, and Valuation of Ecosystem Function, Goods, and Services, Ecological Economics, 2002, 41：393-408.

[316] Alcamo Jetal, Ecosystems and human well-being：a framework for assessment[M]. Millennium Ecosystem Assessment, Washington：Island Press, 2003.

[317] Costanza R.et al., The value of the world's ecosystem services and natural capital [J]. Nature, 1997, 387：253-260.

[318] Sargent H.F., Human Ecology [M]. Amsterdam：North-Holland Publishing

Company, 1974.

[319] Daily G.C.et al., Nature's Service : Societal Dependence on Natural Ecosystems [M]. Washington D.C : Island Press, 1997.

[320] Quilley, Stephen. The Land Ethic as an Ecological Civilizing Process : Aldo Leopold, Norbert Elias, and Environmental Philosophy[J]. Environmental Ethics, 2009, 31（2）.

[321] Hary Curits. TVA and the Tennessee Valley-what of the Future[J]. Land Economics, November, Vol.28, 1952.

[322] Tennessee Valley Authority Act[Z/OL]. http : //www.tva.gov/ abouttva/pdf/ TVA_Act. pdf.

[323] David Lilienthal. TVA : Democracy on the March[M]. New York : Harper.1944.

[324] Lawrence Durisch. Local Government and the TVA Program[J]. Public Administration Review, Vol.1, 1941.

[325] M. H. Satterfield. TVA-State-Local Relationships[J]. The American Political Science Review. Vol.43, 1946.

[326] James E.Hibdon. Flood Contral Benefits and the TVA[J]. Southern Economic Journal, 1958.

[327] Steven Neuse. TVA at Age Fifty-Reflection and Retrospect[J].Public Administration Review, Vol.43, 1983.

[328] Roscoe Martin. TVA : The first twenty years[M]. the University of Tennessee Press and the University of Alabamma press, 1956.

[329] David Lilienthal. Navigation on the Tennessee River[J]. Southern Economic Journal, Vol.4, 1938.

[330] Charles Close, Julian Huxley, George Barbour. The Tennessee Valley Project[J]. The Geographical Journal, Vol.89, 1937.

[331] William Chandler. The Myth of TVA : Conservation and Development in the Tennessee Valley（1933–1983）[M]. Ballinger Pub Inc, 1984.

[332] Robert R. Schneider. Sustainable Amazon : Limitations and Opportunities for Rural Development[M]. World Bank – Imazon. 2000.

[333] Lykke E.Andersen. The Dynamics of Deforestation and Economic Growth in the Brazilian Amazon[M]. Cambridge University Press. 2002.

[334] Lucie G. Doing Battle with the green monster of Taihu Lake[J]. Science. 2007（8）.

[335] Carl J. Bauer. Against the Current : Privatization, Water Markets, and the State in Chile[M]. Kluner Academic Publishers. 1998.

[336] Edith S, Rob W. Environment indicators : Typology and overview[R]. Europe : European Environment Agency.1999.

[337] Howarth R B, et. Accounting for the value of ecosystem services[J]. Ecological Economics. 2002（41）.

[338] Morgan, R.K. Environmental impact assessment : a methodological perspective[J]. Dordrecht, 1998.

[339] Dekker R, Scarf P. On the impact of optimization models in maintenance decision making : The state of the art[J]. Reliability Engineering and System Safety, 1998, 60.

[340] Zhang J X, Liu Z J, Sun X X. Changing landscape in the Three Gorges Reservoir Area of Yangtze River from 1977 to 2005 : Land use/land cover, vegetation cover changes estimated using multi-source satellite data[J]. International Journal of Applied Earth Observation and Geoinformation, 2009（6）.

图书在版编目（CIP）数据

三峡库区人居环境的生态及产业发展研究 / 刘畅著 .—北京：中国建筑工业出版社，2018.8
ISBN 978-7-112-22455-5

Ⅰ.①三… Ⅱ.①刘… Ⅲ.①三峡水利工程—区域环境—居住环境—生态系统—服务功能—研究 Ⅳ.① X21 ② X171.1

中国版本图书馆 CIP 数据核字（2018）第 160336 号

责任编辑：李成成
责任校对：张 颖

三峡库区人居环境的生态及产业发展研究
刘 畅 著
*
中国建筑工业出版社出版、发行（北京海淀三里河路9号）
各地新华书店、建筑书店经销
北京雅盈中佳图文设计公司制版
北京建筑工业印刷厂印刷
*
开本：787×1092毫米 1/16 印张：15$\frac{1}{2}$ 字数：384千字
2018 年 9 月第一版 2018 年 9 月第一次印刷
定价：79.00元
ISBN 978-7-112-22455-5
（32305）